U0216345

# 本书编委会

主　编：王海斌　林立文　王裕华

副主编：叶江华　张清旭　林舜贤

编　委：（按姓氏笔画排序）

丁　力　王钰超　王鸿斌　孔祥海　朱春莲

刘石乔　吴绍芳　汪　鹏　张　奇　陈　静

周　水　胡文文　贾小丽　徐碧虾　郭万财

# 茶叶生产加工与安全检测技术规范

主　编：王海斌　林立文　王裕华

厦门大学出版社　国家一级出版社
XIAMEN UNIVERSITY PRESS　全国百佳图书出版单位

**图书在版编目(CIP)数据**

茶叶生产加工与安全检测技术规范/王海斌,林立文,王裕华主编.—厦门:厦门大学出版社,2020.12

ISBN 978-7-5615-7985-5

Ⅰ.①茶… Ⅱ.①王… ②林… ③王… Ⅲ.①茶树—栽培技术—技术规范②制茶工艺—技术规范③茶叶—质量检验—技术规范 Ⅳ.①S571.1—65②TS272—65

中国版本图书馆CIP数据核字(2020)第238801号

**出 版 人** 郑文礼
**责任编辑** 陈进才
**封面设计** 蔡炜荣
**技术编辑** 许克华

**出版发行** 厦门大学出版社
**社 址** 厦门市软件园二期望海路39号
**邮政编码** 361008
**总 机** 0592-2181111 0592-2181406(传真)
**营销中心** 0592-2184458 0592-2181365
**网 址** http://www.xmupress.com
**邮 箱** xmup@xmupress.com
**印 刷** 厦门集大印刷厂

**开本** 787 mm×1 092 mm 1/16
**印张** 13.5
**插页** 2
**字数** 338千字
**版次** 2020年12月第1版
**印次** 2020年12月第1次印刷
**定价** 45.00元

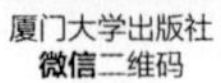

厦门大学出版社
微信二维码

厦门大学出版社
微博二维码

# 前　言

中国是野生茶树发现最早、最多的国家，是茶树的故乡。中国茶叶产量和消费饮用量均位居世界之首。近年来，随着社会的发展，人民生活水平的不断提高，国内市场准入制度的相继出台，消费者和媒体更加关注茶叶的质量安全问题，政府及相关职能部门也及时将工作重心从增加产量转到全面提高质量上来，大力发展无公害茶和有机茶，开展绿色农产品基地认证，制订茶叶质量标准，完善茶叶质量检测体系。因此，茶业产业的发展也经历了从单纯的追求产量到质量到今天的安全质量生产的转变。茶叶作为食品，茶叶质量安全事关广大人民群众的身体健康和生命安全。因此，在茶叶生产、加工与制作过程中必须把茶叶的质量安全问题作为重要问题狠抓硬抓。保证茶叶质量安全要从茶叶生产的全链条进行把控，从树苗选择、种植基地选择、种植管理、茶叶采摘、茶叶加工、茶叶审评、茶叶包装、茶叶运输等环节全方位进行监控，才能有效确保茶叶质量从源头到产品再到消费者都有安全保障。

编者从事茶叶科研十余年，在长期的科研实践和教学工作的基础上，参考国内外茶叶生产、加工、质量安全控制及相关学科的论著，吸取其精华编写本书。本书力求较全面、系统地介绍茶叶生产加工及质量安全控制等基础知识，尽可能为读者在后续茶叶质量安全把控过程中提供一定的帮助。

本书由王海斌、林立文、王裕华主编，全书共七个章节，包含茶叶生产的基本要求、茶叶加工的基本要求、茶叶审评的方法、茶叶理化指标的检测方法、茶叶品质的检测方法、茶叶中农残含量的检测方法以及茶叶中金属离子含量的检测方法等。

在本书编写过程中，感谢福建中凯检测技术有限公司在检测技术分析与校正上的大力支持。本书的出版得到教育部博士后科学基金(2016M600493),福建省“2011协同创新中心”中国乌龙茶产业协同创新培育专项(201310),福建省自然科学基金面上项目(2017J01649、2020J01369、2020J01408),福建省自然科学基金青年基金(2017J05057),福建省中青年教师教育科研项目(JAT160504、JAT190761),福建省杰出科研人才培育项目(闽教科〔2018〕47号),龙岩学院师资队伍培育提升计划——青年拔尖人才项目(2019JZ19),龙岩学院人才引进项目(LB2015001),武夷学院“人才引进项目”(YJ201701),武夷学院科研基金资助项目(XD201502),武夷学院“福建省生态产业绿色技术重点实验室”开放课题基金资助项目(WYKF2016-6),福建省农业生态过程与安全监控重点实验室(福建农林大学)开放课题资助。

由于作者知识水平有限,书中疏漏在所难免,敬请各位专家和读者不吝赐教。

王海斌　林立文　王裕华

2020年于福州

# 目 录

# 第 1 章　茶叶生产的基本要求

## 1.1　茶树种苗选择

茶树[*Camellia sinensis*(L.)O. Kuntze]种苗的部分术语和定义，采穗园穗条、苗木的质量分级指标、检验方法、检测规则、包装和运输等，适用于栽培茶树的大叶、中小叶无性系品种穗条和苗木的分级指标与检验方法。

**1. 术语和定义**

无性系：以茶树单株营养体为材料，采用无性繁殖法繁殖的品种(品系)称无性系品种(品系)，简称无性系。

品种纯度：品种种性的一致性程度。

大、中小叶种：用叶长×叶宽×0.7 计算值表示。叶面积大于 40 $cm^2$ 为大叶品种，小于 40 $cm^2$ 为中小叶品种。

穗条：用作扦插繁殖的枝条。

标准插穗：从穗条上剪取大叶品种长度为 3.5～5.0 cm，中小叶品种长度为 2.5～3.5 cm，茎干木质化或半木质化，具有一张完整叶片和健壮饱满腋芽的短穗。

穗条利用率：可剪标准插穗占穗条量的百分率。

扦插苗：以枝条为繁育材料，采用扦插法繁育的苗木。

苗龄：扦插到苗木出圃的时间，满一个年生长周期的称一足龄苗，未满一年的称一年生苗。

苗高：根颈至茶苗顶芽基部间的长度。

苗粗：距根颈 10 cm 处的苗干直径。

侧根数：从扦插苗原插穗基部愈伤组织处分化出的且近似水平状生长，根径在 1.5 mm 以上的根总数。

**2. 采穗园**

采穗园的规定与要求，包含土壤、品种、苗木、种植规格、病虫害防治等。其中，土壤：结构良好，土层深度 80 cm 以上，pH 值在 4.5～5.5 之间；品种：必须是省级以上审(认)定、登记或经多点多年试种的无性系品种；苗木：必须符合本标准规定的质量指标；种植规格：行距 1.5 m，株距 0.3～0.4 m；病虫害防治：采穗前必须先进行病虫防治，保证无病虫携入种苗繁育圃(室)。

**3. 种苗质量分级原则**

穗条分级以品种纯度、利用率、粗度为主要依据，长度为参考指标，分为两级，低于Ⅱ级为不合格穗条。无性系苗木分级以品种纯度、苗龄、苗高、茎粗和侧根数为主要依据，分为两级，Ⅰ、Ⅱ级为合格苗，低于Ⅱ级为不合格苗。

**4. 种苗质量指标**

(1)穗条的质量指标

大叶品种穗条质量指标见表1-1：

**表1-1　大叶品种穗条质量指标**

| 级 别 | 品种纯度/% | 穗条利用率/% | 穗条粗度 Φ/mm | 穗条长度/cm |
|---|---|---|---|---|
| Ⅰ | 100 | ≥65 | ≥3.5 | ≥60 |
| Ⅱ | 100 | ≥50 | ≥2.5 | ≥25 |

中小叶品种穗条质量指标见表1-2：

**表1-2　中小叶品种穗条质量指标**

| 级 别 | 品种纯度/% | 穗条利用率/% | 穗条粗度 Φ/mm | 穗条长度/cm |
|---|---|---|---|---|
| Ⅰ | 100 | ≥65 | ≥3.0 | ≥50 |
| Ⅱ | 100 | ≥50 | ≥2.0 | ≥25 |

(2)茶树苗木质量指标

无性系大叶品种扦插苗质量指标见表1-3：

**表1-3　无性系大叶品种一足龄扦插苗质量指标**

| 级 别 | 苗 龄 | 苗高/cm | 茎数 Φ/mm | 侧根数/根 | 品种纯度/% |
|---|---|---|---|---|---|
| Ⅰ | 一年生 | ≥30 | ≥4.0 | ≥3 | 100 |
| Ⅱ | 一年生 | ≥25 | ≥2.5 | ≥2 | 100 |

无性系中小叶品种扦插苗质量指标见表1-4：

**表1-4　无性系中小叶品种苗木质量指标**

| 级 别 | 苗 龄 | 苗高/cm | 茎粗 Φ/mm | 侧根数/根 | 品种纯度/% |
|---|---|---|---|---|---|
| Ⅰ | 一足龄 | ≥30 | ≥3.0 | ≥3 | 100 |
| Ⅱ | 一足龄 | ≥20 | ≥2 | ≥2 | 100 |

**5. 检验方法**

(1)无性系品种纯度

依照无性系该品种茶树主要特征，对被检苗木逐株进行鉴定，并按式(1)计算：

$$S(\%)=[P/(P+P')]\times 100 \quad (1)$$

式中：$S$——品种纯度，%；

$P$——本品种的苗木株数，单位为株；

$P'$——异品种的苗木株数，单位为株。

(2)穗条质量

穗条利用率：随机取500～1 000 g穗条，剪取标准插穗，计算标准插穗占穗条的质量百分率，按式(2)计算：

$$L(\%)=m_0/m\times 100 \quad (2)$$

式中：$L$——穗条利用率，%；

$m_0$——标准插穗质量，单位为克(g)；

$m$——样品穗条总质量，单位为克(g)。

穗条长度：用尺测量从穗条基部到顶芽基部距离，精确到0.1 cm。

穗条粗度：用游标卡尺等测量穗条中部处的穗条直径，精确到0.1 mm。

(3)苗木高粗

苗高：自根颈处量至顶芽基部，苗高用尺测量，精确到0.1 cm。

茎粗：用游标卡尺等测距根颈10 cm处的主干直径，精确到0.1 mm。

**6. 检测规则**

(1)穗条

穗条检测在采穗园进行，穗条检测按表1-5的比例随机抽样。

**表1-5　穗条检测抽样量**　　单位：kg

| 穗条总数量 | 数量(平均数) |
|---|---|
| <100 | 0.5 |
| 101～1 000 | 2.0 |
| 1 001～5 000 | 3.0 |
| 5 001 ～10 000 | 5.0 |
| >10 001 | 10.0 |

(2)苗木

苗木检测限在苗圃进行，苗木检测按表1-6规定的比例随机抽样。

**表1-6　苗木检测抽样量**

| 苗木总株数 | 株　数 |
|---|---|
| <5 000 | 40 |
| 5 001～10 000 | 50 |
| 10 001 ～ 50 000 | 100 |
| 50 001～100 000 | 200 |
| >100 001 | 300 |

样本穗条或苗木检测时，如有一项主要指标不合格即判被检个体不合格。对穗条或苗木的总体判定：纯度不合格则总体判定为不合格。级别判定：低于该等级的个体不得超过10％，否则总体降级处理。总体判为不合格的穗条或苗木可在剔除不合格个体后重新进行检验。穗条和出圃苗木应附检验证书以及苗木的标签。

**7. 包装和运输**

苗木和穗条可散装或用箩筐等盛装，做到保湿透气，防止重压和风吹日晒。起苗宜在栽种季节，检验和分级应在蔽荫背风处进行。苗木运到目的地后，应及时种植或假植。穗条或苗木调运前应按国家有关规定进行检疫，调运时应持《植物检疫证书》。

## 1.2　茶叶生产技术标准规程

茶叶生产时茶叶产品的源头，保证茶叶生产过程，可为茶叶加工提供高质量的原材料。

因此，做好茶叶生产把控对于保证茶叶品质具有重要的意义。茶叶生产主要有基地规划和建设、茶树种植、土壤管理、施肥和灌溉、有害生物防治、茶树修剪、鲜叶采摘、贮存和运输、投入品管理、人员管理、文字记录等方面，以下将详细阐述，如何把控茶叶生产的各个环节。

**1. 基地规划和建设**

茶叶基地应选择在空气、土壤、灌溉水等自然条件良好，远离污染源，并具有可持续生产能力的农业生产区域。茶叶基地的道路应根据基地规模、地形和地貌等条件，合理设置，并形成包括主道、支道、步道和地头道的道路系统。茶叶基地必须建立必要的水利系统，做到能蓄能排。

茶园建设方面，茶园四周应植树造林，茶园的上风口应营造防护林，茶园内宜适当种植遮阴树，主要道路、沟渠两边种植行道树，对土壤坡度较大、水土流失严重的茶园应退茶还林还草。茶园开垦应注意水土保持，应根据不同坡度和地形，选择适宜的方法和施工技术。平地和坡度15°以下的缓坡地宜等高开垦，坡度在15°以上25°以下时，宜建筑内倾等高梯级园地。开垦深度在50 cm以上，在此深度内有明显障碍层（如硬塥层、网纹层或犁底层）的土壤应破除障碍层。茶园与四周荒山陡坡、林地和农田交界处应设置隔离沟。

**2. 茶树种植**

茶树的种植主要包括茶苗的选择与定植。在茶苗选择上，应选择适应当地气候、环境条件和所制茶类的茶树品种，种苗质量应符合GB 11767规定的1、2级标准。在茶苗定植上，采用单条或双条栽方式种植，种植前施足底肥，以有机肥和矿物源肥料为主，底肥深度在30～40 cm，种植茶苗根颈离土表距离3 cm左右，根系离底肥10 cm以上。

**3. 土壤管理、施肥和灌溉**

应定期监测茶园土壤肥力水平和重金属元素含量，一般要求每两年检测一次，根据检测结果，有针对性地采取土壤改良措施，可采用铺草等措施提高茶园的保土蓄水能力。杂草、修剪枝叶和作物秸秆等覆盖材料应未受有害或有毒物质的污染。为避免土壤板结，宜采用合理耕作、施用有机肥等方法保持或改良土壤结构，耕作时应考虑当地降水条件，防止水土流失。对土壤深厚、松软、肥沃，树冠覆盖度大，病虫草害少的茶园可实行减耕或免耕。幼龄或台刈改造茶园，宜间作豆科绿肥，培肥土壤和防止水土流失。土壤pH值宜保持在4.5～5.5范围内，过低可选用白云石粉、石灰等物质调节，过高可选用生理酸性肥料调节。

茶园施肥应根据茶树的营养需求、土壤肥力、土壤残留养分、目标产量、制茶类型和气候条件等确定合理的肥料种类、数量和施肥时间，实施茶园平衡施肥，防止茶园缺肥或过量施肥，应避免单纯使用化学肥料和矿物源肥料，宜多施有机肥料。农家肥在施用前应经无害化处理，不使用人类生活的污水淤泥和城市垃圾，微生物肥料应符合NY/T227要求。茶园施肥过程中，基肥以有机肥为主，于当年秋季（或早春）开沟深施，施肥深度20 cm以上。一般每667 $m^2$施饼肥或商品有机肥200～400 kg或农家肥1 000～2 000 kg，根据土壤条件，配合施用磷肥、钾肥和其他所需营养。追肥可结合茶树生育规律分多次进行，在茶叶开采前15～30 d开沟施入，沟深10 cm左右，一般每667 $m^2$每次施用化学氮肥量（纯氮计）不超过15 kg，年最高总用量不超过60 kg，施肥后及时盖土。茶园施肥过程中，应谨慎施用叶面肥，叶面肥应与土壤施肥相结合，采摘前10 d停止使用。施用的叶面肥应经农业农村部登记注册。

茶园灌溉时应注意，土壤相对含水量低于70%时，茶园宜节水灌溉。根据土壤水分、茶树长势、气候条件等情况，确定合理的需水量和灌溉时间。灌溉用水要求水质良好，未受污染。

**4. 有害生物防治**

茶园有害生物防治应遵循“预防为主，综合防治”方针，从茶园整个生态系统出发，综合运用和协调各种防治措施，创造不利于病、虫、草等有害生物滋生和有利于各类天敌繁衍的环境条件，保持茶园生态系统的平衡和生物的多样性，将各类病虫草害控制在允许的经济阈值内，将农药残留降低到规定标准的范围以内。防治方法上可采用农业防治、物理防治、生物防治和化学防治。

农业防治方面需要注意几个事项，如换种改植或发展新茶园时，应选用对病、虫害具有抗性或耐性的品种。从国外引种或国内向外地引种时，应进行植物检疫，不得将危险性的病虫草随种苗带入或带出。合理控制茶树高度，春茶后宜进行树冠改造，秋末宜轻修剪压低叶螨类的越冬基数；秋末宜结合施基肥，进行茶园翻耕，减少次年象甲类和鳞翅目害虫的发生；秋末将茶园根际附近的落叶及表土清理至行间深埋，以防治叶病类和在表土中越冬的害虫。

物理防治上，主要利用害虫的趋光性，在其成虫发生期，在田间点灯，进行灯光诱杀。利用害虫的趋色性，进行色板诱杀。对发生较轻、为害中心明显及有假死性的害虫，进行人工捕杀。采用机械或人工方法清除杂草，避免病、虫害滋生。

生物防治上，以保护和利用当地茶园中的有益生物，减少人为因素对天敌的伤害，利用生物平衡控制病、虫害。如有病、虫害发生，宜使用生物源农药，如微生物农药和植物源农药。

化学防治上，应严格按制定的防治指标，掌握防治适期施药。茶园主要有害生物的防治指标和防治适期见表1-7。

**表1-7　茶园主要有害生物的防治指标和防治适期**

| 病虫害名称 | 防治指标 | 防治适期 |
|---|---|---|
| 茶黑毒蛾 | 第一代幼虫量每平方米4头以上；第二代幼虫量每平方米7头以上 | 3龄前幼虫期 |
| 茶尺蠖 | 成龄投产茶园；每平方米幼虫量7头以上 | 喷施化学农药应掌握在3龄前幼虫期 |
| 假眼小绿叶蝉 | 第一峰百叶虫量超过6头或每平方米虫量超过15头；第二峰百叶虫量超过12头或每平方米虫量超过27头 | 施药适期掌握在入峰后（高峰前期），且若虫占总量的80%以上 |
| 茶橙瘿螨 | 每平方厘米叶面积有虫3～4头，或指数值6～8 | 发生高峰期以前，一般为5月中旬至6月上旬，8月下旬至9月上旬 |
| 茶毛虫 | 百叶虫卵块5个以上 | 3龄前幼虫期 |
| 茶丽纹象甲 | 成龄投产茶园每平方米虫量在15头以上 | 成虫出土盛末期 |
| 黑刺粉虱 | 小叶种2头/叶～3头/叶，大叶种4头/叶～7头/叶 | 化学防治应掌握在卵孵化盛末期 |
| 长白蚧 | 卵孵化盛末期调查，百叶若虫量在150头以上 | 卵孵化盛末期 |
| 茶蚜 | 有蚜芽梢率4%～5%，芽下二叶有蚜叶上平均虫口20头 | 发生高峰期，一般为5月上中旬和9月下旬至10月中旬 |

续表

| 病虫害名称 | 防治指标 | 防治适期 |
|---|---|---|
| 茶刺蛾 | 幼虫数幼龄茶园每平方米 10 头，成龄茶园每平方米 15 头 | 2、3 龄幼虫期 |
| 茶芽枯病 | 叶罹病率 4%～6% | 春茶初期，老叶发病率 4%～6%时 |
| 茶白星病 | 叶罹病率 6% | 春茶期，气温在 16 ℃～24 ℃，相对湿度 80%以上，或叶发病率＞6% |
| 茶云纹叶枯病 | 叶罹病率 44%；成老叶罹病率 10%～15% | 6 月、8 月至 9 月发生盛期，气温＞28 ℃，相对湿度＞80%或叶发病率 10%～15%施药防治 |
| 炭疽病 | 茶树嫩叶初见病斑 | 5 月下旬～6 月上旬，8 月下旬～9 月上旬；在新梢（芽）叶期喷雾防治 |
| 茶饼病 | 芽梢罹病率 35% | 春、秋季发病期，5 天中有 3 天上午日照＜3 小时，或降雨量＞2.5 mm；芽梢发病率＞35% |

宜采用低容量喷雾，蓬面害虫实行蓬面扫喷；对茶丛中下部害虫，宜采用侧位低容量喷雾。有限制地使用高效、低毒、低残留的农药，按照 GB 4285、GB/T 8321 的要求控制农药施药量与安全间隔期。按照农药使用说明要求配药、施药，并做好人员安全保护措施。茶树主要有害生物化学防治方案见表 1-8。

**表 1-8　茶树主要有害生物化学防治方案**

| 防治对象 | 植农药品种 | 稀释倍数、使用剂量 | 剂型 | 使用方法 | 安全间隔期（天） | 每季最多使用次数 |
|---|---|---|---|---|---|---|
| 茶黑毒蛾<br>茶毛虫 | 80%敌敌畏 | 1 500 倍液<br>(50～150)mL/667 m² | EC | 喷雾 | 6 | 1 |
| | 2.5%溴氰菊酯 | 2 000～4 000 倍液<br>(20～25)mL/667 m² | EC | 喷雾 | 5 | 1 |
| 茶尺蠖 | 2.5%联苯菊酯 | 2 000～4 000 倍液<br>(20～25)mL/667 m² | EC | 喷雾 | 7 | 1 |
| | 2.5%溴氰菊酯 | 2 000～4 000 倍液<br>(20～25)mL/667 m² | EC | 喷雾 | 5 | 1 |
| 假眼小绿叶蝉 | 80%敌敌畏 | 1 500 倍液<br>(50～150)mL/667 m² | EC | 喷雾 | 6 | 1 |
| | 2.5%联苯菊酯 | 2 000～4 000 倍液<br>(20～25)mL/667 m² | EC | 喷雾 | 7 | 1 |
| 茶丽纹象甲 | 98%杀螟丹 | 1 000～1 500 倍液<br>(50～60)g/667 m² | EC | 喷雾 | 7 | 1 |
| | 2.5%联苯菊酯 | 800～1500 倍液<br>(60～80)mL/667 m² | EC | 喷雾 | 7 | 1 |
| 黑刺粉虱 | 2.5%联苯菊酯 | 2 000～4 000 倍液<br>(20～25)mL/667 m² | EC | 喷雾 | 7 | 1 |

续表

| 防治对象 | 植农药品种 | 稀释倍数、使用剂量 | 剂 型 | 使用方法 | 安全间隔期(天) | 每季最多使用次数 |
|---|---|---|---|---|---|---|
| 蚧类 | 45%马拉硫磷 | 1 000 倍液<br>100 mL/667 $m^2$ | EC | 喷雾 | 10 | 1 |
| | 2.5%溴氰菊酯 | 2 000～4 000 倍液<br>(20～25)mL/667 $m^2$ | EC | 喷雾 | 5 | 1 |
| 茶芽枯病<br>茶白星病<br>茶褐色叶斑病 | 75%百菌清 | 1 000～1 500 倍液<br>(50～70)g/667 $m^2$ | WP | 喷雾 | 10 | 2 |
| 茶橙樱螨<br>等螨类 | 73%炔螨特 | 1 500～3 000 倍液 | EC | 喷雾 | 7 | 1 |
| | 99%矿物油 | 150～200 倍液 | EC | 喷雾 | 7 | 1 |
| 杂草 | 41%草甘膦 | 150 倍液 | EC | 定向喷雾 | 15 | 1 |
| | 20%百草枯 | 200 倍液 | EC | 定向喷雾 | 10 | 1 |

禁止使用高毒、高残留及国家禁用的农药。例如，滴滴涕、六六六、对硫磷(1605)、甲基对硫磷(甲基 1605)、甲胺磷、氧化乐果、五氯酚钠、杀虫脒、克百威、三氯杀螨醇、水胺硫磷、灭多威、硫丹、氰戊菊酯、来福灵及其混剂等。

### 5. 茶树修剪

茶园茶树的修剪应根据茶树的树龄、长势和修剪目的分别采用定型修剪、轻修剪、深修剪、重修剪和台刈等方法，培养优化型树冠，复壮树势。重修剪和台刈改造的茶园应清理树冠，宜使用波尔多液冲洗枝干，以防治苔藓和剪口病菌感染等。覆盖度较大的茶园，每年进行茶行边缘修剪，保持茶行间 20 cm 左右的间隙，以利于田间作业和通风透光，减少病虫害发生。修剪枝叶可留在茶园内，以利于培肥土壤。病虫枝条和粗干枝应清除出园。

### 6. 鲜叶采摘、贮存和运输

茶园采摘应根据茶树生长特性和各茶类对加工原料的要求，遵循采留结合、量质兼顾和因园制宜的原则，按照标准适时采摘。手工采摘不宜捋采和抓采，应保持鲜叶完整、匀净。机械采茶应保证采摘质量，应使用无铅汽油和机油，防止污染茶园、土壤和茶树。

鲜叶贮存应采用清洁、通风性良好的竹编、网眼茶篮或篓筐盛装鲜叶。采下的鲜叶应妥善防护，不能暴晒、雨淋，应及时运抵茶厂，防止变质。鲜叶应存放在清洁、通风、阴凉的场所，防止鲜叶质变和混入有毒、有害物质。

鲜叶运输的工具应卫生清洁，运输时禁止与其他易污染的物品混运。运输鲜叶过程中不应遭到直接日晒、雨淋，避免污染，有足够的空间，空气流通。

### 7. 投入品管理

茶园投入品包括肥料和农药，在投入品使用上应当严格把控。

茶园使用的肥料应从正规渠道采购，不应采购非法销售点销售的肥料、不合格的肥料、超过保质期的肥料。肥料应储存在专用区域，不与农产品、农药、污染物和废弃物等储存在一起，以防交叉污染。肥料储存区域应有相应的防护设施，化肥储存区域应洁净、干燥、遮光、避雨、通风，使化肥(粉末、颗粒或液体)不受阳光、雾气或雨水等气候因素影响。有机肥料储存区域应适当隔离，以降低污染环境、影响人类和动物安全的风险。

茶园使用的农药应从正规渠道采购，不应采购非法销售点销售的、无登记证或临时登记证、无生产许可证或者生产批准文件、无产品质量标准及合格证明、无标签或标签内容不完整、超过保质期的农药。农药应储藏于专用仓库。仓库应远离存放其他物料的场所并符合防火、防盗、防雨、清洁、防腐、避光、通风、阴凉等安全条件要求，分类存放；应配有农药配制量具、急救药箱，入口处应贴有警示标志。剩余药液或清洗废液应根据国家或地方相关规定进行处理。农药容器、包装物不应重复使用，应及时收回，妥善保管和处理。

**8. 人员管理**

茶园生产过程中的人员管理应当有相应的要求，凡采购、使用、处理农业化学品的人员以及所有操作危险或者复杂设备的人员都应经过必要的操作技能和安全防护知识培训。采茶、修剪等人员应进行必要的操作技能和卫生知识培训。工作人员应保持良好的个人卫生，不得在工作场所化妆、吃食物、吸烟和随地吐痰。采摘人员不得将个人物品放置在盛装鲜叶的容器内。根据基地规模大小，配备一定数量的植保员，负责有害生物发生情况的调查、预报、防治指导等。

**9. 文字记录**

茶园应当建立生产记录制度，有效记录茶叶生产过程中各个环节的活动情况，以证实所有的农事操作符合相应的要求，实现可追溯性。记录的格式要规范，内容要齐全，记录应至少保存两年。

## 1.3 有机茶生产技术标准规程

本方法规定了有机茶生产的基地规划与建设、土壤管理和施肥、病虫草害防治、茶树修剪和采摘、转换、试验方法和有机茶园判别，适用于有机茶的生产。

**1. 基地规划与建设**

有机茶生产基地应按 NY 5199,“有机茶产地环境条件” 的要求进行选择。基地规划：有利于保持水土，保护和增进茶园及其周围环境的生物多样性，维护茶园生态平衡，发挥茶树良种的优良种性，便于茶园排灌、机械作业和田间日常作业，促进茶叶生产的可持续发展。根据茶园基地的地形、地貌、合理设置场部(茶厂)、种茶区(块)、道路、排蓄灌水利系统，以及防护林带、绿肥种植区和养殖业区等。新建基地时，对坡度大于 25°，土壤深度小于 60 cm，以及不宜种植茶树的区域应保留自然植被，对于面积较大且集中连片的基地，每隔一定面积应保留或设置一些林地，禁止毁坏森林发展有机茶园。

道路和水利系统：设置合理的道路系统，连接场部、茶厂、茶园和场外交通，提高土地利用率和劳动生产率。建立完善的排灌系统，做到能蓄能排，有条件的茶园建立节水灌溉系统。茶园与四周荒山陡坡、林地和农田交界处应设置隔离沟、带；梯地茶园在每台梯地的内侧开一条横沟。

茶园开垦：茶园开垦应注意水土保持，根据不同坡度和地形，选择适宜的时期、方法和施工技术。坡度15°以下的缓坡地等高开垦，坡度在15°以上的，建筑等高梯级园地，开垦深度在60 cm以上，破除土壤中硬塥层、网纹层和犁底层等障碍层。

茶树品种与种植：品种应选择适应当地气候、土壤的茶类，并对当地主要病虫害有较强的抗性。加强不同遗传特性品种的搭配。种子和苗木应来自有机农业生产系统，但在有机生产的初始阶段无法得到认证的有机种子和苗木，可使用未经禁用物质处理的常规种子与苗木。种苗质量应符合GB 11767,“茶树种子和苗木”中规定的1、2级标准，禁止使用基因工程繁育的种子和苗木。采用单行或双行条栽方式种植，坡地茶园等高种植，种植前施足有机底肥，深度为30～40 cm。

茶园生态建设：茶园四周和茶园内不适合种茶的空地应植树造林，茶园的上风口应营造防护林，主要道路、沟渠两边种植行道树，梯壁坎边种草。低纬度低海拔茶区集中连片的茶园可因地制宜种植遮阴树，遮光率控制在20%～30%。对缺丛断行严重、密度较低的茶园，通过补植缺株，合理剪、采、养等措施提高茶园覆盖率。对坡度过大、水土流失严重的茶园应退茶还林或还草。应重视生产基地病虫草害天敌等生物及其栖息地的保护，增进生物多样性。茶园每隔2～3 $hm^2$ 设立一个地头积肥坑，并提倡建立绿肥种植区，尽可能为茶园提供有机肥源。制定和实施有针对性的土壤培肥计划，病、虫、草害防治计划和生态改善计划等，建立完善的农事活动档案，包括生产过程中肥料、农药的使用和其他栽培管理措施。

**2. 土壤管理和施肥**

土壤管理：定期监测土壤肥力水平和重金属元素含量，一般要求每两年检测一次，根据检测结果，有针对性地采取土壤改良措施。采用地面覆盖等措施提高茶园的保土蓄水能力，将修剪枝叶和未结籽的杂草作为覆盖物，外来覆盖材料如作物秸秆等，应未受有害或有毒物质的污染。采取合理耕作、多施有机肥等方法改良土壤结构，耕作时应考虑当地降水条件，防止水土流失，对土壤深厚、松软、肥沃，树冠覆盖度大，病虫草害少的茶园可实行减耕或免耕。提倡放养蚯蚓和使用有益微生物等生物措施改善土壤的理化和生物性状，但微生物不能是基因工程产品。行距较宽、幼龄和台刈改造的茶园，优先间作豆科绿肥，以培肥土壤和防止水土流失，但间作的绿肥或作物必须按有机农业生产方式栽培。土壤pH值低于4.5的茶园施用白云石粉等矿物质，而高于6.0的茶园可使用硫磺粉调节土壤pH值至4.5～6.0的适宜范围。土壤相对含水量低于70%时，茶园宜节水灌溉，灌溉用水符合NY 5199,“有机茶”的要求。

施肥管理：肥料种类，如有机肥，指无公害化处理的堆肥、沤肥、厩肥、沼气肥、绿肥、饼肥及有机茶专用肥，但有机肥料的污染物质含量应符合砷≤30 mg/kg、汞≤5 mg/kg、镉≤3 mg/kg、铬≤70 mg/kg、铅≤60 mg/kg、铜≤250 mg/kg、六六六≤0.2 mg/kg、滴滴涕≤0.2 mg/kg等，并经有机认证机构的认证。矿物源肥料、微量元素肥料和微生物肥料，只能作为培肥土壤的辅助材料。微量元素肥料在确认茶树有潜在缺素危险时作叶面肥喷施。微生物肥料应是非基因工程产物，并符合NY 227,“微生物肥料”规定的要求。土壤培肥过程中允许和限制使用的物质见表1-9。禁止使用化学肥料和含有毒、有害物质的城市垃圾、污泥和其他物质等。

表 1-9 有机茶园允许和限制使用的土壤培肥和改良物质

| 类别 | 名称 | 使用条件 |
|---|---|---|
| 有机农业体系生产的物质 | 农家肥 | 允许使用 |
| | 茶树修剪枝叶 | 允许使用 |
| | 绿肥 | 允许使用 |
| 非有机农业体系生产的物质 | 茶树修剪枝叶、绿肥和作物枯秆 | 限制使用 |
| | 农家肥(包括堆肥、沤肥、厩肥、沼气肥、家畜粪尿等) | 限制使用 |
| | 饼肥(包括菜籽饼、豆籽饼、棉籽饼、芝麻饼、花生饼等) | 未经化学方法加工的允许使用 |
| | 充分腐熟的人粪尿 | 只能用于浇施茶树根部,不能用作叶面肥 |
| | 未经化学处理木材产生的木料、树皮、锯屑、刨花、木灰和木炭等 | 限制使用 |
| | 海草及其用物理方法生产的产品 | 限制使用 |
| | 未掺杂防腐剂的动物血、肉、骨头和皮毛 | 限制使用 |
| | 不含合成添加剂的食品工业副产品 | 限制使用 |
| | 鱼粉、骨粉 | 限制使用 |
| | 不含合成添加剂的泥炭、褐炭、风化煤等含腐殖酸类的物质 | 允许使用 |
| | 经有机认证机构认证的有机茶专用肥 | 允许使用 |
| 矿物质 | 白云石粉、石灰石和白垩 | 用于严重酸化的土壤 |
| | 碱性炉渣 | 限制使用,只能用于严重酸化的土壤 |
| | 低氯钾矿粉 | 未经化学方法浓缩的允许使用 |
| | 微量元素 | 限制使用,只作叶面肥使用 |
| | 天然硫磺粉 | 允许使用 |
| | 镁矿粉 | 允许使用 |
| | 氯化钙、石膏 | 允许使用 |
| | 窑灰 | 限制使用,只能用于严重酸化的土壤 |
| | 磷矿粉 | 镉含量不大于 90 mg/kg 的允许使用 |
| | 泻盐类(含水硫酸岩) | 允许使用 |
| | 硼酸岩 | 允许使用 |
| 其他物质 | 非基因工程生产的微生物肥料(固氮菌、根瘤菌、磷细菌和硅酸盐细菌肥料等) | 允许使用 |
| | 经农业农村部登记和有机认证的叶面肥 | 允许使用 |
| | 未污染的植物制品及其提取物 | 允许使用 |

施肥方法:基肥一般每 667 $m^2$ 施农家肥 1 000～2 000 kg,或用有机肥 200～400 kg,必要时配施一定数量的矿物源肥料和微生物肥料,于当年秋季开沟深施,施肥深度 20 cm 以

上。追肥可结合茶树生育规律进行多次，采用腐熟后的有机肥，在根际浇施或每 667 $m^2$ 每次施商品有机肥 100 kg 左右，在茶叶开采前 30～40 d 开沟施入，沟深 10 cm 左右，施后覆土。叶面肥根据茶树生长情况合理使用，但使用的叶面肥必须在农业农村部登记并获得有机认证机构的认证，叶面肥料在茶叶采摘前 10 d 停止使用。

**3. 病、虫、草害防治**

遵循防重于治的原则，从整个茶园生态系统出发，以农业防治为基础，综合运用物理防治和生物防治措施，创造不利于病虫草滋生而有利于各类天敌繁衍的环境条件，增进生物多样性，保持茶园生物平衡，减少各类病虫草害所造成的损失。

农业防治：换种改植或发展新茶园时，选用对当地主要病虫抗性较强的品种。分批多次采茶，采除假眼小绿叶蝉、茶橙瘿螨、茶白星病等危害芽叶的病虫，抑制其种群发展，通过修剪，剪除分布在茶丛中上部的病虫。秋末结合施基肥，进行茶园深耕，减少土壤中越冬的鳞翅目和象甲类害虫的数量；然后将茶树根际落叶和表土清理至行间深埋，防治叶病和在表土中越冬的害虫。

物理防治：采用人工捕杀，减轻茶毛虫、茶蚕、蓑蛾类、卷叶蛾类、茶丽纹象甲等害虫的危害。利用害虫的趋性，进行灯光诱杀、色板诱杀、性诱杀或糖醋诱杀。采用机械或人工方法防除杂草，进行控制。

生物防治：保护和利用当地茶园中的草蛉、瓢虫和寄生蜂等天敌昆虫，以及蜘蛛、捕食螨、蛙类、蜥蜴和鸟类等有益生物，减少人为因素对天敌的伤害。允许有条件地使用生物源农药，如微生物源农药、植物源农药和动物源农药。

农药使用准则：禁止使用和混配化学合成的杀虫剂、杀菌剂、杀螨剂、除草剂和植物生长调节剂。植物源农药宜在病虫害大量发生时使用，矿物源农药应严格控制在非采茶季节使用。从国外或外地引种时，必须进行植物检疫，不得将当地尚未发生的危险性病虫草随种子或苗木带入。

**表 1-10　有机茶园主要病虫害及防治方法**

| 病虫害名称 | 防治时期 | 防治措施 |
|---|---|---|
| 假眼小绿叶蝉 | 5—6 月，8—9 月若虫盛发期，百叶虫口：夏茶 5～6 头、秋茶＞10 头时施药防治 | 1. 分批多次采茶，发生严重时可机采或轻修剪；<br>2. 湿度大的天气，喷施白僵菌制剂；<br>3. 秋末采用石硫合剂封园；<br>4. 可喷施植物源农药：鱼藤酮、清源保 |
| 茶毛虫 | 各地代数不一，防治时期有异。一般在 5—6 月中旬，8—9 月。幼虫 3 龄前施药 | 1. 人工摘除越冬卵块或人工摘除群集的虫叶；结合清园，中耕消灭茧蛹；灯光诱杀成虫；<br>2. 幼虫期喷施茶毛虫病毒制剂；<br>3. 喷施 Bt 制剂；或喷施植物源农药：鱼藤酮、清源保 |
| 茶尺蠖 | 年发生代数多，以第 3、4、5 代(6—8 月下旬)发生严重，每平方米幼虫数＞7 头即应防治 | 1. 组织人工挖蛹，或结合冬耕施基肥深埋虫蛹；<br>2. 灯光诱杀成虫；<br>3. 1～2 龄幼虫期喷施茶尺蠖病毒制剂；<br>4. 喷施 Bt 制剂或用植物源农药：鱼藤酮、清源保 |
| 茶橙瘿螨 | 5 月中下旬、8—9 月发现个别枝条有为害状的点片发生时，即应施药 | 1. 勤采春茶；<br>2. 发生严重的茶园，可喷施矿物源农药：石硫合剂、矿物油 |

续表

| 病虫害名称 | 防治时期 | 防治措施 |
| --- | --- | --- |
| 茶丽纹象甲 | 5—6 月下旬，成虫盛发期 | 1. 结合茶园中耕与冬耕施基肥，消灭虫蛹；<br>2. 利用成虫假死性人工振落捕杀；<br>3. 幼虫期土施白僵菌制剂或成虫期喷施白僵菌制剂 |
| 黑刺粉虱 | 江南茶区 5 月中下旬，7 月中旬，9 月下旬至 10 月上旬 | 1. 及时疏枝清园、中耕除草，使茶园通风透光；<br>2. 湿度大的天气喷施粉虱真菌制剂；<br>3. 喷施石硫合剂封园 |
| 茶饼病 | 春、秋季发病期，5 天中有 3 天上午日照＜3 h，或降雨量 2.5～5 mm 芽梢发病率＞35％ | 1. 秋季结合深耕施肥，将根际枯枝落叶深埋土中；<br>2. 喷施多抗霉素；<br>3. 喷施波尔多液 |

**表 1-11　有机茶园病虫害防治允许、限制使用的物质与方法**

| 种类 | | 名称 | 使用条件 |
| --- | --- | --- | --- |
| 生物源农药 | 微生物源农药 | 多抗霉素（多氧霉素） | 限量使用 |
| | | 浏阳霉素 | 限量使用 |
| | | 华光霉素 | 限量使用 |
| | | 春雷霉素 | 限量使用 |
| | | 白僵菌 | 限量使用 |
| | | 绿僵菌 | 限量使用 |
| | | 苏云金杆菌 | 限量使用 |
| | | 核型多角体病毒 | 限量使用 |
| | | 颗粒体病毒 | 限量使用 |
| | 动物源农药 | 性信息素 | 限量使用 |
| | | 寄生性天敌动物，如赤眼蜂、昆虫病原线虫 | 限量使用 |
| | | 捕食性天敌动物，如瓢虫、捕食螨、天敌蜘蛛 | 限量使用 |
| | 植物源农药 | 苦参碱 | 限量使用 |
| | | 鱼藤酮 | 限量使用 |
| | | 除虫菊素 | 限量使用 |
| | | 印楝素 | 限量使用 |
| | | 植物油 | 限量使用 |
| | | 烟叶水 | 只限于非采茶季节 |
| 矿物源农药 | | 合硫合剂 | 非生产季节使用 |
| | | 硫悬浮剂 | 非生产季节使用 |
| | | 可湿性硫 | 非生产季节使用 |
| | | 硫酸铜 | 非生产季节使用 |
| | | 石灰半量式波尔多液 | 非生产季节使用 |
| | | 石油乳油 | 非生产季节使用 |

续表

| 种　　类 | 名　　称 | 使用条件 |
| --- | --- | --- |
| 其他物质和方法 | 二氧化碳 | 允许使用 |
| | 明胶 | 允许使用 |
| | 糖醋 | 允许使用 |
| | 卵磷脂 | 允许使用 |
| | 蚁酸 | 允许使用 |
| | 软皂 | 允许使用 |
| | 热法消毒 | 允许使用 |
| | 机械诱捕 | 允许使用 |
| | 灯光诱捕 | 允许使用 |
| | 色板诱杀 | 允许使用 |
| | 漂白粉 | 限制使用 |
| | 生石灰 | 限制使用 |
| | 硅藻土 | 限制使用 |

**4. 茶树修剪与采摘**

茶树修剪：根据茶树的树龄、长势和修剪目的分别采用定型修剪、轻修剪、深修剪、重修剪和台刈等方法，培养优化型树冠，复壮树势。覆盖度较大的茶园，每年进行茶树边缘修剪，保持茶行间 20 cm 左右的间隙，以利于田间作业和通风透光，减少病虫害发生。修剪枝叶应留在茶园内，以利于培肥土壤，病虫枝条和粗干枝清除出园，病虫枝待寄生蜂等天敌逸出后再行销毁。

采摘：应根据茶树生长特性和成品茶对加工原料的要求，遵循采留结合、量质兼顾和因树制宜的原则，按标准适时采摘。手工采茶宜采用提手采，保持芽叶完整、新鲜、匀净，不夹带鳞片、茶果与老枝叶。发芽整齐，生长势强，采摘面平整的茶园提倡机采，采茶机应使用无铅汽油，防止汽油、机油污染茶叶、茶树和土壤。采用清洁、通风性良好的竹编网眼茶篮或篓筐盛装鲜叶，采下的茶叶应及时运抵茶厂，防止鲜叶变质和混入有毒、有害物质。采摘的鲜叶应有合理的标签，注明品种、产地、采摘时间及操作方式。

**5. 转换**

常规茶园成为有机茶园需要经过转换，生产者在转换期间必须完全按本生产技术规程的要求进行管理和操作。茶园的转换期一般为 3 年，但某些已经在按本生产技术规程管理或种植的茶园或荒芜的茶园，如能提供真实的书面证明材料和生产技术档案，则可以缩短甚至免除转换期。已认证的有机茶园一旦改为常规生产方式，则需要经过转换才有可能重新获得有机认证。

**6. 试验方法**

商品有机肥料中砷、汞、镉、铬、铅、铜的测定按 NY 227，“微生物肥料”的规定执行。

**7. 有机茶园判别**

茶园的生态环境达到有机茶产地环境条件的要求，茶园管理达到有机茶生产技术规程的要求，由认证机构根据标准和程序判别。

**8. 有机茶生产中使用其他物质的评估**

上述材料中未提及的，其他的需在有机茶园中使用的，按照以下方法进行评价。

土壤培肥和土壤改良物质的使用原则：该物质是为了保持土壤肥力或为满足特殊的营养要求所必需的；该物质的配料来自植物、动物、微生物或矿物，宜经过物理（机械、热）处理或酶处理或微生物（堆肥、消化）处理；该物质的使用不会导致对环境的污染以及对土壤生物的影响，该物质的使用不应对最终产品的质量和安全性产生较大的影响。

控制植物病虫草害物质的使用原则：该物质是防治有害生物或特殊病害所必需的，而且除此物质外没有其他可以替代的方法和技术。该物质（活性化合物）来源于植物、动物、微生物或矿物，宜经过物理处理、酶处理或微生物处理。该物质的使用不会导致环境污染。如果某物质的天然数量不足，可考虑使用与该自然物质的性质相同的化学合成物质，如化学合成的外激素（性诱剂），使用前提是不会直接或间接造成环境或产品的污染。

评估意义：定期对外部投入的物质进行评价，能促使有机生产对人类、动物以及环境和生态系统越来越有益。

评估投入物质的准则：对投入物质应从作物产量、品质、环境安全性、生态保护、景观、人类和动物的生存条件等方面进行全面评估，限制投入物质用于特种农作物（尤其是多年生农作物）、特定的区域和特定的条件。

投入物质的来源和生产方法：投入物质一般应来源于（按先后选用顺序）有机物（植物、动物、微生物）、矿物、等同于天然产品的化学合成物质。应优先选择可再生的投入物质，再选择矿物源物质，最后选择化学性质等同天然产品的投入物质。在允许使用化学性质等同的投入物质时需要考虑其在生态上、技术上或经济上的理由。投入物质的配料可以经过机械处理、物理处理、酶处理、微生物作用处理、化学处理（作为例外并受限制）。采集投入物质的原材料时，不得影响自然环境的稳定性，也不得影响采集区内任何物种的生存。

环境影响评估：投入物质不得危害环境，如对地面水、地下水、空气和土壤造成污染，这些物质在加工、使用和分解过程中对环境的影响必须进行评估。投入物质可降解为二氧化碳、水和其他矿物形态，对投入的无毒天然物质没有规定的降解时限。对非靶生物有高急性毒性的投入物质的半衰期不能超过 5 天，并限制其使用，如规定最大允许使用量；若无法采取可以保证非靶生物生存的措施，则不得使用该投入物质。不得使用在生物或生物系统中蓄积的投入物质，也不得使用已经知道有或怀疑有诱变性或致癌性的投入物质。投入物质中不应含有致害的化学合成物质（异生化合制品），仅在其性质完全与自然界的产品相同时，才允许使用化学合成的产品。投入矿物质的重金属含量应尽可能低，任何形态铜的使用必须视为临时性，必须限制使用。

人体健康和产品质量评估：投入物质必须对人体健康没有影响，必须考虑投入物质在加工、使用和降解过程中是否有危害，应采取一些措施，降低投入物质的使用危险，并制定投入物质在有机茶中使用的标准。投入物质对产品质量如味道、保质期和外观等应无不良影响。

伦理和信心：投入物质对饲养动物的自然行为或机体功能应无不利影响。投入物质的使用不应造成消费者对有机茶产品产生抵触或反感，投入物质的问题不应干扰人们对天然或有机产品的总体感觉或看法。

# 1.4 农产品追溯基本要求

本方法规定了茶叶农产品追溯的部分术语定义、茶园管理及茶叶生产、茶叶加工、茶叶流通、茶叶销售各个环节的追溯要求，适用于茶叶产品的追溯。

**1. 术语定义**

组织：职责、权限和相互关系得到安排的一组人员及设施；

追溯单元：需要对其来源、用途和位置的相关信息进行记录和回溯的单个产品或同一批次产品；

基本追溯信息：能够实现组织间和组织内各环节间有效链接的最少信息，如生产地点、生产者、生产批号等；

扩展追溯信息：除基本追溯信息外，与食品追溯相关的其他信息，可以是食品质量安全或用于商业目的的信息。

**2. 要求**

(1)基本要求

依据本方法建立追溯体系要求的组织，应当识别并确认本组织在茶园管理及茶叶生产、茶叶加工、茶叶流通、茶叶销售等环节中的作用和位置，确定追溯单元。茶叶追溯体系的建立以 GB/T 22005，“饲料和食品链的可追溯 体系设计与实施的通用原则和基本要求”为依据，以茶叶的产品质量为目的。茶叶追溯体系可从上游获得信息并向下游提供信息，该体系建立的原则应符合 GB/Z 22008，“饲料和食品链的可追溯 体系设计与实施指南”的要求。组织应建立茶叶追溯体系检查和审核机制，及时检查并定期审核追溯体系的运行情况。各追溯环节中的岗位人员和负责人应通过培训，具备所在岗位要求的产品质量相关知识和相应能力，负责录入每个阶段所应记录的信息，追溯系统的管理人员应对所记录的信息负责审核和处理。追溯信息编码与标识应符合 GB/Z 22008，“饲料和食品链的可追溯 体系设计与实施指南”的规定。茶园管理及茶叶生产、茶叶加工、茶叶流通、茶叶销售各环节应记录相应的追溯信息，追溯信息的保存期限应当比最终产品的保质期长 2 年。产品记录的信息分为基本追溯信息和扩展追溯信息，基本追溯信息是必须记录的，扩展追溯信息是企业根据需要可选择记录。

(2)信息记录要求

根据茶叶生产流程状况，信息记录要求分为茶园管理及茶叶生产、茶叶加工、茶叶流通、茶叶销售等 4 个环节，各环节信息点记录见表 1-12～表 1-15。

表 1-12 茶园管理及茶叶生产环节记录信息点

| 追溯信息 | 描 述 | 信息类型 | |
|---|---|---|---|
| | | 基本追溯信息 | 扩展追溯信息 |
| 生产基地信息 | 茶园名称、茶园负责人、联系电话、地址 | ★ | |
| | 茶园资质认证、茶园周边环境、茶园编号、茶园面积、茶树品种、植保员、水质及土壤检测报告 | | ★ |

续表

| 追溯信息 | 描　述 | 信息类型 | |
|---|---|---|---|
| | | 基本追溯信息 | 扩展追溯信息 |
| 茶园灌溉和施肥信息 | 灌溉和施肥日期、灌溉和施肥人、时间、肥料品种、肥料生产商 | ★ | |
| | 肥料成分、肥料使用量、使用方式、气温 | | ★ |
| 病虫草害防治信息 | 使用日期、使用药物名称、药物生产商、药物生产许可证号、药物批号 | ★ | |
| | 病虫草害名称、危害程度、使用方式、使用人、药物有效成分、药物生产日期、有效期、使用浓度、使用量、安全间隔期 | | ★ |
| 鲜叶采摘信息 | 采摘时间 | ★ | |
| | 天气状况、产品认证信息(如有机食品、绿色食品或无公害食品等)、采摘量、采摘方式、采摘工具、采摘工具卫生状况 | | ★ |
| 原料运输信息 | 运输起止时间、运输起止地点 | ★ | |
| | 运输工具、运输工具卫生状况、运输方式、天气状况、运输人员 | | ★ |

注:★表示描述的信息属于此类信息

**表 1-13　茶叶加工环节信息点**

| 追溯信息 | 描　述 | 信息类型 | |
|---|---|---|---|
| | | 基本追溯信息 | 扩展追溯信息 |
| 加工企业信息 | 企业名称、法人代表、联系电话、生产地点、地址或组织机构代码 | ★ | |
| | 企业资质 | | ★ |
| 资料来源 | 生产厂家、产品名称、生产日期 | ★ | |
| | 产品质量、规格、数量、检验报告 | | ★ |
| 产品信息 | 产品名称、生产日期、批号、产品的唯一性编码与标识 | ★ | |
| | 产品质量、产品认证信息、产品数量、规格、保质期、检验报告 | | ★ |
| 初加工过程和精加工过程 | 加工起止时间、产品名称、加工负责人 | ★ | |
| | 加工方式、加工工艺、加工后半成品或成品数量、初加工产品质量情况、加工机械及卫生状况、包装材料及卫生状况、原料用量、产量、检验人员、产品保质期 | | ★ |
| 拼配过程信息 | 拼配用半成品名称、批号、拼配负责人、生产日期 | ★ | |
| | 产品质量情况、数量、拼配后成品数量、拼配时间、检验人员、卫生状况 | | ★ |
| 包装信息 | 包装负责人、产品批号、包装时间 | ★ | |
| | 包装人员、包装方式、包装材料及卫生状况 | | ★ |

续表

| 追溯信息 | 描　　述 | 信息类型 | |
|---|---|---|---|
| | | 基本追溯信息 | 扩展追溯信息 |
| 出入库信息和仓储信息 | 出入库时间、流向、产品批号、检验报告编号 | ★ | |
| | 产品质量状况、仓库卫生状况、入库单号、入库数量、检验方式原料及成品检验单号、出库单号、出库数量、仓库温度、仓库湿度、检验报告 | | ★ |
| 运输信息 | 运输起止时间、运输起止地点 | ★ | |
| | 运输工具、运输工具卫生状况、运输方式、天气状况、运输人员 | | ★ |

注:★表示描述的信息属于此类信息

**表 1-14　茶叶流通环节记录信息点**

| 追溯信息 | 描　　述 | 信息类型 | |
|---|---|---|---|
| | | 基本追溯信息 | 扩展追溯信息 |
| 流通企业信息 | 企业名称、生产者、法人代表、联系电话、地址或者组织机构代码 | ★ | |
| | 企业资质 | | ★ |
| 产品来源 | 生产厂家、产品名称、生产日期 | ★ | |
| | 产品质量情况、规格、数量、产品检验报告 | | ★ |
| 产品信息 | 产品名称、生产日期、批号、产品的唯一性编码与标识 | ★ | |
| | 产品质量、认证信息、数量、规格、保质期、检验报告 | | ★ |
| 包装信息 | 包装负责人、产品批号、包装时间 | ★ | |
| | 包装人员、包装方式、包装材料及卫生状况 | | ★ |
| 产品配送出入库信息和仓储信息 | 出入库时间、流向 | ★ | |
| | 出入库数量、温度、湿度、仓库卫生状况 | | ★ |
| 产品运输信息 | 运输起止时间、运输起止地点 | ★ | |
| | 运输工具、运输工具卫生状况、天气状况、运输方式、运输人员、运输数量、运输过程中温度和湿度 | | ★ |

注:★表示描述的信息属于此类信息

**表 1-15　茶叶销售环节记录信息点**

| 追溯信息 | 描　　述 | 信息类型 | |
|---|---|---|---|
| | | 基本追溯信息 | 扩展追溯信息 |
| 经销商信息 | 经销商名称、法人代表、生产者、联系电话、地址或者组织机构代码 | ★ | |
| | 经销商资质、销售点 | | ★ |
| 产品来源 | 生产厂家、产品名称、生产日期 | ★ | |
| | 产品质量情况、规格、数量、产品检验报告 | | ★ |

续表

| 追溯信息 | 描　述 | 信息类型 | |
|---|---|---|---|
| | | 基本追溯信息 | 扩展追溯信息 |
| 产品信息 | 产品名称、产品批号、产品的唯一性编码与标识 | ★ | |
| | 产品质量、认证信息、数量、规格、保质期、检验报告 | | ★ |
| 出入库信息和仓储信息 | 出入库时间、流向 | ★ | |
| | 出入库数量、温度、湿度、仓库卫生状况 | | ★ |
| 产品运输信息 | 运输起止时间、运输起止地点 | ★ | |
| | 运输工具、运输工具卫生状况、天气状况、运输方式、运输人员、运输数量 | | ★ |
| 零售信息 | 零售负责人、零售时间 | ★ | |
| | 零售数量、零售区域环境卫生状况、温度、湿度、零售方式 | | ★ |

注：★表示描述的信息属于此类信息

# 第 2 章　茶叶加工的基本要求

## 2.1　茶叶加工标准规范

规范化的茶叶加工应当具备优良的厂区环境、标准的厂房和设施，标准化的加工设备和用具管理与维护，严格的卫生管理与过程管理，标准的加工产品管理与检验，完善的产品追溯和召回机制，清晰的机构与完善的人员，完整的记录和文件管理。

在阐述茶叶标准化加工的过程中，首先对加工过程中涉及的部分关键术语和定义解释如下：

茶叶加工(tea processing)：按茶叶产品规格要求，对茶叶原料做各种技术处理工作(如改变外形、内质等)的总称。

初制(primary processing)：按毛茶规格要求，对鲜叶做各种技术处理工作(如改变外形、内质等)的总称。

精制(refinement processing)：按成品茶的规格要求，对毛茶做各种技术处理工作(如汰除劣异、整饰外形、改进内质、调剂品质、划分等级)的总称。

再加工(reprocessing)：以绿茶、红茶、乌龙茶、黄茶、白茶和黑茶等六大茶类为原料，采用特定工艺做各种技术处理工作(如花茶窨制、紧压茶压制、袋泡茶加工等)的总称。

可追溯性(traceability)：通过记录证明来追潮产品的历史、使用和所在位置的能力(即材料和成分的来源、产品的加工历史、产品交货后的销售和安排等)。

辅助场所(auxiliary spaces)：不直接处理食品的区域，包括检验室、锅炉房、机修车间、更衣室、洗手消毒室、厕所和其他为生产服务的配套场所。

外来杂物(foreign matters)：除原料之外，在生产中混入或附着于原料、半成品、成品或内包装材料上的污染物和其他物质。

**1. 厂区环境要求**

茶叶加工厂区的周围应干净卫生，无物理、化学、生物等污染源，不得有害虫孳生的场所。厂区四周环境应保持清洁、地面不得有积水、泥泞、污秽等。厂区附近及厂内道路，应采用便于清洗的混凝土、沥青及其他硬质材料铺设。厂区空置地带应具有良好绿化。生活区、生产区应当相互隔离，生产区内不得饲养家禽、家畜。厂区内垃圾应密闭式存放，并远离生产区，排污沟渠也应为密闭式，厂区内不得散发出异味，杂物堆放有序。厂区的大气环境应符合 GB 3095 中规定的三级标准要求。

**2. 厂房和设施要求**

*(1)厂房的设置与布局*

新建、扩建、改建的厂房及设施应按标准进行设计和施工，并符合 GB 14881 的规定。

厂房设置应按生产工艺流程需要和卫生要求，有序、整齐、科学布局，工序衔接合理，避免人流和物流之间的交叉污染。厂房布局应考虑相互间的地理位置及朝向，锅炉房、厕所应处于生产车间的下风口，仓库应设在干燥处。厂房设置应包括洗手更衣间、生产场所和辅助场所，并具有相应的消防安全设施。应设置独立的、具有足够空间的理化检验室、感官检验室、样品室；必要时设立卫生指标检验室。为防止交叉污染，厂房加工区应分别设置人员通道及物料运输通道。生产车间内的设备之间、设备与墙壁之间应有适当的通道或工作空间，该空间的大小应以生产经营人员完成作业(包括清洗、消毒)时不致因衣服或身体的接触而污染茶叶为准。

茶叶加工厂的初制厂一般由贮青车间、加工车间、包装车间、仓库等组成。各车间面积应与加工产品的种类、数量相适应。贮青车间面积按大宗茶鲜叶堆放厚度不宜超过 30 cm，或按每 100 kg 鲜叶需 6～8 $m^2$ 标准确定，设备贮青时按设备作业效率确定；其他车间面积(不含辅助用房)应不少于设备占地总面积的 8 倍，应根据不同茶类生产需要，设立独立的渥堆、发酵车间，控制相对湿度和温度。

茶叶加工厂的精制厂和再加工厂一般由原料车间、加工车间、包装车间、仓库等组成。各车间面积应与加工产品的种类、数量相适应，不少于设备占地总面积的 10 倍(不含辅助用房)。手工包装时，包装车间面积 10 人以内按每人 4 $m^2$ 确定，10 人以上人均面积可酌减。

茶叶加工厂区应有专门的区域贮存设备备件并保持备件贮存区域清洁干燥。车间内不得存放农药、肥料、喷雾器、防护服等易污染茶叶的物品，不应存放其他非加工茶叶用的物品。

(2)内部建筑机构要求

茶叶加工厂内部建筑机构的基本要求主要为，厂房的各项建筑物应坚固耐用，易于维修和清洁并有能防止各种污染物侵入的结构。首先，生产厂房的高度应能满足工艺、卫生要求，以及设备安装、维护、保养的需要，车间层高应不低于 4 m。其次，应将通向外界的管路、门窗和通风道四周的空隙完全充填，所有窗户、通风口和风机开口均应装上防护网。

对于茶加工厂内部建筑机构，例如地面、屋顶与天花板、墙壁、门窗等还需具体处理，主要如下：

地面：应使用无毒、无裂隙且易于清洗消毒的建筑材料铺砌(如，耐酸砖、水磨石、混凝土、厚浆型自流平环氧地坪涂料等)。地面应平坦防滑、无裂缝，并易于清洁、消毒，同时有适当的措施防止积水。

屋顶与天花板：应选用表面光洁、无毒、防霉、耐腐蚀、易清洁的浅色材料覆涂或装修，在结构上减少凝结水滴落，便于洗刷和消毒。茶叶及茶叶接触面暴露的上方不应该设有裸露的蒸汽、水、电气等主、副管道。

墙壁：生产车间的墙面应采用无毒、防霉、平滑、易清洗的浅色材料；在操作高度范围内的墙面应光滑、不易积累污垢且易于清洁。墙壁与墙壁之间、墙壁与天花板之间、墙壁与地面之间的连接应结构合理、易于清洁，能有效避免污垢积存。例如，设置漫弯形交界面等。

门窗：门、窗、天窗要严密不变形，应采用防锈、防潮、易清洗的密封框架，设置位置适当并便于卫生防护设施的设置。窗台要设于地面 1 m 以上，其结构应能避免灰尘积存且易于清洁。

(3)设施要求

茶叶加工设施包含供水设施、采光与照明设施、车间通风设施、锅炉房、污水排放及废弃物处理设施、个人卫生设施、仓储设施、防护设施等。

供水设施：应能保证生产用水的水质、压力、水量等符合生产需要。供水设施出入口应增设安全卫生设施，防止动物及其他物质进入导致茶叶污染。供水设施如使用自备水源，供水过程应符合国家卫生行政管理部门关于生活饮用水集中式供水单位的相关卫生要求。

采光与照明设施：有充足的自然采光或人工照明，照明光源以不改变茶叶制品的色泽为宜，加工场所有工作面的混合照度不低于 300 lx，包装车间不低于 800 lx。工作台、敞开式生产线及裸露食品与原料上方的照明设备应有防护装置。

车间通风设施：车间通风、通气良好，灰尘较大的车间或作业区域应安装换气风扇或除尘设备。杀青、干燥车间应安装足够的排湿、排气设备。通风口应安装易清洗和更换的耐腐蚀防护罩，进气口应距地面 2 m 以上，并远离污染源和排气口。

锅炉房：锅炉间应单独设置，蒸汽管道设置合理，应有单独存放燃料的场所，有防止燃料污染和保障安全的措施。锅炉操作人员须经过职业技能培训，持证上岗。

污水排放及废弃物处理设施：污水在排放前应经适当方式处理，以符合国家污水排放的相关规定。排水系统的设计和建造应保证排水畅通、便于清洁维护，应适应食品生产的需要，保证食品及生产、清洁用水不受污染。应设有密闭式废弃物储存设施，能防止有害动物的侵入、不良气味或有毒有害气体溢出，便于清洗消毒。

个人卫生设施：车间入口处应设置更衣室和换鞋（穿戴鞋套）设施，其大小与生产人员数量相适应；工作服悬挂上方应设紫外灯，更衣室内应有与生产人员数相适应的储衣柜鞋架，以保证工作服与个人服装及其他物品分开放置。应在车间入口设置洗手、干手和消毒设施，与设施配套的水龙头的开关应为非手动式。洗手设施的水龙头数量应与同班次食品加工人员数量相匹配（数量不低于 10 人/个）。必要时应设置冷热水混合器。洗手设施应采用光滑、不透水、易清洁的材质制成，其设计及构造应易于清洁消毒。应在临近洗手设施的显著位置标示简明易懂的洗手方法。应根据需要设置卫生间，卫生间的结构、设施与内部材质应易于保持清洁，卫生间内的适当位置应设置洗手设施。卫生间不得与食品生产、包装或贮存等区域直接连通，出入口不能正对车间门，要避开通道，卫生间门应设自动关闭装置，要有良好的排风及照明设施。

仓储设施：加工厂应有足够面积的原料、辅料、半成品和成品仓库，成品仓库面积按 250～300 $kg/m^2$ 计算确定。仓库应干燥、清洁、避光，地面应坚固、平整、光洁，便于清洁，墙壁无污垢。仓库应有防火、防潮、防霉、防蝇、防虫和防鼠设施。成品仓库地面应设置垫板，其高度不得低于 15 cm。仓库内应设置足够数量的货架，并使储存的物品离墙不小于 20 cm，离地不小于 15 cm。根据茶类和产品的储存需要建设冷藏库，冷库温度宜控制在 10 ℃以下。贮存包装容器的仓库应清洁，并有防尘、防污染设施，应有新包装容器、回收包装容器分类堆放的空间。辅助储存区应配置通风系统，储存危险品的区域应远离生产车间及食品。

防护设施：车间和仓库应有防火、防爆、防水、防鼠、防蝇、防虫以及防家禽、家畜和宠物出入的相应设施。如，放置灭火器、安装防鼠板、安装纱门、纱窗、排水口网罩、通风口网罩、下水道隔离网等设施。

**3. 加工设备和用具要求**

茶叶加工厂加工设备和用具的要求，包括设备、设备材质、设备设置与安装、设备清洁与维护、质量检验设备等的要求，具体如下：

设备:企业应具备与其生产的产品和加工工艺相适应的生产设备,不同设备的加工能力应互相配套。用于茶叶加工、包装 、贮存的机器设备,其设计和构造应能防止危害茶叶卫生、易于清洗消毒、易于检查,安全并能避免机器润滑油、金属碎屑、污水或其他污染物混入茶叶。所有悬空的传送带、电动机或齿轮箱均应安装滴油盘,并确保泵和搅拌器的结构能防止润滑剂、齿轮油或密封水渗入或漏入茶叶及茶叶接触面。加工设备的设计与制造应易于使其维持良好的卫生状况。

设备材质:用于茶叶生产和可能接触茶叶的设备、操作台、传送带、运输车和工器具等辅助设施应由无毒、无异味、非吸收性、耐腐蚀、不易脱落且可重复清洗和消毒的材料制作。材质上,可使用竹子、藤条、木林等天然材料制成的用具和容器,但不得有异气味。

设备设置与安装:设备设置应根据工艺要求,布局合理,保证生产顺畅有序进行,避免引起交叉污染,上下工序衔接要紧凑,各设备的能力应能相互匹配。各种管道、管线尽可能集中走向,冷水管不宜在生产线和设备包装台上方通过。燃油设备的油箱、燃气设备的钢瓶和锅炉等易燃易爆设备与加工车间至少留有 3 m 的安全距离。设备安装应符合工艺卫生要求与屋顶(天花板)、墙壁等应有足够的距离,传动部分应有防水、防尘罩,以便于清洗和清毒。压力锅炉应独立安装在钢炉间。各种炉火门不得直接开向车间,有管道输送和密闭燃烧且采用天然气、电力为燃料的炉门除外。

设备清洁与维护:应建立设备清洁、保养、维修程序,严格执行,做好记录。每次生产前应检查设备是否处于正常状态,防止影响产品卫生质量的情形发生,出现故障应及时排除并记录故障发生时间、原因及可能受影响的产品批次。设备和用具每次使用前,应清洁干净,新设备和用具应清除表面的防钢油等不洁物,旧设备和用具应进行除锈、除尘、除异物操作。设备应采用定期润滑等方式妥善维护,确保使用性能,加润滑油应适量,不得外溢。

质量检验设备:应根据原辅料、半成品及产品质量、卫生检验的需要配置检验设备。检验设备应按相关规定定期检定或校准,做好维护工作,确保检验数据准确。

**4. 卫生管理要求**

茶叶加工的卫生管理过程中,应制定卫生管理制度及考核标准并实行岗位责任制,应制定卫生检查计划并对计划的执行情况进行记录并存档。其中,卫生管理包含厂区环境卫生管理、厂房及设施卫生管理、机器设备卫生管理、清洁管理、人员卫生管理、有害生物防治管理、工作服管理、污水和废弃物处理等。

厂区环境卫生管理:厂区及附近厂区的区域,应保持清洁,厂区内道路、地面养护良好,无破损,无积水,不扬尘。厂区内草木应定期修剪,保持环境整洁,不得堆放杂物。排水系统应保持通畅,不得有污泥淤积。应设置废弃物临时存放设施,废弃物根据其性质分类存放,废弃物存放设施应为密闭式,污物不得外溢,做到日产日清。

厂房及设施卫生管理:厂房内各项设施应保持清洁,出现问题及时维修或更新;厂房地面、屋顶、天花板及墙壁有破损,应及时修补。生产、包装、贮存等设备及工器具、生产用管道、裸露食品接触表面等应定期清洁消毒。原材料预处理场所、加工制造场所,每天开工前和下班后应及时清洁,保持良好卫生状况。生产作业场所,应采取措施(如纱窗、气幕、栅栏等)防止有害生物侵入,存放废弃物的容器应密闭并做到日产日清。包装车间内应设置简易配料库,避免在生产期间频繁开门,以免害虫等病媒进入生产区域。除卫生和工艺需要,均不得在生产车间使用和存放可能污染茶叶的任何种类药剂。供车间内部使用的清洁消毒用品，应设专区或专柜存放，并明确标示，由专人负责管理。生产车间进口应备有工作鞋或防污染鞋套。

机器设备卫生管理：用于生产、包装、储运的设备、工器具等，应定期清洁，对使用的机器设备、工器具每天开工前和下班后应进行清洁。可移动设备和工器具应放置在能防止其与食品接触而再受污染的场所并保持适用状态。车间内移动水源的软质水管喷头或者水枪应保持正常的工作状态，在任何情况下都不得落地。所有茶叶接触面，应防止锈蚀。用于清洗产品接触的设备和工器具的清洗用水，应符合 GB 5749 的规定。

清洁管理：企业应制定清洁制度和措施，保证企业所有场所、设备和工器具的清洁卫生。直接用于清洁茶叶加工设备、工器具及包装材料的清洁剂应是食品行业允许使用的清洁剂。一般不得使用金属材料(如钢丝绒)清洗设备和工器具。特殊情况下必须使用金属材料清洗时，应严格防止金属物混入产品。清洁的方法应安全、卫生，消毒剂、洗涤剂应在安全、适用的状态下使用。用于清扫、清洗和消毒的设备、工器具应放置于专用场所内，由专人妥善管理。应对清洁程序进行记录，如，洗涤剂和消毒剂的品种、使用时间、浓度、对象、温度等。清洁剂、消毒剂均应有固定包装，定点存放，专人保管，建立管理制度。

人员卫生管理：人员健康方面，企业应建立从业人员健康检查和档案管理制度。茶叶加工及相关人员每年应进行健康检查，取得健康证明后方可上岗，上岗前应接受卫生培训。茶叶加工及相关人员如患有痢疾、伤寒、甲型病毒性肝炎、戊型病毒性肝炎等消化道传染病，以及患有活动性肺结核、化脓性或者渗出性皮肤病等有碍食品安全的疾病或有明显皮肤损伤未愈合的，应当调整到其他不影响食品安全的工作岗位。个人卫生方面，人员进入生产车间前，应穿戴好整洁的工作服、工作帽、工作鞋(靴)，工作服应盖住外衣，头发不应露出帽外，必要时应戴口罩。上岗前、如厕后、接触可能污染茶叶的物品后或从事与生产无关的其他活动后，应洗手消毒，生产加工、操作过程中应保持手部清洁。茶叶加工人员不应涂指甲油，不应使用香水，不应佩戴手表及饰物。工作场所严禁吸烟、吃食物或进行其他有碍茶叶卫生的活动。个人衣物应贮存在更衣室个人专用的更衣柜内，个人用其他物品不应带入生产车间。来访者方面，对于来访者进入茶叶生产加工、操作场所，应符合现场操作人员卫生要求。

有害生物防治管理：应保持建筑物完好，环境整洁，防止虫害侵入及滋生。应保持各种卫生防护设施完好，防止家禽、家畜、鼠类、昆虫等侵入，若发现有虫鼠害痕迹时，应追查来源，消除隐患。应制定虫害控制措施，并定期检查。虫害防治可采用物理、化学或生物制剂进行处理，其灭除方法应不影响茶叶的安全和产品特性，不污染食品接触面及包装材料(应尽量避免使用杀虫剂等)。其次，使用各类杀虫剂或其他药剂前，应做好防止人身、产品、设备、工器具的污染和中毒的预防措施。厂区应定期进行有害生物治理工作，但治理工作不能在生产过程中进行，治理工作应有相应的记录。

工作服管理：进入作业区域应穿着工作服，工作服包括工作衣、裤、发帽、鞋等，茶叶包装工序应配备口罩。可能接触到茶叶的操作工人不得戴胶体制成的手套，穿工作服时不应进入卫生间、餐厅、非生产区域，管理人员、维修人员、参观人员等进入生产区域前在该区域所属的更衣室更换工作服。应制定工作服的清洁保洁制度。

污水和废弃物处理：污水排放应符合 GB 8978 规定，达标后排放。应制定废弃物存放和清除制度，有特殊要求的废弃物其处理方式应符合有关规定，废弃物应定期清除，易腐败的废弃物应尽快清除，必要时应及时清除。车间外废弃物放置场所应与食品加工场所隔离，防止污染，应防止不良气味或有害有毒气体溢出，应防止虫害滋生。

**5. 加工过程管理要求**

茶叶加工过程管理包含原辅料管理、加工过程安全控制、《生产作业指导书》的制定与执行、茶叶初制管理、茶叶精制管理、茶叶再加工管理等。

原辅料管理：茶树鲜叶、毛茶等原料应来源明确、可溯源，质量应符合验收标准要求。原料应有专用库房保管，标识清晰，离地离墙、通风防潮。检验不合格的原料，应单独存放，并明确标示“检验不合格”，作不合格处理并记录。原料储存场所应有有效防止有害生物滋生繁殖的措施，防止其外包装破损而造成污染。茶叶生产中不得使用食品添加剂，加工用水水质应符合 GB 5749 的要求，包装材料应清洁、无毒并符合国家相关规定。包装材料在特定的存储和使用条件下，不影响食品安全和产品特性。应对即将投入使用的包装材料标识进行检查，并予以记录，避免包装材料误用。

加工过程安全控制：加工过程中，原料和制品不应与地面直接接触。加工过程中，不得添加香精、色素和其他非茶类物质。花茶加工应使用天然香花进行窨制，珠茶加工根据传统工艺需要，可适量添加糯米糊。加工过程中，不得使用灭蚊药、灭鼠药、驱虫剂、消毒剂等易污染茶叶的物品。加工废弃物应及时清理出现场，妥善处理，以避免污染茶叶和环境。加工设备所用的燃料及其残渣应存放在专门区域。加工中可使用制茶专用油润滑与茶叶直接接触的金属表面。

《生产作业指导书》的制定与执行：茶叶生产加工企业应制定《生产作业指导书》，《生产作业指导书》应包括以下内容：(a)产品拼配和配方；(b)产品标准生产作业程序；(c)生产管理规定(至少应包括生产作业流程、管理对象、关键控制点及注意事项等)；(d)原料采购标准及验证；(e)机器设备操作与维护规程。茶叶加工生产人员，应按照《生产作业指导书》进行操作。

茶叶初制管理：鲜叶应合理贮青，鲜叶堆放厚度视鲜叶等级而定，用设备贮青时，按设备要求操作。按不同茶类的要求，采用相应的加工工艺方案进行加工，重点控制好每个工序的温度、时间、投叶量、制品含水量等工艺技术参数，宜采用传统加工方法加工茶叶。

茶叶精制管理：毛茶应进行必要的整理，以满足后续加工的需要。按不同产品的要求，采用相应的加工工艺方案进行加工，应控制好各工序下制品的规格、大小、形状、水分、匀整度、净度、色泽等品质因子。做好每道工序下制品的交接工作，防止制品原料混淆。

茶叶再加工管理：再加工的原料应符合相应茶类产品标准的要求。按不同产品的要求，采用相应的加工工艺方案进行加工，控制好各工序下制品的大小、形状、水分等品质因子，确保产品质量。

**6. 产品管理要求**

茶叶加工后的产品应有标志与标签，标志应符合 GB/T 191 的规定，标签应符合 GB 7718和《国家市场监督管理总局关于修改＜食品标识管理规定＞的决定》的规定。在包装方面，产品应包装出厂，产品包装应符合 GH/T 1070 的规定。在贮存方面，首先，产品的贮存应符合 GB/T 30375 的规定；其次，产品应按品种、包装形式、生产日期分别存放，以先进先出为原则。在运输方面，运输工器具和设备应当安全、无害、保持清洁，运输过程中应避免日光直射、雨淋和撞击。在制度和记录方面，应制定产品管理制度，原料及成品的出入库和运输应有相应的台账和记录。

**7. 检验要求**

茶叶加工产品应通过自行检验或委托具备相应资质的食品检验机构对原料和产品进行检验，建立食品出厂检验记录制度。如自行检验，应具备与所检项目适应的检验室和检验能力，由具有相应资质的检验人员按规定的检验方法检验。检验室应有管理制度，保存各项检验的原始记录和检验报告，应建立产品留样制度，及时保留样品。应综合考虑产品特性、工艺特点、原料控制情况等因素，合理确定检验项目和检验频次，以有效验证生产过程中的控制措施。净含量、感官以及其他容易受生产过程影响而变化的检验项目的检验频次应大于其他检验项目。同一品种、不同包装的产品，不受包装规格和包装形式影响的检验项目可以一并检验。

**8. 产品追溯和召回方式**

应建立产品追溯制度，确保产品从原料采购到产品销售的所有环节都可进行有效追溯。应合理划分并记录生产批次，采用产品批号等方式进行标识，便于产品追溯。应根据国家有关规定建立产品召回制度，当发现生产的食品不符合食品安全标准或存在其他不适于食用的情况时，应当立即停止生产，召回已经上市销售的茶叶，通知相关生产经营者和消费者并记录召回和通知情况。对被召回的茶叶，应严格按规定进行处理，根据相关记录，查找原因，明确纠正的措施。

**9. 机构与人员要求**

机构与人员要求方面主要阐述三部分，包含机构与职责、人员与资格和教育培训。

(1)机构与职责

应建立健全各项食品安全管理制度，采取相应管理措施对茶叶实施从原料进厂到成品出厂全过程的安全质量控制，保证产品符合相关法律、法规和相关标准的要求。应设置茶叶质量安全管理机构，负责企业的茶叶安全管理。建立质量安全管理机构，机构的负责人应由企业法人或企业法人授权的负责人担当，应至少有一人全面负责茶叶质量安全工作，生产管理负责人与质量管理负责人不应相互兼任。质量管理机构应配备产品检验人员，负责原料、半成品、成品的检验分析工作。质量管理机构负责质量管理体系的建立、实施和保持工作；质量管理部门应有执行质量管理职责的充分权限，其负责人应有停止生产和成品出厂的权力。应配备经专业培训的专职或兼职的食品安全管理人员，负责宣传贯彻食品安全法律、法规及有关规章制度，负责食品安全制度执行情况的督查并做好有关记录。建立生产管理机构，负责原材料处理、生产作业及成品包装等与生产有关的管理工作。

(2)人员与资格

企业负责人应具有食品安全和生产、加工等专业知识。生产管理负责人应具有相应的工艺及生产技术与食品安全知识。质量管理人员应具有发现、鉴别各生产环节以及产品中潜在不符合的能力。产品检验人员应掌握茶叶感官审评和理化项目出厂检验的基本知识和操作技能并获得培训合格证明。食品安全管理人员应具备食品安全或相关专业大专以上学历或同等学力。

(3)教育培训

应建立食品生产相关岗位的培训制度，对食品加工人员以及相关岗位的从业人员进行遵守食品安全相关法律法规标准、执行各项食品安全管理制度和相应的食品安全知识的培训。应根据食品生产不同岗位的实际需求，制定和实施食品安全年度培训计划并进行考核，做好培训记录。当食品安全相关的法律法规标准更新时，应及时开展培训。应定期审核和修订培训计划，评估培训效果并进行常规检查，以确保培训计划的有效实施。

**10. 记录和文件管理方式**

茶叶生产加工应建立记录制度，对采购、加工、贮存、检验、销售、客户投诉处理、产品召回等环节进行记录。记录内容应完整、真实，确保对产品从原辅料采购到产品销售的所有环节进行有效追溯：(a)应有原辅材料进货查验记录，如实记录茶叶原料和茶叶包装材料等相关产品的名称、规格、数量、供货者名称及联系方式、进货日期和验收等内容；(b)应有产品加工记录，如实记录产品的加工过程（包括工艺参数、环境监测等）；(c)应有产品贮存记录，如实记录产品贮存的品种、规格、数量及贮存情况；(d)应有产品检验记录，如实记录产品的批次、检验项目、检验方法、检验结果、检验日期、检验人员等内容；(e)应有产品销售记录，如实记录出厂产品的名称、规格、数量、生产日期、生产批号、检验合格单、销售日期等内容；(f)应有客户投诉处理记录，对客户提出的书面或口头意见、投诉，企业相关管理部门应做记录并查找原因；(g)应有不合格产品召回记录，如实记录发生召回的产品名称、批次、规格、数量、原因及后续整改方案等内容。首先，记录应有记录人和审核人的签名，保存期不得少于2年。其次，应建立文件的管理制度，对文件进行有效管理，确保各相关场所使用的文件均为有效版本，鼓励采用先进技术手段（如电子计算机信息系统），进行记录和文件管理。

# 2.2 有机茶加工技术标准规程

本方法规定了有机茶加工的要求、试验方法和检验规则，适用于各类有机茶初制、精制加工，再加工和深加工。

**1. 原料要求**

鲜叶原料应采自颁证的有机茶园，不得混入来自非有机茶园的鲜叶，不得收购掺假、含杂质以及品质劣变的鲜叶或原料，鲜叶运抵加工厂后，应摊放于清洁卫生、设施完好的贮青间，鲜叶禁止直接摊放在地面。用于加工花茶的鲜花应采自有机种植园或有机转换种植园，颁证的芳香植物可窨制茶叶。鲜叶和鲜花的运输、验收、贮存操作应避免机械损伤、混杂和污染并完整、准确地记录鲜叶和鲜花的来源和流转情况。再加工和深加工产品所用的主要原料应是有机原料，有机原料按质量计不得少于95%（食盐和水除外）。

**2. 辅料要求**

允许使用认证的天然植物作茶叶产品的配料。茶叶加工中可用制茶专用油、乌桕油润滑与茶叶直接接触的金属表面。深加工的配料允许使用常规配料，但不得超过总质量的5%，常规配料不得是基因工程产品，应获得有机认证机构的许可，该许可需每年更新，一旦能获得有机食品配料，应立即用有机食品配料替换常规配料。作为配料的水和食用盐，应符合国家食品卫生标准，禁止使用人工合成的色素、香料、黏结剂和其他添加剂。

允许使用添加剂和加工助剂以及调味品、微生物制品及其他配料分别为，添加剂和加工助剂，如碳酸钙、乳酸、二氧化碳、抗坏血酸（只有在不能获得天然的抗坏血酸产品时使用）、生育酚（混合天然浓缩剂）、柠檬酸、柠檬酸钙、酒石酸、黄芪胶、阿拉伯树胶、黄原胶、碳酸钠、碳酸氢钠、氢氧化钠、氮、氧、活性炭、不含石棉的过滤材料、膨润土、硅藻土、酒精、明胶、植物油、微生物及酶制品（限制使用为非基因工程产品）；调味品，如香精油（以油、水、酒精、二氧化碳为溶剂通过机械和物理方法制成）、天然烟熏味调味；微生物制品，如天然微生物及其制品（基因工程生物及其产品除外）、发酵剂（生产过程无漂白剂和有机溶剂）；其他配料，如饮用水（符合 GB 5749，“生活饮用水卫生标准”）、食盐（符合国家食品卫生标准）、矿物质（包括微量元素）和维生素（法律规定应使用，或有确凿证据证明食品中严重缺乏时才可以使用）。

超出以上范围的添加剂和加工助剂，应根据以下几点进行评估才可使用。(1)必要性：每种添加剂和加工助剂在生产加工中必不可缺，没有这些添加剂和加工助剂，产品就无法生产和保存。(2)核准添加剂和加工助剂的条件：没有可用于加工或保存有机产品的其他工艺。添加剂或加工助剂的使用最大限度地降低了产品的物理损坏或机械损坏，并有效地保证食品卫生。天然来源物质的质量和数量不足以取代该添加剂或加工助剂。添加剂或加工助剂不妨碍产品的有机完整性，添加剂或加工助剂的使用不会给消费者造成判断质量的困惑，但不限于色素和香料，添加剂和加工助剂的使用不应损坏产品的总体品质。(3)使用添加剂和加工助剂的优先顺序：应优先选用按照有机认证基地生产的作物及其加工产品，这些产品不需要添加其他物质，例如作增稠剂用的面粉或作为脱模剂用的植物油以及用机械或物理方法生产的植物和动物来源的食品或原料，如盐。然后，选用物理方法或用酶生产的单纯食品成分，例如淀粉和果胶。非农业源原料的提纯产物和微生物、酵母培养物等酶和微生物制剂。(4)不允许使用的添加剂和加工助剂：与天然物质“性质等同的”人工合成物质。基本判断为非天然的或为“食品成分新结构”的合成物质，如乙酰交联淀粉。用基因工程方法生产的添加剂或加工助剂。人工合成色素和合成防腐剂。

**3. 加工厂要求**

茶叶加工厂所处的大气环境不低于 GB 3095，“环境空气质量标准”中规定的二级标准要求。加工厂离垃圾场、医院 200 m 以上，离经常喷洒化学农药的农田 100 m 以上，离交通主干道 20 m 以上，离排放“三废”的工业企业 500 m 以上。茶叶加工用水、冲洗加工设备用水应达到 GB 5749，“生活饮用水卫生标准”的要求。设计、建筑有机茶加工厂应符合《中华人民共和国环境保护法》《中华人民共和国食品卫生法》的要求，应有与加工产品、数量相适应的原料、加工车间和包装车间，车间地面应平整、光洁，易于冲洗，墙壁无污垢，并有防止灰尘侵入的措施。加工厂应有足够的原料、辅料、半成品和成品仓库，原材料、半成品和成品不得混放，茶叶成品采用符合食品卫生要求的材料包装后，送入具有密闭、防潮和避光的茶叶仓库，有机茶与常规茶应分开贮存，宜用低温保鲜库贮存茶叶。加工厂粉尘最高容许浓度为每立方米 10 mg，加工车间应采光良好、灯光照度达到 500 lx 以上。加工厂应有更衣室、盥洗室、工休室，应配有相应的消毒、通风、照明、防蝇、防鼠、防蟑螂、污水排放、存放垃圾和废弃物的设施，加工厂应有卫生行政管理部门发放的卫生许可证。

**4. 加工设备要求**

不宜使用铅及铅锑合金、铅青铜、锰黄铜、铅黄铜、铸铝及铝合金材料制造的接触茶叶的加工零部件，液态加工设备禁止使用易锈蚀的金属材料。加工设备的炉灶、供热设备应布置在生产车间墙外，需在生产车间内添加燃料，应设搬运燃料的隔离通道，并备有燃料贮藏箱和灰渣贮藏箱，可用电、天然气、柴(重)油、煤作燃料，少用或不用木材作燃料。加工设备的油箱、供气钢瓶以及锅炉等设施与加工车间应留安全距离。高噪声设备应安装在车间外或采取降低噪声的措施，车间内噪声不得超过 80 dB，强烈震动的加工设备应采取必要的防震措施。允许使用无异味、无毒的竹、木等天然材料以及不锈钢、食品级塑料制成的器具和工具。新购设备和每年加工开始前要清除设备的防锈油和锈斑。茶季结束后，应清洁、保养加工设备。有机茶加工应采用专用设备。

**5. 加工人员要求**

加工人员上岗前应经过有机茶知识培训，了解有机茶的生产、加工要求。加工人员上岗前均应进行年度健康检查，持健康证上岗。加工人员进入加工场所应换鞋、穿戴工作衣、帽，并保持工作服的清洁，包装、精制车间工作人员需戴口罩上岗，不得在加工和包装场所用餐和进食食品。

**6. 加工方法要求**

加工工艺应保持原料的有效成分和营养成分，可以使用机械、冷冻、加热、微波、烟熏等处理方法以及微生物发酵和自然发酵工艺；可以采用提取、浓缩、沉淀和过滤工艺，但提取溶剂仅限于符合国家食品卫生标准的水、乙醇、二氧化碳、氮，在提取和浓缩工艺中不得采用其他化学试剂，禁止在加工和贮藏过程中采用离子辐射处理。

**7. 质量管理及跟踪要求**

应制定符合国家或地方卫生管理法规的加工卫生管理制度，茶叶加工和茶叶包装场地应在加工开始前全面清洗消毒一次。茶叶深加工厂应每天清洗或消毒，所有加工设备、器具和工具使用前应清洗干净，若与常规加工共用设备，应在常规加工结束后彻底清洗或清洁，保证加工产品不被常规产品或外来物质污染。应制定和实施质量控制措施，关键工艺应有操作要求和检验方法，并记录执行情况，应建立原料采购、加工、贮存、运输、入库、出库和销售的完整档案记录，原始记录应保存三年以上。每批加工产品应编制加工批号或系列号，批号或系列号一直沿用到产品终端销售并在相应的票据上注明加工批号或系列号。

## 2.3　茶叶加工术语

本方法规定了茶叶加工中的常用术语、初加工术语、精加工术语和再加工术语及其定义，适用于茶叶加工。

**1. 常用术语**

茶叶加工(tea processing)：按照茶叶产品品质、规格要求，对茶叶做各种技术工作(如改变外形、内质等)的总称。

茶叶加工工艺(tea processing technology)：将鲜叶或半成品茶加工成成品的工作、方法、技术等。

茶叶加工生产线(tea processing line)：根据茶叶加工工艺要求，将单机或机组进行组合，用输送带、提升机等传输设备进行连接，形成流水线式加工生产的成套加工设备。

在制品(semi-finished product of tea processing):加工过程中的茶。

成品茶(final product of tea processing):加工完毕,已成产品的茶。

初加工(primary processing):按毛茶品质、规格要求,对鲜叶做各种技术工作(如改变外形、内质等)的总称。

精加工(refining):按成品茶品质、规格要求,对毛茶做各种技术工作(如汰除劣异、整饰外形、调剂品质、划分等级)的总称。

再加工(reprocessing):以初加工或精加工后的茶叶为原料,采用特定工艺加工的总称。

**2. 初加工术语**

鲜叶(fresh tea leaves):从适制品种山茶属茶种茶树(*Camellia sinensis* L. O. kunts)上采摘的芽、叶、嫩茎,作为各类茶叶加工的原料。

贮青(fresh leaves storage):鲜叶的保鲜与贮存过程。

摊青(tedding fresh leaves):在一定条件下,将鲜叶均匀摊放,使其水分适度蒸发的过程。

鲜叶分类分级(classifing and grading of fresh leaves):根据鲜叶原料的嫩度、大小、匀净度等性状对鲜叶进行区分类别、定级。

萎凋(withering):在一定条件下,将鲜叶均匀摊放,使其水分适度蒸发(含水量一般控制在70%以下)、叶质变软的过程。

杀青(de-enzyming):采用适当高温加热方式,使鲜叶温度迅速达到85 ℃以上,制止茶多酚类物质发生氧化的过程。

冷却回潮(cooling):将制品叶面温度降至室温,并使茎叶水分均衡分布、叶质变软的过程。

揉捻(rolling):通过搓揉、捻条等方法,尽量将叶子揉成细紧条索状,并使茎、叶细胞组织破损,部分茶汁粘附于叶表面的过程。

揉切(rolling and cutting):将鲜叶或在制叶通过揉切机械的揉捻、挤压、破碎、撕裂、切细、卷曲等作用,使茶叶在短时间内叶细胞充分破坏,叶子破碎、卷曲,形成一定规格的颗粒或短条、片末的过程。适用于红碎茶、绿碎茶的加工。

解块(ball-breaking):通过外力作用,将揉捻或揉切成团块的茶在制品解散的过程。

发酵(fermentation):在一定的温、湿度条件下,茶在制品内含物发生以多酚类物质酶促氧化为主、变红的过程。

干燥(drying):采用适当的加热方法,使茶叶脱水至适于贮藏的过程。

烘干(baking):采用热空气对茶叶进行干燥的过程。同义词:烘焙。

炒干(roasting drying):让茶叶在锅、金属槽或滚筒中受热,不断翻炒使茶条紧结并干燥的过程。

晒干(sunshine drying):利用阳光对茶叶进行干燥的过程。

毛火(first drying):茶叶烘干分两次进行时,第一次烘干称毛火。同义词:初烘。

足火(final firing):茶叶烘干分两次进行时,第二次烘干称足火。

二青(first-step roasting):揉捻叶第一道干燥。用于炒青绿茶的加工。

三青(second-step roasting):二青叶经摊凉后继续炒干,并进行理条、紧条的过程。用于炒青绿茶的加工。

滚炒(roll-roasting):茶在制品在金属滚筒里边受热边随滚筒转动而翻动,使茶条紧结,并达到干燥之目的的过程。用于炒青绿茶的加工。

辉干(final roasting):炒青绿茶最后一道干燥工序,在二青、三青后进行,使色泽绿润,茶香浓郁。用于炒青绿茶的加工。

青锅(first panning):鲜叶或摊青叶在锅中受热杀青、第一道干燥、初步做形的过程。用于扁形炒青绿茶的加工。

辉锅(final panning):青锅叶经冷却回潮后,在锅中受热充分干燥,并进行压扁、挺直的过程,使色泽绿润、茶香浓郁。用于扁形炒青绿茶的加工。

提香(fragrance extraction):采用控温处理,使茶叶进一步发挥香气的过程。

做形(shaping):采用特定方法,塑造茶叶形状的过程。

理条(carding):茶在制品在受热翻炒时,茶条受到两侧径向推力的作用,逐渐失水变直的过程。

搓条(twisting):茶在制品在受热翻炒时,顺同一转动方向搓揉茶条,使其逐渐变紧、变直的过程。

提毫(making appearance tippy):通过一定外力作用将黏附在茶在制品表面的白色毫毛竖起,从而使干茶外观白毫更显露的过程。

闷黄(heaping for yellowing):将杀青或揉捻或初烘后的茶在制品趁热堆积,使其在湿热作用下逐渐黄变的过程。

初闷(first wrapping):黄茶闷黄分二次进行时,第一次闷黄称初闷。

复闷(second wrapping):黄茶闷黄分二次进行时,第二次闷黄称复闷。

渥堆(pile fermentation):在一定的温、湿度条件下,通过茶在制品堆积促使其内含物质缓慢变化的过程。用于黑茶的加工。

晒青(sunshine withering):利用太阳光照射使鲜叶适度散失水分的过程。

晾青(cooling of sun withering leaf):将晒青后的茶叶移至通风阴凉处摊凉,使梗叶水分重新分布,降低叶温并使茶叶适度恢复生机的过程。

摇青(rocking green):将晾青或晒青后的茶叶,通过摇青机的旋转或篾筛的平面圆周运动,叶子与筛面之间及叶子相互之间碰撞和摩擦,使叶缘组织受损并变红,形成"绿叶红镶边"的特征,并促进香气和滋味成分转化的过程。用于乌龙茶的加工。

做青(making green):在机械力作用下,鲜叶叶缘部分受损伤,促使其内含的多酚类物质部分氧化、聚合,产生绿叶红边的过程,是摇青和晾青多次反复交替进行的统称。

包揉(packed rolling):铁观音等乌龙茶加工,将毛火后的茶在制品,趁热用布包裹着揉捻整形的过程。

熏焙(fumigation baking):利用烧松树枝产生的热量和烟进行熏烘、干燥的过程,形成小种红茶特有的、适度的松烟香味。

**3. 精加工术语**

毛茶(semifinished tea):鲜叶经加工形成的茶叶初级产品。

毛茶归堆(stacking of semifinished tea):按毛茶原料的品质和其他特征(如产地、茶类、等级、季节、入库时间等)归类后,分别堆放。

毛茶拼和(mixing of semifinished tea):毛茶付制前,将若干等级、季别、产地等不同类别的茶叶,按一定的比例搭配或混合。

加工定级(processing grade identification):根据毛茶质量确定在精制时可取成品的最高级,定为该毛茶的加工级。

分路取料(multy-line processing):根据在制品的形态和品质,如长短、粗细、轻重、净度等,采取不同的工艺流程和相应的操作技术,分别进行取料和加工。

复火(re-firing):茶叶补火前的干燥,使茶叶适度失水的同时,茶条收紧在筛分时易于通过筛网。

补火(complement of firing):茶叶在制品或需匀堆装箱(袋)的茶叶最后一道干燥。

滚条(roll-shaping):毛茶在车色机中随滚筒的转动而翻动,使茶条滚紧、变直的精制工序。

筛分(sifting):通过筛网的机械运动,使茶叶分清长短、大小、粗细、轻重的工序,包括抖筛、分筛、撩筛、滚筒圆筛和飘筛作业。

抖筛(reciprocating sifting):通过筛网的前后往复振动,分离条形茶的粗细和圆形茶的长圆的工序。

分筛(rotating sifting):通过平面圆筛设备,初步分离茶的长短或大小的工序。

撩筛(final rotating sifting):通过筛网的平面圆周运动,使筛号茶进一步分离长短或大小的工序,弥补分筛的不足。

车色(polishing):分筛、复火后的茶叶趁热上车色机滚动翻转的工序,达到色泽绿润起霜的目的。

拣剔(stalk extraction):拣出或剔除不符合成品茶品质要求的茶梗、筋、朴片、茶籽及非茶类杂物等。

风选(blowing select):利用比重不同的茶叶在一定风力作用下具有不同的散落性,分离茶叶轻重的工序。

半成品茶(tea semi-product):经加工基本符合成品质量要求,可供拼配的各级筛号茶。

成品茶拼配(blending of made tea):根据成品茶的质量标准要求(一般以实物样为标准),将多种不同的筛号茶,按一定的比例混合组成特定花色等级的成品茶。

**4. 再加工术语**

(1)紧压茶加工术语

压制(brick tea processing):对毛茶按紧压茶的规格要求做各种技术工作(如称茶、蒸汽渥堆、加压成形等)的总称。

蒸茶(steaming of tea):利用蒸汽将茶蒸热,使梗、叶变软的过程,以利压制成形。

装匣(moulding):将蒸热的茶装入模具的过程。

压砖(pressure-formation of brick):通过压力机等外力作用将装入模具内的茶在制品压制成砖的过程。

退砖(brick withdrawing):将成形的茶砖从茶匣中取出。

修砖(brick embellishing):将退砖后的砖茶的边、角外露茶削平,修齐的工序,使其符合外形规格要求。

烘砖(drying of brick):将砖茶烘干的过程。

发花(mouldy spot appearing):茶在制品在适宜条件下形成金黄色花斑(冠突散囊菌菌落)的过程。

筑制(fangbao tea processing):方包茶的压制或茯砖的手筑过程。

筑包(fangbao tea packing):用竹篾包装方包茶的过程。

烧包(heating heap):方包茶筑包后堆积氧化促使内质转化的过程。

晾包(cooling heap):方包茶等紧压茶的自然干燥过程。

陈化(staling):在适宜的温、湿度等条件下,茶叶内质发生转化,产生陈香味,使形成"醇、陈"品质特点的过程。

(2)花茶加工术语

花茶窨制(tea scenting):利用茶叶具有较强的吸附性能和新鲜可食用、香花挥发香气的特性,茶叶吸附花香的过程,简称窨制。

筛花(flower sifting):筛去青蕾、花蒂等,并将大小不同的花朵分开的过程,促进鲜花开放匀齐。

茶坯(tea dhool):用于窨制花茶的茶叶。

打底(aroma-base scenting):花茶窨制时,用少量另一种香花窨制的工序,以增加花茶香气浓度。

拌和(scenting flower mixing):将茶坯和鲜花充分均匀混合后,采用适当的方式堆放好,以利鲜花的吐香和茶坯的吸香的过程。

通花散热(heap—pulling down and heat abstraction):窨花拌和经过一段时间,当茶堆内温度升高到一定限度时,扒开茶堆摊凉,以散发茶堆内热量,防止鲜花黄熟及茶坯产生闷气。

收堆续窨(re-heaping up and scenting):通花散热后收拢茶坯继续窨制,以利茶坯继续吸附花香。

起花(draw out the scented flowers):窨制后用筛分机械将花渣和湿茶坯分开的过程。同义词:出花。

提花(final scenting):最后一次用少量优质鲜花窨制,以提高花茶香气鲜灵度的过程。

## 2.4 茶鲜叶处理要求

本方法规定了茶鲜叶的术语和定义、要求、运输和处理,适用于全国各产茶区茶叶加工的原料。

**1. 术语和定义**

鲜叶(fresh leaves):从适制品种茶树[*Camellia sinensis* (L.) Kuntze]上采摘的新稍,为各类茶叶加工的原料。

嫩度(tenderness):茶树新稍生长发育程度。

匀度(evenness):鲜叶芽叶组成均匀一致程度。

净度(neatness):鲜叶中含茶类夹杂物(茶果、老叶等)和非茶类夹杂物数量。

新鲜度(freshness):鲜叶采摘后保持原有物化性质的程度。

机械损伤(mechanical damage):由于机械力的作用造成的芽叶破碎和组织损伤。

劣变(deterioration):鲜叶采摘后由于处理不当,出现芽、叶及嫩茎梗红变或出现酸气、发酵气味等情况。

雨水叶(leaves with rain):阴雨、大雾天气条件下采摘的鲜叶,叶面有表面水存在情况。

**2. 基本要求**

(1)采摘

鲜叶应来源于符合 NY/T 853,“茶叶产地环境技术条件”规范管理的茶园,根据加工茶类的鲜叶原料要求进行采摘。采摘时宜采用提采或机械采摘,机械采摘按 NY/T 225,“机械化采茶技术规程”规定执行。

(2)盛叶工具

鲜叶采摘和运输应采用清洁卫生、透气良好的竹质等硬质专用蓝篓进行盛装,装叶量不超过 150 kg/m$^3$,不宜用布袋、塑料袋等软包装材料。

(3)运输要求

运输工具应清洁、卫生、运输时避免日晒、雨淋,运输过程中不得与有异味、有毒的物品混装,鲜叶盛装、运输、贮存过程中应轻放、轻压、轻翻。

**3. 鲜叶处理**

(1)贮青保鲜

为保持鲜叶的新鲜,采摘后尽快送到茶叶加工地,防止出现鲜叶劣变。鲜叶经过验收进厂后要及时均匀摊放在专用的贮青设备内或室内清洁卫生的场地,注意鲜叶的嫩度、匀净度、新鲜度等质量差别,分别进行摊放。摊放过程中适时进行轻翻,防止翻叶过重造成芽叶损伤,控制室内温、湿度。新鲜度好的鲜叶贮青保鲜一般不超过 12 h;采用贮青设备进行贮青保鲜,应根据鲜叶新鲜度情况确定,加工时应按鲜叶新鲜程度和进厂先后次序进行加工。

(2)雨水叶处理

进厂后应及时进行脱水处理,表面水去净后方可进行加工。量少可采用薄摊于竹簾上,晾去表面水,亦可采用贮青设备(或萎凋槽)进行薄摊,以吹散表面水,也可采用脱水机进行脱水。

(3)劣变叶处理

鲜叶中发现红变叶应剔除并单独加工,已丧失饮用价值的污染、腐败变质鲜叶,不得用作茶叶加工原料。

## 2.5　茶叶包装规则

本方法规定了茶叶包装的基本要求、运输包装、销售包装、试验方法和标签、标志,适用于我国茶叶的包装。

**1. 基本要求**

包装物上的文字内容和符号应符合我国相关法律、法规的规定。包装物应符合环保、低碳和维护消费者权益的要求。包装材料应符合相关的卫生要求。包装材料使用的黏合剂应无毒、无异味、对茶叶无污染。

**2. 运输包装**

(1)外包装

胶合板箱的箱体应端正、整洁、牢固、美观。瓦楞纸箱的要求应符合 GB/T 6543,“运输包装用单瓦楞纸箱和双瓦楞纸箱”的规定。牛皮纸箱的箱体应平整，箱内四角成直角，切口光滑均匀，对口齐整。塑料编织袋的要求应符合 GB/T 8946，“塑料编织袋”的规定。紧压茶使用的篾篓应结实、牢固，竹篾不得断碎，规格可分别采用适合青砖茶、米砖茶、康砖茶、金尖茶、茯砖茶、七子饼茶、紧茶、六堡茶、湘尖茶、方包茶等产品的外包装尺寸。

(2)内包装

铝箔/牛皮纸且牛皮纸应无异气味，卫生指标应符合 GB 11680，“食品包装用原纸卫生标准”的规定。聚乙烯和聚丙烯袋应无异气味，卫生指标应符合 GB 9687，“食品包装用聚乙烯成型品卫生标准”和 GB 9688，“食品包装用聚丙烯成型品卫生标准”的规定。镀铝(铝箔)复合袋内层材料宜为聚乙烯，卫生指标应符合 GB 9683，“食品包装袋卫生标准”的规定。紧压茶的内包装材料应选用牛皮纸、白光纸、无光黄纸，包装用纸应拉力强，不易破损，无异气味，卫生指标符合 GB 11680，“食品包装用原纸卫生标准”的规定。

**3. 销售包装**

(1)包装的设计和使用

应符合 GB 23350—2009，“限制商品过度包装要求食品和化妆品”规定。

(2)包装容器和材料

各种包装容器应外观平整、无皱纹、封口良好，不得有异味、裂纹和复合层分离，各种铝、铁、锡、玻璃、陶、瓷罐内壁应光滑、清洁，各种盒、罐内应有内衬的食品包装。纸袋、纸罐和内衬纸卫生指标应符合 GB 11680，“食品包装用原纸卫生标准”的规定。塑料袋、塑料罐和内衬塑料薄膜的卫生指标应符合 GB 9687，“食品包装用聚乙烯成型品卫生标准”、GB 9688，“食品包装用聚丙烯成型品卫生标准”的规定。铝、铁、锡、玻璃罐的卫生指标应符合 GB 11333，“铝制食具容器卫生标准”的规定。陶、瓷罐的卫生指标应符合 GB 13121，“陶瓷食具容器卫生标准”的规定。

(3)包装类型

(a)袋：纸袋采用大于 28 $g/m^2$ 的食品包装纸或大于 50 $g/m^2$ 的牛皮纸制作，用无毒、无味黏合剂粘合；塑料袋宜采用厚度为 0.04～0.06 mm 的聚乙烯吹塑薄膜制作；复合袋用聚丙烯/聚乙烯、聚酯/聚乙烯、尼龙/聚乙烯的薄膜复合制作或中间复合铝箔，复合材料的厚度宜为 0.06～0.12 mm；滤袋采用非热封型或热封型茶叶滤纸制作，非热封型滤纸的主要技术参数应符合 QB/T1458，“非热封型茶叶滤纸”规定，热封型滤纸的主要技术参数应符合 QB/T 2595，“热封型茶叶滤纸”规定。

(b)盒：纸盒采用 120 $g/m^2$ 的白纸板制作；木盒采用无气味的木板制作；竹盒采用无气味的竹片制作。

(c)罐：纸罐宜采用厚度为 0.6～1.5 mm 的牛皮纸板卷制而成；塑料罐宜采用聚乙烯或聚丙烯树脂注塑制作，罐壁厚度宜为 0.4～1.0 mm；铝罐宜采用金属铝带卷制(或冲压)制作，罐壁厚度宜为 0.4～1.0 mm；铁罐宜采用镀锌或锌锡的马口铁皮卷制，罐壁厚度宜为 0.3 ～0.8 mm；锡罐宜采用金属锡熔铸而成，罐壁厚度宜为 0.5～1.2 mm；陶罐、瓷罐、玻璃罐宜采用高温烧制，罐壁厚度宜为 1～2 mm。

**4. 试验方法**

各种纸袋、纸罐、内衬纸等包装用纸的卫生指标检验按 GB/T 5009.78，“食品包装用原纸卫生标准的分析方法”的规定执行；各种塑料袋、塑料罐和内衬塑料薄膜的卫生指标检验按 GB/T 5009.60，“食品包装用聚乙烯、聚苯乙烯、聚丙烯成型品卫生标准的分析方法”的规定执行；各种陶瓷制容器的卫生指标检验按 GB/T5009.62，“陶瓷制食具容器卫生标准的分析方法”的规定执行；各种金属制容器的卫生指标检验按 GB/T5009.72，“铝制食具容器卫生标准的分析方法”的规定执行；各种长度的检验采用卷尺直接量取，各种厚度的检验采用游标卡尺直接量取。

**5. 标志、标签**

(1)运输包装的标志

标志应醒目、清晰、整齐，符合 GB/T191，“包装储运图示标志”的规定；标志的内容应符合 GB/T6388，“运输包装收发货标志”的规定。

(2)销售包装的标签

各种包装的标签内容应符合 GB 7718，“预包装食品标签通则”和“食品标识管理规定”的规定。包装条形码应符合 GB/T18127，“商品条码 物流单元编码与条码表示”的规定，条形码应印刷清晰、线条光滑。包装回收标志应符合 GB/T18455，“包装回收标志”的规定。

## 2.6 茶叶贮存标准

**1. 产品要求**

储存的茶叶产品应具有该类茶产品正常的色、香、味、形，不得混有非茶类物质，无异气味，无霉变。茶叶产品的污染物限量应符合 GB 2762 的规定。茶叶产品的农药最大残留限量应符合 GB 2763 的规定。茶叶产品的水分含量应符合其相应产品的标准。

**2. 储存地点**

茶叶产品的储存要求储存地周围应无异味，应远离污染源，储存地内应整洁、干燥、无异气味。储存地的地面应有硬质处理并有防潮、防火、防鼠、防虫、防尘设施。储存地应防止日光照射，有避光措施，有控温设施。

**3. 储存包装材料**

茶叶产品储存时的包装材料应符合相应的卫生要求，主要为包装用纸应符合 GB 11680 的规定；如是聚乙烯袋、聚丙烯袋或复合袋应符合 GB 9687、GB 9688 和 GB 9683 的规定；如是编织袋应符合 GB/T 8946 的规定。

**4. 储存管理**

茶叶产品的管理，主要分为几个步骤，如入库、堆码、库检、温湿度控制、卫生管理、安全防范等，具体操作如下：

入库：茶叶产品应及时包装入库，入库的茶叶应有相应的记录和标识，包含茶叶茶品的种类、等级、数量、产地、生产日期等；入库茶叶产品应分类、分区存放，防止相互串味；入库茶叶产品的包装件应牢固、完整、防潮、无破损、无污染、无异味。

堆码：茶叶产品的堆码应以安全、平稳、方便、节约面积和防火为原则，可根据不同的包装材料和包装形式选择不同的堆码形式;堆码的货垛应分等级、分批次进行堆放,不得靠柱,距离墙面不少于 200 mm;堆码的茶叶产品应有相应的垫垛,垫垛高度应不低于 150 mm。

库检:茶叶产品入库后需定期进行库检,以确保茶叶产品的品质;每月应检查 1 次,高温、多雨季节应不少于 2 次,并做好记录。检查的内容主要为,(1)货垛的底层和表面水分含量变化情况;(2)包装件是否有霉味、串味、污染及其他感官质量问题;(3)茶垛里层有无发热现象;(4)储存库内的温度、相对湿度、通风情况等。

温湿度控制:储存库内应有通风散热措施,应有温度计显示库内温度,库内温度应根据不同茶叶的特点进行控制。储存库内应有除湿措施,应有湿度计显示库内的相对湿度,库内相对湿度应根据不同茶叶的特点进行控制。

卫生管理:储存库内应保持整洁,不得存放其他物品。

安全防范:储存库应有防火、防盗措施,以确保储存库和茶叶产品的安全。

**5. 储存时的保质措施**

茶叶产品储存时应有相应的保质措施,主要在库房、包装、温度和湿度上的控制。具体如下:

库房:茶叶产品储存的库房,应具有封闭性;黑茶和紧压茶的库房应具有通风功能。

包装:茶叶产品储存时的包装应选用气密性良好且符合卫生要求的塑料袋(塑料编织袋)或相应复合袋。黑茶和紧压茶的包装宜选用透气性比较好且符合卫生要求的材料。

温度和湿度:茶叶产品储存应控制好温度和湿度,不同的茶叶产品有不同的需求,例如,绿茶储存宜控制温度在 10 ℃以下、相对湿度在 50%以下;红茶储存宜控制温度在 25 ℃以下、相对湿度在 50%以下;乌龙茶储存宜控制温度在 25 ℃以下、相对湿度在 50%以下,对于文火烘干的乌龙茶在储存时,宜控制温度在 10 ℃以下;黄茶储存宜控制温度在 10 ℃以下、相对湿度在 50%以下;白茶储存宜控制温度在 25 ℃以下、相对湿度在 50%以下;花茶储存宜控制温度在 25 ℃以下、相对湿度在 50%以下;黑茶储存宜控制温度在 25 ℃以下、相对湿度在 70%以下;紧压茶储存宜控制温度在 25 ℃以下、相对湿度在 70%以下。

# 第3章　茶叶审评的方法

## 3.1　茶叶基本分类法

本方法规定了茶叶的术语和定义、分类原则和类别，适用于茶叶的生产、科研、教学、贸易、检验及相关标准的制定。

**1. 术语定义**

鲜叶：从适制品种山茶属茶种茶树（*Cmaellia sinensis* L. O. kunts）上采摘的芽、叶、嫩茎作为各类茶叶加工的原料；

茶叶：以鲜叶为原料，采用特定工艺加工的、不含任何添加物的、供人们饮用或食用的产品；

萎凋：鲜叶在一定的温、湿度条件下均匀摊放，使其萎蔫、散发水分的过程；

杀青：采用一定温度使鲜叶中的酶失去活性或者将酶钝化的过程；

做青：在机械力作用下，鲜叶叶缘部分受损伤，促使其内含的多酚类物质部分氧化、聚合，产生绿叶红边的过程；

闷黄：将杀青或揉捻或初烘后的鲜叶趁热堆积，使其在湿热作用下逐渐黄变的过程；

发酵：在一定的温、湿度条件下，鲜叶内含物发生以多酚类物质酶促氧化为主体的、形成叶红变的过程；

渥堆：在一定的温、湿度条件下，通过茶叶堆积促使其内含物质缓慢变化的过程；

绿茶：以鲜叶为原料，经杀青、揉捻、干燥等加工工艺制成的产品；

红茶：以鲜叶为原料，经萎凋、揉捻（切）、发酵、干燥等加工工艺制成的产品；

黄茶：以鲜叶为原料，经杀青、揉捻、闷黄、干燥等生产工艺制成的产品；

白茶：以特定茶树品种的鲜叶为原料，经萎凋、干燥等生产工艺制成的产品；

乌龙茶：以特定茶树品种的鲜叶为原料，经萎凋、做青、杀青、揉捻、干燥等特定工艺制成的产品；

黑茶：以鲜叶为原料，经杀青、揉捻、渥堆、干燥等加工工艺制成的产品；

再加工茶：以茶叶为原料，采用特定工艺加工的、供人们饮用或食用的产品。

**2. 分类原则**

以加工工艺、产品特性为主，结合茶树品种、鲜叶原料、生产地域进行分类。

**3. 类别**

（1）绿茶

炒青绿茶：干燥工艺主要采用炒或滚的方式制成的产品；

烘青绿茶：干燥工艺主要采用烘的方式制成的产品；

晒青绿茶:干燥工艺主要采用晒的方式制成的产品;

蒸青绿茶:杀青工艺采用蒸汽导热方式制成的产品。

(2)红茶

红碎茶:采用揉、切等加工工艺制成的颗粒(或碎片)形产品;

功夫红茶:采用揉捻等加工工艺制成的条形产品;

小种红茶:采用揉捻加工等特定工艺经熏松烟制成的条形产品。

(3)黄茶

芽型:采用茶树的单芽或一芽一叶初展加工制成的产品;

芽叶型:采用茶树的一芽一叶或一芽二叶初展加工制成的产品;

多叶型:采用茶树的一芽多叶加工制成的产品。

(4)白茶

芽型:采用单芽或一芽一叶初展的鲜叶制成的产品;

芽叶型:采用一芽一叶或一芽二叶初展的鲜叶制成的产品;

多叶型:采用一芽二叶或多叶的鲜叶制成的产品。

(5)乌龙茶

闽南乌龙茶:采用闽南地区特定茶树品种的鲜叶,经特定的加工工艺制成的圆结形或卷曲形产品;

闽北乌龙茶:采用闽北地区特定茶树品种的鲜叶,经特定的加工工艺制成的条形产品;

广东乌龙茶:采用广东潮州、梅州地区特定茶树品种的鲜叶,经特定的加工工艺制成的条形产品;

台式(湾)乌龙茶:采用台湾地区特定品种或以其他地区特定品种的鲜叶,经台湾传统加工工艺制成的颗粒形产品;

其他乌龙茶:其他地区采用特定茶树品种的鲜叶,经特定的加工工艺制成产品。

(6)黑茶

湖南黑茶:湖南地区的鲜叶经特定加工工艺制成的产品;

四川黑茶:四川地区的鲜叶经特定加工工艺制成的产品;

湖北黑茶:湖北地区的鲜叶经特定加工工艺制成的产品;

广西黑茶:广西地区的鲜叶经特定加工工艺制成的产品;

云南黑茶:云南地区的鲜叶经特定加工工艺制成的产品;

其他黑茶:其他地区的鲜叶经特定加工工艺制成的产品。

(7)再加工茶

花茶:以茶叶为原料,经整型、加天然香花窨制、干燥等加工工艺制成的产品;

紧压茶:以茶叶为原料,经筛分、拼配、汽蒸、压制成型、干燥等加工工艺制成的产品;

袋泡茶:以茶叶为原料,经加工形成一定的规格后,用过滤材料加工制成的产品;

粉茶:以茶叶为原料,经特定加工工艺加工制成具有一定粉末细度的产品。

## 3.2 茶叶化学分类法

本方法规定了茶叶化学分类方法的术语和定义、原理、特征性成分因子的检测和表述、分步判别方法、分类结果的复判，适用于绿茶、红茶、乌龙茶（青茶）、白茶、黄茶和黑茶的分类，不适用于以这些基本茶类为原料的再加工茶叶产品。本方法运用茶叶特征成分因子（通过统计学方法得到的能够反映茶类特征的一个或多个成分因子），采用统计学和逐步分析的方法，判别未知茶样的绿茶、红茶、乌龙茶（青茶）、白茶、黄茶和黑茶其中之一。该方法的原理为，通过对六大茶类中主要化学成分含量进行检查，利用统计分析的方法筛选出能代表不同茶类的特征型成分因子，利用特征性成分因子结合判别模型对茶样进行分类，判别未知茶样是绿茶、红茶、乌龙茶（青茶）、白茶、黄茶和黑茶其中之一。

**1. 特征性成分因子的检测和表述**

取样按 GB/T 8302，“茶取样”的规定取样，按 GB/T 8303，“茶磨碎试样的制备及其干物质含量测定”的规定制备试样。

(1)检测方法，咖啡碱含量检测方法按照 GB/T 8312，“茶咖啡碱测定”，儿茶素含量检测方法按照 GB/T 8313，“茶叶中茶多酚和儿茶素类含量的检测方法”，茶氨酸含量检测方法按照 GB/T 23193，“茶叶中茶氨酸的测定 高效液相色谱法”。

(2)特征性成分因子的表述

如下所示：

$X_1$——咖啡碱含量；

$X_2$——儿茶素总量；

$X_3$——茶氨酸含量；

$X_4$——EGCG 含量/儿茶素总量；

$X_5$——茶氨酸含量×茶氨酸含量；

$X_6$——茶氨酸含量×咖啡碱含量。

**2. 分步判别方法**

(1)完全发酵茶、不发酵茶或部分发酵茶的判别

判别方法见式(1)：

$$Fisher1=0.732X_1+0.270X_2+0.062X_3+6.102X_4+1.751X_5-1.183X_6-4.548 \quad (1)$$

**判定：**

将任意一个茶样的 $X_1 \sim X_6$ 六个因子值代入式(1)：

——如 Fisher1≤0.1，则判定该茶样属于红茶或黑茶其中的一种，再按下述方法继续判定；

——如 Fisher1>0.1，则判定该茶样属于绿茶、白茶、黄茶和乌龙茶（青茶）的一种，再按下述方法继续判定。

(2)红茶和黑茶的判别

判别方法见式(2)：

$$Fisher2=1.269X_1-0.283X_2+0.462X_3-0.753X_4+2.358X_5-1.971X_6-1.486 \quad (2)$$

**判定：**

将 Fisher1≤0.1 的茶样 $X_1 \sim X_6$ 六个因子值代入式(2)：

——如 Fisher2≤1.1，则判定该茶样为红茶；

——如 Fisher2>1.1，则判定该茶样是黑茶。

(3)白茶与绿茶、黄茶和乌龙茶(青茶)间的判别

判别方法见式(3):

$$Fisher3=-0.619X_1+0.394X_2-0.202X_3+0.861X_4+0.820X_5-0.441X_6-0.300 \quad (3)$$

**判定:**

将 Fisher1>0.1 的茶样 $X_1 \sim X_6$ 六个因子值代入式(3):

——如 Fisher3≤-1.1,则判定该茶样是白茶;

——如 Fisher3>-1.1,则判定该茶样属于绿茶、黄茶和乌龙茶(青茶)的一种,再按下述方法继续判定。

(4)乌龙茶(青茶)与绿茶和黄茶间的判别

判别方法见式(4):

$$Fisher4=0.808X_1-0.196X_2+9.328X_3-1.408X_4-3.488X_5-0.145X_6-2.894 \quad (4)$$

**判定:**

将 Fisher3>-1.1 的茶样 $X_1 \sim X_6$ 六个因子值代入式(4):

——如 Fisher4≤-0.3,则判定该茶样是乌龙茶(青茶);

——如 Fisher4>-0.3,则判定该茶样属于绿茶和黄茶一种,再按下述方法继续判定。

(5)绿茶和黄茶间的判别

判别方法见式(5):

$$Fisher5=-4.357X_1+0.512X_2-4.452X_3+6.831X_4-2.604X_5+3.058X_6+1.377 \quad (5)$$

**判定:**

将 Fisher4>-0.3 的茶样 $X_1 \sim X_6$ 六个因子值代入式(5):

——如 Fisher5≤-0.8,则判定该茶样是黄茶;

——如 Fisher5>-0.8,则判定该茶样是绿茶。

**3. 分类结果的复判**

对于判别结果有争议的样品,由三名以上、总人数为奇数的具有高级职称和国家一级评茶师资质的专家,对原样品按“GB/T23776-2018 茶叶感官审评方法”规定的方法,进行综合评判,分类结果以复判结果为准。

## 3.3 茶叶感官审评室基本要求

本方法规定了茶叶感官审评室的基本要求、布局和建立,适用于审评各类茶叶的感官审评室。

**1. 基本要求**

(1)地点

茶叶感官审评室应建立在环境干燥、清静、窗口面无高层建筑及杂物阻挡、无反射光、周围无异气污染的地区。

(2)室内环境

茶叶感官审评室内应空气清新、无异味、温度和湿度应适宜,室内安静、整洁、明亮。

**2. 审评室布局**

茶叶感官审评室应包括：(a)进行感官审评工作的审评室；(b)用于制备和存放评审样品及标准样的样品室；(c)办公室；(d)如有条件的可在审评室附近建立休息室、盥洗室和更衣室。

**3. 审评室建立**

(1)审评室

审评室朝向：宜坐南朝北，北向开窗；

审评室面积：按评茶人数和日常工作量而定，最小使用面积不得小于10 $m^2$。

审评室室内色调：审评室墙壁和内部设施的色调应选择中性色，以避免影响对被检样品颜色的评价：(a)墙壁：乳白色或接近白色；(b)天花板：白色或接近白色；(c)地面：浅灰色或较深灰色。

审评室气味：审评室内应保持无异味，室内的建筑材料和内部设施应易于清洁，不吸附和不散发气味，器具清洁不得留下气味，审评室周围应无污染气体排放。

审评室噪声：评茶期间应控制噪声不超过50 dB。

审评室采光：自然光——室内光线应柔和、明亮，无阳光直射，无杂色反射光，利用室外自然光时，前方应无遮挡物、玻璃墙及涂有鲜艳色彩的反射物，开窗面积大，使用无色透明玻璃并保持洁净；有条件的可采用北向斗式采光窗，采光窗高2 m，斜度30°，半壁涂以无反射光的黑色油漆，顶部镶以无色透明平板玻璃，向外倾斜3°～5°。人造光——当室内自然光线不足时，应有可调控的人造光源进行辅助照明，可在干、湿看台上方悬挂一组标准昼光灯管，应使光线均匀、柔和、无投影，也可使用箱型台式人造昼光标准光源观察箱，箱顶部悬挂标准昼光灯管(二管或四管)，箱内涂以灰黑色或浅灰色，灯管色温宜为5 000～6 000 K，使用人造光源时应防自然光线干扰。

审评室照度：干评台工作面照度约1 000 lx，湿评台工作面照度不低于750 lx。

审评室温度和湿度：室内应配备温度计、湿度计、空调机、去湿及通风装置，使室内温度、湿度得以控制。评茶时，室内温度宜保持在15～27 ℃，室内相对湿度不高于70%。

审评室审评设备：应配备干评台、湿评台、各类茶审评用具等基本设施，具体规格和要求按“GB/T 23776—2018 茶叶感官审评方法”的规定执行，应配备水池、毛巾，方便审评人员评茶前的清洗及审评后杯碗等器具的洗涤。

审评室检验隔挡：隔挡数量，可根据审评室实际空间大小和评茶人数决定隔挡数量，一般为3～5个。隔挡设置，推荐使用可拆卸、屏风式隔挡，隔挡高1 800 mm，隔挡内工作区长度不得低于2 000 mm，宽度不得低于1 700 mm。隔挡内设施，每一隔挡内设有一干评台和一湿评台，配有一套评茶专用设备，隔挡内的采光应符合审评室采光要求。

(2)集体工作区

集体工作区可在审评室内，用于审评员之间及与检验主持人之间的讨论，也可用于评价初始阶段的培训，以及任何需要时的讨论。集体工作区可摆放一张桌子供参加检验的所有审评人员同时使用并能放置以下物品：(a)供审评人员记录的审评记录表和笔；(b)放置审评用的评茶盘、审评杯碗、计时器等。

集体工作区的采光要求可参照审评室采光要求布置。

(3)样品室

样品室要求:样品室宜紧靠审评室,但应与其隔开,以防相互干扰,室内应整洁、干燥、无异味。门窗应挂暗帘,室内温度宜≤20 ℃,相对湿度宜≤50%。

样品室设施:样品室应配备以下设施:(a)合适的样品柜;(b)温度计、湿度计、空调机和去湿机;(c)需要时可配备冷柜或冰箱,用于实物标准样及具代表性实物参考样的低温贮存;(d)制备样品的其他必要设备:工作台、分样器(板)、分样盘、天平、茶罐等;(e)照明设施和防火设施。

(4)办公室

办公室是审评人员处理日常事务的主要工作场所,宜靠近审评室,但不得与之混用。

## 3.4 茶叶感官审评方法

本方法规定了茶叶感官审评的条件、方法及审评结果与判定,适用于各类茶叶的感官审评。审评过程中应注意部分术语,例如,茶叶感官审评,即审评人员运用正常的视觉、嗅觉、味觉、触觉等辨别能力,对茶叶产品的外形、汤色、香气、滋味与叶底等品质因子进行综合分析和评价的过程;粉茶,即磨碎后颗粒大小在 0.076 mm(200 目)及以下的可直接食用的茶叶。

**1. 审评条件**

审评环境,应符合 GB/T 18797-2012,“茶叶感官审评室基本条件”的要求。

(1)审评设备

审评台:干性审评台高度 800～900 mm,宽度 600～750 mm,台面为黑色亚光;湿性审评台高度 750～800 mm,宽度 450～500 mm,台面为白色亚光。审评台长度视实际需要而定。

评茶标准杯碗:白色瓷质,颜色组成应符合 GB/T 15608-2006,“中国颜色体系”中的中性色的规定,要求 $N \geqslant 9.5$,大小、厚薄、色泽一致。

根据审评茶样的不同分为:

(a)初制茶(毛茶)审评杯碗:杯呈圆柱形,高 75 mm、外径 80 mm、容量 250 mL,具盖,盖上有一小孔,杯盖上面外径 92 mm,与杯柄相对的杯口上缘有三个呈锯齿形的滤茶口,口中心深 4 mm,宽 2.5 mm。碗高 71 mm,上口外径 112 mm,容量 440 mL。

(b)精制茶(成品茶)审评杯碗:杯呈圆柱形,高 66 mm,外径 67 mm,容量 150 mL,具盖,盖上有一小孔,杯盖上面外径 76 mm,与杯柄相对的杯口上缘有三个呈锯齿形的滤茶口,口中心深 3 mm、宽 2.5 mm,碗高 56 mm,上口外径 95 mm,容量 240 mL。

(c)乌龙茶审评杯碗:杯呈倒钟形,高 52 mm,上口外径 83 mm,容量 110 mL,具盖,盖外径 72 mm,碗高 51 mm,上口外径 95 mm,容量 160 mL。

评茶盘:木板或胶合板制成,正方形,外围边长 230 mm,边高 33 mm,盘的一角开有缺口,缺口呈倒等腰梯形,上宽 50 mm,下宽 30 mm,涂以白色油漆,无气味。

分样盘:木板或胶合板制成,正方形,内围边长 320 mm,边高 35 mm,盘的两端各开一缺口,涂以白色,无气味。

叶底盘：黑色叶底盘和白色搪瓷盘，黑色叶底盘为正方形，外径的边长 100 mm、边高15 mm，供审评精制茶用；搪瓷盘为长方形，外径尺寸为长 230 mm、宽 170 mm、边高30 mm，一般供审评初制茶叶底用。

扦样匾（盘）：扦样匾，竹制，圆形，直径 1 000 mm，边高 30 mm，供取样用。扦样盘，木板或胶合板制，正方形，内围边长 500 mm，边高 35 mm，盘的一角开一缺口，涂以白色，无气味。

分样器：木制或食品级不锈钢制，由 4 个或 6 个边长 120 mm、高 250 mm 的正方体组成长方体分样器的柜体，4 脚、高 200 mm，上方敞口、具盖，每个正方体的正面下部开一个 90 mm×50 mm 的口子，有挡板，可开关。

称量用具：天平，感量 0.1 g。

计时器：定时钟或特制秒时计，精确到秒。

其他用具：其他审评用具为：(a)刻度尺：刻度精确到毫米；(b)网匙：不锈钢网制半圆形小勺子，捞取碗底沉淀的碎茶用；(c)茶匙：不锈钢或瓷匙，容量约 10 mL；(d)烧水壶：普通电热水壶，食品级不锈钢，容量不限；(e)茶筅：竹制，搅拌粉茶用。

(2)审评用水

审评用水的理化指标及卫生指标应符合 GB 5749-2006，“生活饮用水卫生标准”的规定，同一批茶叶审评用水水质应一致。

(3)审评人员

茶叶审评人员应获有《评茶员》国家职业资格证书，持证上岗，身体健康，视力 5.0 及以上，持《食品从业人员健康证明》上岗；审评人员开始审评前更换工作服，用无气味的洗手液把双手清洗干净，并在整个操作过程中保持洁净，审评过程中不能使用化妆品，不得吸烟。

**2. 审评**

(1)取样方法

初制茶取样方法：(a)匀堆取样法：将该批茶叶拌匀成堆，然后从堆的各个部位分别扦取样茶，扦样点不得少于八点；(b)就件取样法：从每件上、中、下、左、右五个部位各扦取一把小样置于扦样匾（盘）中，并查看样品间品质是否一致。若单件的上、中、下、左、右五部分样品差异明显，应将该件茶叶倒出，充分拌匀后，再扦取样品；(c)随机取样法：按 GB/T 8302—2013，“茶取样”规定的抽取件数随机抽件，再按就件扦取法扦取。上述各种方法均应将扦取的原始样茶充分拌匀后，用分样器或对角四分法扦取 100～200 g 两份作为审评用样，其中一份直接用于审评，另一份留存备用。

精制茶取样方法：按照 GB/T 8302-2013，“茶 取样”规定执行。

(2)审评内容

审评因子：初制茶审评因子，按照茶叶的外形（包括形状、嫩度、色泽、整碎和净度）、汤色、香气、滋味和叶底“五项因子”进行。精制茶审评因子，按照茶叶外形的形状、色泽、整碎和净度，内质的汤色、香气、滋味和叶底“八项因子”进行。

审评因子的审评要素：(a)外形，干茶审评其形状、嫩度、色泽、整碎和净度。紧压茶审评其形状规格、松紧度、匀整度、表面光洁度和色泽。分里、面茶的紧压茶，审评是否起层脱面，包心是否外露等。茯砖加评“金花”是否茂盛、均匀及颗粒大小。(b)汤色，茶汤审评其颜色种类与色度、明暗度和清浊度等。(c)香气，审评香气的类型、浓度、纯度、持久性。(d)滋味，审评茶汤的浓淡、厚薄、醇涩、纯异和鲜钝等。(e)叶底，审评其嫩度、色泽明暗度和匀整度(包括嫩度的匀整度和色泽的匀整度)。

(3)审评方法

外形审评方法：

(a)将缩分后的有代表性的茶样100～200 g，置于评茶盘中，双手握住茶盘对角，用回旋筛转法，使茶样按粗细、长短、大小、整碎顺序分层并顺势收于评茶盘中间呈圆馒头形，根据上层(也称面张、上段)、中层(也称中段、中档)、下层(也称下段、下脚)，按前述的审评内容，用目测、手感等方法，通过翻动茶叶、调换位置，反复察看比较外形。

(b)初制茶按上述方法，用目测审评面张茶后，审评人员用手轻轻地将大部分上、中段茶抓在手中，审评没有抓起的留在评茶盘中的下段茶的品质，然后，抓茶的手反转、手心朝上摊开，将茶摊放在手中，目测审评中段茶的品质。同时，用手掂估同等体积茶(身骨)的重量。

(c)精制茶按上述方法，目测审评面张茶后，审评人员双手握住评茶盘，用“簸”的手法，让茶叶在评茶盘中从内向外按形态呈现从大到小的排布，分出上、中、下档，然后目测审评。

茶汤制备方法与各因子审评顺序：

(a)红茶、绿茶、黄茶、白茶 、乌龙茶(柱形杯审评法)

取有代表性的茶样3.0 g或5.0 g，茶水比(质量体积比)1∶50，置于相应的评茶杯中，注满沸水、加盖、计时，按表3-1选择冲泡时间，依次等速滤出茶汤，留叶底于杯中，按汤色、香气、滋味、叶底的顺序逐项审评。

**表3-1 各类茶冲泡时间**

| 茶类 | 冲泡时间/min |
|---|---|
| 绿茶 | 4 |
| 红茶 | 5 |
| 乌龙茶(条形、卷曲型、) | 5 |
| 乌龙茶(圆结型、拳曲型、颗粒型) | 6 |
| 白茶 | 5 |
| 黄茶 | 5 |

(b)乌龙茶(盖碗审评法)

沸水烫热评茶杯碗，称取有代表性的茶样5.0 g，置于110 mL倒钟形评茶杯中，快速注满沸水，用杯盖刮去液面泡沫，加盖，1 min后，揭盖嗅其盖香，评茶叶香气，至2 min沥茶汤入评茶碗中，评汤色和滋味，接着第二次冲泡，加盖，1～2 min后，揭盖嗅其盖香，评茶叶香气，至3 min沥茶汤入评茶碗中，再评汤色和滋味；第三次冲泡，加盖，2～3 min后，评香气，至5 min沥茶汤入评茶碗中，评汤色和滋味；最后闻嗅叶底香，并倒入叶底盘中，审评叶底；结果以第二次冲泡为主要依据，综合第一、第三次，统筹评判。

(c)黑茶(散茶)(柱形杯审评法)

取有代表性茶样3.0 g或5.0 g，茶水比(质量体积比)1:50，置于相应的审评杯中，注满沸水，加盖浸泡2 min，按冲泡次序依次等速将茶汤沥入评茶碗中，审评汤色、嗅杯中叶底香气、尝滋味后，进行第二次冲泡，时间5 min，沥出茶汤依次审评汤色、香气、滋味、叶底；结果汤色以第一泡为主评判，香气、滋味以第二泡为主评判。

(d)紧压茶(柱形杯审评法)

称取有代表性的茶样 3.0 g 或 5.0 g 茶水比(质量体积比)1:50,置于相应的审评杯中,注满沸水,依紧压程度加盖浸泡 2～5 min,按冲泡次序依次等速将茶汤沥入评茶碗中,审评汤色、嗅杯中叶底香气、尝滋味后,进行第二次冲泡,时间 5～8 min,沥出茶汤依次审评汤色、香气、滋味、叶底;结果以第二泡为主,综合第一泡进行评判。

(e)花茶(柱形杯审评法)

拣除茶样中的花瓣、花萼、花蒂等花类夹杂物,称取有代表性的茶样 3.0 g,置于 150 mL 精制茶评茶杯中,注满沸水,加盖浸泡 3 min,按冲泡次序依次等速将茶汤沥入评茶碗中,审评汤色、香气(鲜灵度和纯度)、滋味;第二次冲泡 5 min,沥出茶汤,依次审评汤色、香气(浓度和持久性)、滋味、叶底;结合两次冲泡综合评判。

(f)袋泡茶(柱形杯审评法)

取一茶袋置于 150 mL 评茶杯中,注满沸水,加盖浸泡 3 min 后揭盖上下提动袋茶两次(两次提动间隔 1 min),提动后随即盖上杯盖,至 5 min 沥茶汤入评茶碗中,依次审评汤色、香气、滋味和叶底,叶底审评茶袋冲泡后的完整性。

(g)粉茶(柱形杯审评法)

取 0.6 g 茶样,置于 240 mL 的评茶碗中,用 150 mL 的审评杯注入 150 mL 的沸水,定时 3 min 并于茶筅搅拌,依次审评其汤色、香气与滋味。

内质审评方法:

(a)汤色:根据上述的审评内容目测审评茶汤,应注意光线、评茶用具等的影响,可调换审评碗的位置以减少环境光线对汤色的影响。

(b)香气:一手持杯,一手持盖,靠近鼻孔,半开杯盖,嗅评杯中香气,每次持续 2～3 s,后随即合上杯盖,可反复 1～2 次,根据上述的审评内容判断香气的质量,并热嗅(杯温约 75 ℃)、温嗅(杯温约 45 ℃)、冷嗅(杯温接近室温)结合进行。

(c)滋味:用茶匙取适量(5 mL)茶汤于口内,通过吸吮使茶汤在口腔内循环打转,接触舌头各部位,吐出茶汤或咽下,根据上述审评内容审评滋味,审评滋味适宜的茶汤温度为 50 ℃。

(d)叶底:精制茶采用黑色叶底盘,毛茶与乌龙茶等采用白色搪瓷叶底盘,操作时应将杯中的茶叶全部倒入叶底盘中,其中白色搪瓷叶底盘中要加入适量清水,让叶底漂浮起来,根据上述的审评内容,用目测、手感等方法审评叶底。

**3. 审评结果与判定**

(1)级别判定

对照一组标准样品,比较未知茶样品与标准样品之间某一级别在外形和内质的相符程度(或差距)。首先,对照一组标准样品的外形,从外形的形状、嫩度、色泽、整碎和净度五个方面综合判定未知样品等于或约等于标准样品中的某一级别,即定为该未知样品的外形级别,然后从内质的汤色、香气、滋味与叶底四个方面综合判定未知样品等于或约等于标准样中的某一级别,即定为该未知样品的内质级别,最后的级别判定结果计算按式(1):

$$\text{未知样的级别} = (\text{外形级别} + \text{内质级别}) \div 2 \tag{1}$$

(2)合格判定

评分:

以成交样或标准样相应等级的色、香、味、形的品质要求为水平依据,按规定的审评因子，即形状、整碎、净度、色泽、香气、滋味、汤色和叶底（见表3-2）和审评方法，将生产样对照标准样或成交样逐项对比审评，判断结果按“七档制”（见表3-3）方法进行评分。

**表3-2 各类成品茶品质审评因子**

| 茶类 | 外形 | | | | 内质 | | | |
|---|---|---|---|---|---|---|---|---|
| | 形状(A) | 整碎(B) | 净度(C) | 色泽(D) | 香气(E) | 滋味(F) | 汤色(G) | 叶底(H) |
| 绿茶 | √ | √ | √ | √ | √ | √ | √ | √ |
| 红茶 | √ | √ | √ | √ | √ | √ | √ | √ |
| 乌龙茶 | √ | √ | √ | √ | √ | √ | √ | √ |
| 白茶 | √ | √ | √ | √ | √ | √ | √ | √ |
| 黑茶(散茶) | √ | √ | √ | √ | √ | √ | √ | √ |
| 黄茶 | √ | √ | √ | √ | √ | √ | √ | √ |
| 花茶 | √ | √ | √ | √ | √ | √ | √ | √ |
| 袋泡茶 | √ | × | √ | × | √ | √ | √ | √ |
| 紧压茶 | √ | × | √ | √ | √ | √ | √ | √ |
| 粉茶 | √ | × | √ | √ | √ | √ | √ | × |

注：“X”为非审评因子。

**表3-3 七档制审评方法**

| 七档制 | 评分 | 说明 |
|---|---|---|
| 高 | +3 | 差异大，明显好于标准样 |
| 较高 | +2 | 差异较大，好于标准样 |
| 稍高 | +1 | 仔细辨别才能区分，稍好于标准样 |
| 相当 | 0 | 标准样或成交样的水平 |
| 稍低 | −1 | 仔细辨别才能区分，稍差于标准样 |
| 较低 | −2 | 差异较大，差于标准样 |
| 低 | −3 | 差异大，明显差于标准样 |

结果计算：

审评结果按式(2)计算：

$$Y = A_n + B_n + \cdots H_n \tag{2}$$

式中：$Y$——茶叶审评总得分；

$A_n, B_n, \cdots H_n$——表示各审评因子的得分。

结果判定：任何单一审评因子中得−3分者判该样品为不合格。总得分≤−3分者该样品为不合格。

(3)品质评定

评分的形式：

(a)独立评分：整个审评过程由一个或若干个评茶员独立完成。

(b)集体评分：整个审评过程由三人或三人以上（奇数）评茶员一起完成，参加审评的人员组成一个审评小组，推荐其中一人为主评。审评过程中由主评先评出分数，其他人员根据品质标准对主评出具的分数进行修改与确认，对观点差异较大的茶进行讨论，最后共同确定分数，如有争论，投票决定，并加注评语，评语引用 GB/T 14487-2017，“茶叶感官审评术语”。

(c)评分的方法：茶叶品质顺序的排列样品应在两种(含两种)以上，评分前工作人员对茶样进行分类、密码编号，审评人员在不了解茶样的来源、密码条件下进行盲评，根据审评知识与品质标准，按外形、汤色、香气、滋味和叶底“五因子”，采用百分制，在公平、公正条件下给每个茶样的每项因子进行评分，并加注评语，评语引用 GB/T 14487-2017，“茶叶感官审评术语”。不同茶类的评分标准见表 3-4～表 3-14。

**表 3-4 绿茶品质评语与各品质因子评分表**

| 因子 | 级别 | 品质特征 | 给分 | 评分系数 |
|---|---|---|---|---|
| 外形(a) | 甲 | 以单芽或一芽一叶初展到一芽二叶为原料，造型有特色，色泽嫩绿或翠绿或深绿或鲜绿，油润，匀整，净度好 | 90～99 | 25% |
| | 乙 | 较嫩，以一芽二叶为主为原料，造型较有特色，色泽墨绿或黄绿或青绿，较油润，尚匀整，净度较好 | 80～89 | |
| | 丙 | 嫩度稍低，造型特色不明显，色泽暗褐或陈灰或灰绿或偏黄，较匀整，净度尚好 | 70 ～79 | |
| 汤色(b) | 甲 | 嫩绿明亮或绿明亮 | 90～99 | 10% |
| | 乙 | 尚绿明亮或黄绿明亮 | 80～89 | |
| | 丙 | 深黄或黄绿欠亮或浑浊 | 70～79 | |
| 香气(c) | 甲 | 高爽有栗香或有嫩香或带花香 | 90～99 | 25% |
| | 乙 | 清香，尚高爽，火工香 | 80～89 | |
| | 丙 | 尚纯，熟闷，老火 | 70～79 | |
| 滋味(d) | 甲 | 甘鲜或鲜醇，醇厚鲜爽，浓醇鲜爽 | 90～99 | 30% |
| | 乙 | 清爽，浓尚醇，尚醇厚 | 80～89 | |
| | 丙 | 尚醇，浓涩，青涩 | 70～79 | |
| 叶底(e) | 甲 | 嫩匀多芽，较嫩绿明亮，匀齐 | 90～99 | 10% |
| | 乙 | 嫩匀有芽，绿明亮，尚匀齐 | 80～89 | |
| | 丙 | 尚嫩，黄绿，欠匀齐 | 70～79 | |

**表 3-5 工夫红茶品质评语与各品质因子评分表**

| 因子 | 级别 | 品质特征 | 给分 | 评分系数 |
|---|---|---|---|---|
| 外形(a) | 甲 | 细紧或紧结或壮结，露毫有锋苗，色乌黑油润或棕褐油润显金毫，匀整，净度好 | 90～99 | 25% |
| | 乙 | 较细紧或较紧结，较乌润，匀整，净度较好 | 80～89 | |
| | 丙 | 紧实或壮实，尚乌润，尚匀整，净度尚好 | 70～79 | |
| 汤色(b) | 甲 | 橙红明亮或红明亮 | 90～99 | 10% |
| | 乙 | 尚红亮 | 80～89 | |
| | 丙 | 尚红欠亮 | 70～79 | |

续表

| 因子 | 级别 | 品质特征 | 给分 | 评分系数 |
|---|---|---|---|---|
| 香气<br>(c) | 甲 | 嫩香,嫩甜香,花果香 | 90～99 | 25% |
| | 乙 | 高,有甜香 | 80～89 | |
| | 丙 | 纯正 | 70～79 | |
| 滋味<br>(d) | 甲 | 鲜醇或甘醇或醇厚鲜爽 | 90～99 | 30% |
| | 乙 | 醇厚 | 80～89 | |
| | 丙 | 尚醇 | 70～79 | |
| 叶底<br>(e) | 甲 | 细嫩(或肥嫩)多芽或有芽,红明亮 | 90～99 | 10% |
| | 乙 | 嫩软,略有芽,红尚亮 | 80～89 | |
| | 丙 | 尚嫩,多筋,尚红亮 | 70～79 | |

**表 3-6 (红)碎茶品质评语与各品质因子评分表**

| 因子 | 级别 | 品质特征 | 给分 | 评分系数 |
|---|---|---|---|---|
| 外形<br>(a) | 甲 | 嫩度好,锋苗显露,颗粒匀整,净度好,色鲜活润 | 90～99 | 20% |
| | 乙 | 嫩度较好,有锋苗,颗粒较匀整,净度较好,色尚鲜活油润 | 80～89 | |
| | 丙 | 嫩度稍低,带细茎,尚匀整,净度尚好,色欠鲜活油润 | 70 ～79 | |
| 汤色<br>(b) | 甲 | 色泽依品类不同,清澈明亮 | 90～99 | 10% |
| | 乙 | 色泽依品类不同,较明亮 | 80～89 | |
| | 丙 | 欠明亮或有浑浊 | 70～79 | |
| 香气<br>(c) | 甲 | 高爽或高鲜、纯正,有嫩茶香 | 90～99 | 30% |
| | 乙 | 较高爽、较高鲜 | 80～89 | |
| | 丙 | 尚纯,熟、老火或青气 | 70～79 | |
| 滋味<br>(d) | 甲 | 醇厚鲜爽,浓醇鲜美 | 90～99 | 30% |
| | 乙 | 浓厚或浓烈,尚醇厚,尚鲜美 | 80～89 | |
| | 丙 | 尚醇,浓涩,青涩 | 70～79 | |
| 叶底<br>(e) | 甲 | 嫩匀多芽尖,明亮,匀齐 | 90～99 | 10% |
| | 乙 | 嫩尚匀,尚明亮,尚匀齐 | 80～89 | |
| | 丙 | 尚嫩,尚亮,欠匀齐 | 70～79 | |

**表 3-7 乌龙茶品质评语与各品质因子评分表**

| 因子 | 级别 | 品质特征 | 给分 | 评分系数 |
|---|---|---|---|---|
| 外形<br>(a) | 甲 | 重实、紧结,品种特征或地域特征明显,色泽油润,匀整,净度好 | 90～99 | 20% |
| | 乙 | 较重实,较壮结,有品种特征或地域特征,色润,较匀整,净度尚好 | 80～89 | |
| | 丙 | 尚紧实或尚壮实,带有黄片或黄头,色欠润,欠匀整,净度稍差 | 70～79 | |

续表

| 因子 | 级别 | 品质特征 | 给分 | 评分系数 |
| --- | --- | --- | --- | --- |
| 汤色(b) | 甲 | 色度因加工工艺而定,可从蜜黄加深到橙红,但要求清澈明亮 | 90~99 | 5% |
| | 乙 | 色度因加工工艺而定,较明亮 | 80~89 | |
| | 丙 | 色度因加工工艺而定,多沉淀,欠亮 | 70~79 | |
| 香气(c) | 甲 | 品种特征或地域特征明显,花香、花果香浓郁,香气优雅纯正 | 90~99 | 30% |
| | 乙 | 品种特征或地域特征尚明显,有花香或花果香,但浓郁与纯正性稍差 | 80~89 | |
| | 丙 | 花香或花果香不明显,略带粗气或老火香 | 70~79 | |
| 滋味(d) | 甲 | 浓厚甘醇或醇厚滑爽 | 90~99 | 35% |
| | 乙 | 浓醇较爽,尚醇厚滑爽 | 80~89 | |
| | 丙 | 浓尚醇,略有粗糙感 | 70~79 | |
| 叶底(e) | 甲 | 叶质肥厚软亮,做青好 | 90~99 | 10% |
| | 乙 | 叶质较软亮,做青较好 | 80~89 | |
| | 丙 | 稍硬,青暗,做青一般 | 70~79 | |

**表 3-8 黑茶(散茶)品质评语与各品质因子评分表**

| 因子 | 级别 | 品质特征 | 给分 | 评分系数 |
| --- | --- | --- | --- | --- |
| 外形(a) | 甲 | 肥硕或壮结,或显毫,形态美,色泽油润,匀整,净度好 | 90~99 | 20% |
| | 乙 | 尚壮结或较紧结,有毫,色泽尚匀润,较匀整,净度较好 | 80~89 | |
| | 丙 | 壮实或紧实或粗实,尚匀净 | 70~79 | |
| 汤色(b) | 甲 | 根据后发酵的程度可有红浓、橙红、橙黄色,明亮 | 90~99 | 15% |
| | 乙 | 根据后发酵的程度可有红浓、橙红、橙黄色,尚明亮 | 80~89 | |
| | 丙 | 红浓暗或深黄或黄绿欠亮或浑浊 | 70~79 | |
| 香气(c) | 甲 | 香气纯正,无杂气味,高爽 | 90~99 | 25% |
| | 乙 | 香气较高尚纯正,无杂气味 | 80~89 | |
| | 丙 | 尚纯 | 70~79 | |
| 滋味(d) | 甲 | 醇厚,回味甘爽 | 90~99 | 30% |
| | 乙 | 较醇厚 | 80~89 | |
| | 丙 | 尚醇 | 70~79 | |
| 叶底(e) | 甲 | 嫩匀多芽,明亮,匀齐 | 90~99 | 10% |
| | 乙 | 尚嫩匀,略有芽,明亮,尚匀齐 | 80~89 | |
| | 丙 | 尚柔软,尚明,欠匀齐 | 70~79 | |

**表 3-9 紧压茶品质评语与各品质因子评分表**

| 因子 | 级别 | 品质特征 | 给分 | 评分系数 |
| --- | --- | --- | --- | --- |
| 外形(a) | 甲 | 形状完全符合规格要求,松紧度适中,表面平整 | 90~99 | 20% |
| | 乙 | 形状符合规格要求,松紧度适中,表面尚平整 | 80~89 | |
| | 丙 | 形状基本符合规格要求,松紧度较适合 | 70~79 | |

续表

| 因子 | 级别 | 品质特征 | 给分 | 评分系数 |
|---|---|---|---|---|
| 汤色（b） | 甲 | 色泽依茶类不同，明亮 | 90～99 | 10% |
| | 乙 | 色泽依茶类不同，尚明亮 | 80～89 | |
| | 丙 | 色泽依茶类不同，欠亮或浑浊 | 70～79 | |
| 香气（c） | 甲 | 香气纯正，高爽，无杂异气味 | 90～99 | 30% |
| | 乙 | 香气尚纯正，无杂异气味 | 80～89 | |
| | 丙 | 香气尚纯，有烟气、微粗等 | 70～79 | |
| 滋味（d） | 甲 | 醇厚，有回味 | 90～99 | 35% |
| | 乙 | 醇厚 | 80～89 | |
| | 丙 | 尚醇厚 | 70～79 | |
| 叶底（e） | 甲 | 黄褐或黑褐，匀齐 | 90～99 | 5% |
| | 乙 | 黄褐或黑褐，尚匀齐 | 80～89 | |
| | 丙 | 黄褐或黑褐，欠匀齐 | 70～79 | |

**表 3-10　白茶品质评语与各品质因子评分表**

| 因子 | 级别 | 品质特征 | 给分 | 评分系数 |
|---|---|---|---|---|
| 外形（a） | 甲 | 以单芽到一芽二叶初展为原料，芽毫肥壮，造型美、有特色，白毫显露，匀整，净度好 | 90～99 | 25% |
| | 乙 | 以单芽到一芽二叶初展为原料，芽较瘦小，较有特色，色泽银绿较鲜活，白毫显，尚匀整，净度尚好 | 80～89 | |
| | 丙 | 嫩度较低，造型特色不明显，色泽暗褐或红褐，较匀整，净度尚好 | 70～79 | |
| 汤色（b） | 甲 | 杏黄、嫩黄明亮，浅白明亮 | 90～99 | 10% |
| | 乙 | 尚绿黄明亮或黄绿明亮 | 80～89 | |
| | 丙 | 深黄或泛红或浑浊 | 70～79 | |
| 香气（c） | 甲 | 嫩香或清香，毫香显 | 90～99 | 25% |
| | 乙 | 清香，尚有毫香 | 80～89 | |
| | 丙 | 尚纯，或有酵气或有青气 | 70～79 | |
| 滋味（d） | 甲 | 毫味明显，甘和鲜爽或甘鲜 | 90～99 | 30% |
| | 乙 | 醇厚较鲜爽 | 80～89 | |
| | 丙 | 尚醇，浓稍涩，青涩 | 70～79 | |
| 叶底（e） | 甲 | 全芽或一芽一、二叶，软嫩灰绿明亮，匀齐 | 90～99 | 10% |
| | 乙 | 尚软嫩匀，尚灰绿明亮，尚匀齐 | 80～89 | |
| | 丙 | 尚嫩，黄绿有红叶，欠匀齐 | 70～79 | |

表 3-11　黄茶品质评语与各品质因子评分表

| 因子 | 级别 | 品质特征 | 给分 | 评分系数 |
|---|---|---|---|---|
| 外形(a) | 甲 | 细嫩,以单芽到一芽二叶初展为原料,造型美,有特色,色泽嫩黄或金黄,油润,匀整,净度好 | 90～99 | 25% |
| | 乙 | 较细嫩,造型较有特色,色泽褐黄或绿带黄,较油润,尚匀整,净度较好 | 80～89 | |
| | 丙 | 嫩度稍低,造型特色不明显,色泽暗褐或深黄,欠匀整,净度尚好 | 70～79 | |
| 汤色(b) | 甲 | 嫩黄明亮 | 90～99 | 10% |
| | 乙 | 尚黄明亮或黄明亮 | 80～89 | |
| | 丙 | 深黄或绿黄,欠亮或浑浊 | 70～79 | |
| 香气(c) | 甲 | 嫩香或嫩栗香,有甜香 | 90～99 | 25% |
| | 乙 | 高爽,较高爽 | 80～89 | |
| | 丙 | 尚纯,熟闷,老火 | 70～79 | |
| 滋味(d) | 甲 | 醇厚甘爽,醇爽 | 90～99 | 30% |
| | 乙 | 浓厚或尚醇厚,较爽 | 80～89 | |
| | 丙 | 尚醇或浓涩 | 70～79 | |
| 叶底(e) | 甲 | 细嫩多芽或嫩厚多芽,嫩黄明亮、匀齐 | 90～99 | 10% |
| | 乙 | 嫩匀有芽,黄明亮,尚匀齐 | 80～89 | |
| | 丙 | 尚嫩,黄尚明,欠匀齐 | 70～79 | |

表 3-12　花茶品质评语与各品质因子评分表

| 因子 | 级别 | 品质特征 | 给分 | 评分系数 |
|---|---|---|---|---|
| 外形(a) | 甲 | 细紧或壮结,多毫或锋苗显露,造型有特色,色泽尚嫩绿或嫩黄,油润,匀整,净度好 | 90～99 | 20% |
| | 乙 | 较细紧或较紧结,有毫或有锋苗,造型较有特色,色泽黄绿,较油润,匀整,净度较好 | 80～89 | |
| | 丙 | 紧实或壮实,造型特色不明显,色泽黄或黄褐,较匀整,净度尚好 | 70～79 | |
| 汤色(b) | 甲 | 嫩黄明亮或尚嫩绿明亮 | 90～99 | 5% |
| | 乙 | 黄明亮或黄绿明亮 | 80～89 | |
| | 丙 | 深黄或黄绿,欠亮或浑浊 | 70～79 | |
| 香气(c) | 甲 | 鲜灵,浓郁,纯正,持久 | 90～99 | 35% |
| | 乙 | 较鲜灵,较浓郁,较纯正,尚持久 | 80～89 | |
| | 丙 | 尚浓郁,尚鲜,较纯正 | 70～79 | |
| 滋味(d) | 甲 | 甘醇或醇厚,鲜爽,花香明显 | 90～99 | 30% |
| | 乙 | 浓厚或较醇厚 | 80～89 | |
| | 丙 | 熟,浓涩,青涩 | 70～79 | |
| 叶底(e) | 甲 | 细嫩多芽或嫩厚多芽,黄绿明亮 | 90～99 | 10% |
| | 乙 | 嫩匀有芽,黄明亮 | 80～89 | |
| | 丙 | 尚嫩,黄明 | 70～79 | |

表 3-13 袋泡茶品质评语与各品质因子评分表

| 因子 | 级别 | 品质特征 | 给分 | 评分系数 |
| --- | --- | --- | --- | --- |
| 外形<br>(a) | 甲 | 滤纸质量优,包装规范、完全符合标准要求 | 90～99 | 10% |
| | 乙 | 滤纸质量较优,包装规范、完全符合标准要求 | 80～89 | |
| | 丙 | 滤纸质量较差,包装不规范、有欠缺 | 70～79 | |
| 汤色<br>(b) | 甲 | 色泽依茶类不同,清澈明亮 | 90～99 | 20% |
| | 乙 | 色泽依茶类不同,较明亮 | 80～89 | |
| | 丙 | 欠明亮或有浑浊 | 70～79 | |
| 香气<br>(c) | 甲 | 高鲜,纯正,有嫩茶香 | 90～99 | 30% |
| | 乙 | 高爽或较高鲜 | 80～89 | |
| | 丙 | 尚纯,熟、老火或青气 | 70～79 | |
| 滋味<br>(d) | 甲 | 鲜醇,甘鲜,醇厚鲜爽 | 90～99 | 30% |
| | 乙 | 清爽,浓厚,尚醇厚 | 80～89 | |
| | 丙 | 尚醇或浓涩或青涩 | 70～79 | |
| 叶底<br>(e) | 甲 | 滤纸薄而均匀、过滤性好,无破损 | 90～99 | 10% |
| | 乙 | 滤纸厚薄较均匀,过滤性较好,无破损 | 80～89 | |
| | 丙 | 掉线或有破损 | 70～79 | |

表 3-14 粉茶品质评语与各品质因子评分表

| 因子 | 级别 | 品质特征 | 给分 | 评分系数 |
| --- | --- | --- | --- | --- |
| 外形<br>(a) | 甲 | 嫩度好,细、匀、净,色鲜活 | 90～99 | 10% |
| | 乙 | 嫩度较好,细、匀、净,色较鲜活 | 80～89 | |
| | 丙 | 嫩度稍低,细、较匀净,色尚鲜活 | 70～79 | |
| 汤色<br>(b) | 甲 | 色泽依茶类不同,色彩鲜艳 | 90～99 | 20% |
| | 乙 | 色泽依茶类不同,色彩尚鲜艳 | 80～89 | |
| | 丙 | 色泽依茶类不同,色彩较差 | 70～79 | |
| 香气<br>(c) | 甲 | 嫩香,嫩栗香,清高,花香 | 90～99 | 35% |
| | 乙 | 清香,尚高,栗香 | 80～89 | |
| | 丙 | 尚纯,熟,老火,青气 | 70～79 | |
| 滋味<br>(d) | 甲 | 鲜醇爽口,醇厚甘爽,醇厚鲜爽,口感细腻 | 90～99 | 35% |
| | 乙 | 浓厚,尚醇厚,口感较细腻 | 80～89 | |
| | 丙 | 尚醇,浓涩,青涩,有粗糙感 | 70～79 | |

(d)分数的确定:每个评茶员所评的分数相加的总和除以参加评分的人数所得的分数。当独立评分评茶员人数达五人以上,可在评分的结果中去除一个最高分和一个最低分,其余的分数相加的总和除以其人数所得的分数。

(e)结果计算:将单项因子的得分与该因子的评分系数相乘,并将各个乘积值相加,即为该茶样审评的总得分,各茶类审评因子评分系数见下表。计算式如式(3):

$$Y=A\times a+B\times b+\cdots E\times e \quad (3)$$

式中：$Y$ ——茶叶审评总得分；

$A$、$B\cdots E$ ——表示各品质因子的审评得分；

$a$、$b\cdots e$——表示各品质因子的评分系数(表 3-15)。

**表 3-15　各茶类审评因子评分系数**　　%

| 茶　类 | 外形(a) | 汤色(b) | 香气(c) | 滋味(d) | 叶底(e) |
|---|---|---|---|---|---|
| 绿茶 | 25 | 10 | 25 | 30 | 10 |
| 工夫红茶(小种红茶) | 25 | 10 | 25 | 30 | 10 |
| (红)碎茶 | 20 | 10 | 30 | 30 | 10 |
| 乌龙茶 | 20 | 5 | 30 | 35 | 10 |
| 黑茶(散茶) | 20 | 15 | 25 | 30 | 10 |
| 紧压茶 | 20 | 10 | 30 | 35 | 5 |
| 白茶 | 25 | 10 | 25 | 30 | 10 |
| 黄茶 | 25 | 10 | 25 | 30 | 10 |
| 花茶 | 20 | 5 | 35 | 30 | 10 |
| 袋泡茶 | 10 | 20 | 30 | 30 | 10 |
| 粉茶 | 10 | 20 | 35 | 35 | 0 |

(f)结果评定：根据计算结果审评的名次按分数从高到低的次序排列，如遇分数相同者，则按“滋味→外形→香气→汤色→叶底”的次序比较单一因子得分的高低，高者居前。

## 3.5　茶叶感官审评术语

本章节界定了茶叶感官审评的通用术语、专用术语和定义，适用于我国各类茶叶的感官审评。

**1. 茶类通用**

(1)干茶形状

显毫(slightly tippy)：有茸毛的茶条比例高。

多毫(fairly tippy)：有茸毛的茶条比例较高，程度比显毫低。

披毫(tippy)：茶条布满茸毛。

锋苗(tip)：芽叶细嫩，紧结有锐度。

身骨(density)：茶条轻重，也指单位体积的重量。

重实(heavy)：身骨重，茶在手中有沉重感。

轻飘(light)：身骨轻，茶在手中分量很轻。

匀整(even)、匀齐(even)、匀称(even)：上中下三段茶的粗细、长短、大小较一致，比例适当，无脱档现象。

匀净(neat)：匀齐而洁净，不含梗朴及其他夹杂物。

脱档(uneven):上下段茶多,中段茶少;或上段茶少,下段茶多,三段茶比例不当。

挺直(straight):茶条不曲不弯。

弯曲(bent)、钩曲(curved):不直,呈钩状或弓状。

平伏(flat and even):茶叶在盘中相互紧贴,无松起架空现象。

细紧(wiry):茶叶细嫩,条索细长紧卷而完整,锋苗好。

紧秀(tight and slender):茶叶细嫩,紧细秀长,显锋苗。

挺秀(tender and straight):茶叶细嫩,造型好,挺直秀气尖削。.

紧结(tight and heavy):茶条卷紧而重实。紧压茶压制密度高。

紧直(tight anrd straight):茶条卷紧而直。

紧实(tight):茶条卷紧,身骨较重实。紧压茶压制密度适度。

肥壮(fat and bold)、硕壮(fat and bold):芽叶肥嫩身骨重。

壮实(sturdy):尚肥大,身骨较重实。

粗实(coarse and bold):茶叶嫩度较差,形粗大尚结实。

粗壮(coarse and sturdy):条粗大而壮实。

粗松(coarse and loose):嫩度差,形状粗大而松散。

松条(loose)、松泡(loose):茶条卷紧度较差。

卷曲(curly):茶条紧卷呈螺旋状或环状。

盘花(spiral):先将茶叶加工揉捻成条形再炒制成圆形或椭圆形的颗粒。

细圆(fine round):颗粒细小圆紧,嫩度好,身骨重实。

圆结(round and tight):颗粒圆而紧结重实。

圆整(round and uniform):颗粒圆而整齐。

圆实(round and heavy):颗粒圆而稍大,身骨较重实。

粗圆(coarse and round):茶叶嫩度较差、颗粒稍粗大尚成圆。

粗扁(coarse and flat):茶叶嫩度差、颗粒粗松带扁。

团块(lumps of leaf):颗粒大如蚕豆或荔枝核,多数为嫩芽叶黏结而成,为条形茶或圆形茶中加工有缺陷的干茶外形。

扁块(flat and lumpy):结成扁圆形或不规则圆形带扁的团块。

圆直(round and straight)、浑直(round and straight):茶条圆浑而挺直。

浑圆(round):茶条圆而紧结一致。

扁平(flat):扁形茶外形扁坦平直。

扁直(flat and straight):扁平挺直。

松扁(loose and flat):茶条不紧而呈平扁状。

扁条(flat strip—type leaf):条形扁,欠浑圆。

肥直(fat and straight):芽头肥壮挺直。

粗大(large):比正常规格大的茶。

细小(small):比正常规格小的茶。

短钝(short and blunt)、短秃(short and blunt):茶条折断,无锋苗。

短碎(short and broken):面张条短,下段茶多,欠匀整。

松碎(loose and broken):条松而短碎。

下脚重(heavy lower parts):下段中最小的筛号茶过多。

爆点(blister):干茶上的突起泡点。

破口(chop):折、切断口痕迹显露。

老嫩不匀(mixed):成熟叶与嫩叶混杂,条形与嫩度、叶色不一致。

(2)干茶色泽

油润(bloom):鲜活,光泽好。

光洁(smooth and dean):茶条表面平洁,尚油润发亮。

枯燥(dry):干枯无光泽。

枯暗(dull dry):枯燥反光差。

枯红(dry red):色红而枯燥。

调匀(even colour):叶色均匀一致。

花杂(mixed):叶色不一,形状不一或多梗、朴等茶类夹杂物。

翠绿(jade green):绿中显青翠。

嫩黄(delicate yellow):金黄中泛出嫩白色,为白化叶类茶、黄茶等干茶,汤色和叶底特有色泽。

黄绿(yellowish green):以绿为主,绿中带黄。

绿黄(greenish yellow):以黄为主,黄中泛绿。

灰绿(greyish green):叶面色泽绿而稍带灰白色。

墨绿(dark green)、乌绿(dark green)、苍绿(deep pine green):色泽浓绿泛乌有光泽。

暗绿(dull green):色泽绿而发暗,无光泽,品质次于乌绿。

绿褐(greenish auburn):褐中带绿。

青褐(blueish auburn):褐中带青。

黄褐(yellowish auburn):褐中带黄。

灰褐(greyish auburn):色褐带灰。

棕褐(brownish auburn):褐中带棕。常用于康砖、金尖茶的干茶和叶底色泽。

褐黑(auburnish black):乌中带褐有光泽。

乌润(black bloom):乌黑而油润。

(3)汤色

清澈(clear):清净、透明、光亮。

混浊(suspension):茶汤中有大量悬浮物,透明度差。

沉淀物(precipitate):茶汤中沉于碗底的物质。

明亮(bright):清净反光强。

暗(dull):反光弱。

鲜亮(shiny):新鲜明亮。

鲜艳(bright):鲜明艳丽,清澈明亮。

深(deep):茶汤颜色深。

浅(light):茶汤色泽淡。

浅黄(light yellow):黄色较浅。

杏黄(apricot):汤色黄稍带浅绿。

深黄(deep yellow):黄色较深。

橙黄(orange):黄中微泛红,似橘黄色,有深浅之分。

橙红(orange red):红中泛橙色。

深红(deep red):红较深。

黄亮(bright yellow):黄而明亮,有深浅之分。

黄暗(dull yellow):色黄反光弱。

红暗(dull red):色红反光弱。

青暗(dull blue):色青反光弱。

(4)香气

高香(high aroma):茶香优而强烈。

高强(high and intensive aroma):香气高,浓度大,持久。

鲜爽(fresh and brisk):香气新鲜愉悦。

嫩香(tend aroma):嫩茶所特有的愉悦细腻的香气。

鲜嫩(fresh and tender):鲜爽带嫩香。

馥郁(fragrant and lasting):香气幽雅丰富,芬芳持久。

浓郁(strong and lasting):香气丰富、芬芳持久。

清香(cleanand refreshing):清新纯净。

清高(clean and high):清香高而持久。

清鲜(clean and fresh):清香鲜爽。

清长(clean and lasting):清而纯正并持久的香气。

清纯(clean and pure):清香纯正。

甜香(sweet aroma):香气有甜感。

板栗香(chestnut aroma):似熟栗子香。

花香(flowery aroma):似鲜花的香气,新鲜悦鼻,多为优质乌龙茶、红茶之品种香,或乌龙茶做青适度的香气。

花蜜香(flowery and honey aroma):花香中带有蜜糖香味。

果香(fruity aroma):浓郁的果实熟透香气。

木香(woody aroma):茶叶粗老或冬茶后期,梗叶木质化,香气中带纤维气味和甜感。

地域香(regional aroma):特殊地域、土质栽培的茶树,其鲜叶加工后会产生特有的香气,如岩香、高山香等。

松烟香(smoky pine aroma):带有松脂烟香。

陈香(aroma after aging):茶质好,保存得当,陈化后具有的愉悦的香气,无杂、霉气。

纯正(pure and normal):茶香纯净正常。

平正(normal):茶香平淡,无异杂气。

香飘(weak)、虚香(light):香浮而不持久。

欠纯(less pure):香气夹有其他异杂气。

足火香(sufficient fired aroma):干燥充分,火功饱满。

焦糖香(caramel):干燥充足,火功高带有糖香。

高火(high-fired aroma):似锅巴香。茶叶干燥过程中温度高或时间长而产生,稍高于正常火功。

老火(over-fired aroma):茶叶干燥过程中温度过高,或时间过长而产生的似烤黄锅巴香,程度重于高火。

焦气(burnt odour):有较重的焦煳气,程度重于老火。

闷气(dull odour):沉闷不爽。

低(weak):低微,无粗气。

日晒气(sunshine odomur):茶叶受太阳光照射后,带有日光味。

青气(grass odour):带有青草或青叶气息。

钝浊(dull and tainted):滞钝不爽。

青浊气(grassy and stunt):气味不清爽,多为雨水青、杀青未杀透或做青不当而产生的青气和浊气。

粗气(harsh):粗老叶的气息。

粗短气(harsb and coarse):香短,带粗老气息。

失风(off flavor):失去正常的香气特征但程度轻于陈气。多由于干燥后茶叶摊凉时间太长,茶暴露于空气中,或保管时未密封,茶叶吸潮引起。

陈气(stale odour):茶叶存放中失去新茶香味,呈现不愉快的类似油脂氧化变质的气味。

酸、馊气(sour odour):茶叶含水量高、加工不当、变质所出现的不正常气味。馊气程度重于酸气。

劣异气(tainted odour):茶叶加工或贮存不当产生的劣变气息或污染外来物质所产生的气息,如烟、焦、酸、馊、霉或其他异杂气。

(5)滋味

浓(strong):内含物丰富,收敛性强。

厚(thick):内含物丰富,有黏稠感。

醇(mellow):浓淡适中,口感柔和。

滑(smooth):茶汤入口和吞咽后顺滑,无粗糙感。

回甘(sweet after taste):茶汤饮后,舌根和喉部有甜感,并有滋润的感觉。

浓厚(heavy and thick):入口浓,收敛性强,回味有黏稠感。

醇厚(mellow and thick):入口爽适,回味有黏稠感。

浓醇(heavy and mellow):入口浓,有收敛性,回味爽适。

甘醇(mellow and sweet after taste):醇而回甘。

甘滑(sweet and smooth):滑中带甘。

甘鲜(sweet and fresh):鲜洁有回甘。

甜醇(sweet and mellow):入口即有甜感,爽适柔和。

甜爽(sweet and brisk):爽口而有甜味。

鲜醇(fresh and mellow):鲜洁醇爽。

醇爽(mellow and brisk):醇而鲜爽。

清醇(clean and mellow):茶汤入口爽适,清爽柔和。

醇正(mellow and normal):浓度适当,正常无异味。

醇和(mellow):醇而和淡。

平和(neutral):茶味和淡,无粗味。

淡薄(plain and thin):茶汤内含物少,无杂味。

浊(tainted):口感不顺,茶汤中似有胶状悬浮物或有杂质。

涩(astringent):茶汤入口后,有厚舌阻滞的感觉。

苦(bitter):茶汤入口有苦味,回味仍苦。

粗味(coarse):粗糙滞钝,带木质味。

青涩(grassy and astringent):涩而带有生青味。

青味(grass taste):青草气味。

青浊味(grassy and tainted):茶汤不清爽,带青味和浊味,多为雨水青,晒青、做青不足或杀青不匀不透而产生。

熟闷味(steamed and overcooked):茶汤入口不爽,带有蒸熟或焖熟味。

闷黄味(dull and cooked flavor):茶汤有闷黄软熟的气味,多为杀青叶闷堆未及时摊开,揉捻时间偏长或包揉叶温过高、定型时间偏长而引起。

淡水味(pale and watery):茶汤浓度感不足,淡薄如水。

高山韵(high mountain flavor character):高山茶所特有的香气清高细腻,滋味丰厚饱满的综合体现。

丛韵(cong flavor character):单株茶树所体现的特有香气和滋味,多为凤凰单丛茶、武夷名丛或普洱大树茶之香味特征。

陈醇(stale and mellow):茶质好,保存得当,陈化后具有愉悦柔和的滋味,无杂、霉味。

高火味(high heat fired flavor):茶叶干燥过程中温度高或时间长而产生的、微带烤黄的锅巴味。

老火味(over fired taste):茶叶干燥过程中温度过高,或时间过长而产生的似烤焦黄锅巴味,程度重于高火味。

焦味(burnt taste):茶汤带有较重的焦煳味,程度重于老火味。

辛味(pungent taste):普洱茶原料多为夏暑雨水茶,因渥堆不足或无后熟陈化而产生的辛辣味。

陈味(stale taste):茶叶存放中失去新茶香味,呈现不愉快的类似油脂氧化变质的味道。

杂味(mixed taste):滋味混杂不清爽。

霉味(mould taste):茶叶存放过程中水分过高导致真菌生长所散发出的气味。

劣异味(tainted taste):茶叶加工或贮存不当产生的劣变味或污染外来物质所产生的味感,如烟、焦、酸、馊、霉或其他异杂味。

(6)叶底

细嫩(fine and tender):芽头多或叶子细小嫩软。

肥嫩(fat and tender):芽头肥壮,叶质柔软厚实。

柔嫩(soft and tender):嫩而柔软。

柔软(soft):手按如绵,按后伏贴盘底。

肥亮(fat and bright):叶肉肥厚,叶色透明发亮。

软亮(soft and bright):嫩度适当或稍嫩,叶质柔软,按后伏贴盘底,叶色明亮。

匀(even):老嫩、大小、厚薄、整碎或色泽等均匀一致。

杂(uneven):老嫩、大小、厚薄、整碎或色泽等不一致。

硬(hard):坚硬、有弹性。

嫩匀(tender and even):芽叶匀齐一致,嫩而柔软。

肥厚(fat and thick):芽或叶肥壮,叶肉厚。

开展、舒展(open):叶张展开,叶质柔软。

摊张(matured spread leaf):老叶摊开。

青张(blue leaf):夹杂青色叶片。

乌条(dark and unopened):叶底乌暗而不开展。

粗老(coarse):叶质粗硬,叶脉显露。

皱缩(shrink):叶质老,叶面卷缩起皱纹。

瘦薄(thin):芽头瘦小,叶张单薄少肉。

破碎(broken):断碎、破碎叶片多。

暗杂(dull and mixed):叶色暗沉、老嫩不一。

硬杂(hard and mixed):叶质粗老、坚硬、多梗、色泽驳杂。

焦斑(burnt spots):叶张边缘、叶面或叶背有局部黑色或黄色灼伤斑痕。

(7)各类茶常用名词

芽头(bud):未发育成基叶的嫩尖,质地柔软。

茎(stem):尚未木质化的嫩梢。

梗(salk):着生芽叶的已显木质化的茎,一般指当年青梗。

筋(fibre):脱去叶肉的时柄、叶脉部分。

碎(broken):呈颗粒状细而短的断碎芽叶。

夹片(flaky):呈折叠状的扁片。

单张(single leaf):单瓣叶子,有老嫩之分。

片(flakes):破碎的细小轻薄片。

末(dust):细小呈砂粒状或粉末状。

朴(coarse leat):叶质稍粗老,呈折叠状的扁片块。

红梗(red stalk):梗子呈红色。

红筋(red fibre):叶脉呈红色。

红叶(red leaf):叶片呈红色。

渥红(reddish):鲜叶堆放中,叶温升高而红变。

丝瓜瓤(mesh):渥堆过度,叶质腐烂,只留下网络状叶脉,形似丝瓜瓤。

麻梗(aged stalk):隔年老梗,粗老梗,麻白色。

剥皮梗(stripped stalk):在揉捻过程中,脱了皮的梗。

绿苔(green twig):指新梢的绿色嫩梗。

上段(upper parts):经摇样盘后,上层较长、大的茶叶,也称面装或面张。

中段(middle parts):经摇样盘后,集中在中层较细紧、重实的茶叶。也称中档或腰档。

下段(lower parts):经摇样盘后,沉积于底层细小的碎、片、末茶。也称下身或下盘。

中和性(neutral):香气不突出的茶叶适于拼和。

(8)各类茶常用虚词

相当(same):两者相比,品质水平一致或基本相符。

接近(approximate):两者相比,品质水平差距甚小或某项因子略差。

稍高(little higher):两者相比,品质水平稍好或某项因子稍高。

稍低(little lower):两者相比,品质水平稍差或某项因子稍低。

较高(higher):两者相比,品质水平较好或某项因子较高。

较低(lower):两者相比,品质水平较差或某项因子较差。

高(high):两者相比,品质水平明显的好或某项因子明显的好。

低(low):两者相比,品质水平差距大,明显的差或某项因子明显的差。

强(superior):两者相比,其品质总水平要好些。

弱(inferior):两者相比,其品质总水平要差些。

微(slightly):在某种程度上很轻微时用。

稍或略(little):某种程度不深时用。

较(more):两者相比,有一定差距。

欠(less):在规格上或某种程度上不够要求,且差距较大时用。

尚(approach):某种程度有些不足,但基本还接近时用。

有(have):表示某些方面存在。

显(show):表示某些方面突出。

**2. 绿茶及绿茶坯花茶**

(1)干茶形状

纤细(wiry and tender):条索细紧如铜丝。为芽叶特别细小的碧螺春等茶之形状特征。

卷曲如螺(spiral):条索卷紧后呈螺旋状,为碧螺春等高档卷曲形绿茶之造型。

雀舌(bird tongue alike):细嫩芽头略扁,形似小鸟舌头。

兰花形(orchard alike):一芽二叶自然舒展,形似兰花。

凤羽形(feather alike):芽叶有夹角似燕尾形状。

黄头(yellow lump):叶质较老,颗粒粗松,色泽露黄。

圆头(round lump):条形茶中结成圆块的茶,为条地茶中加工有缺陷的干茶外形。

扁削(sharp and fla):扁平而尖管显露,扁茶边缘如刀削过一样齐整,不起丝毫皱褶,多为高档扁形茶外形特征。

尖削(sharp):芽尖如剑锋。

光滑(smooth):茶条表面平洁油滑,光润发亮。

折叠(fold):形状不平呈皱叠状。

紧条(tight):扁形茶长宽比不当,宽度明显小于正常值。

狭长条(narrow leaf):扁形茶扁条过窄、过长。

宽条(broad leaf):扁形茶长宽比不当,宽度明显大于正常值。

宽皱(broad and shrink):扁形茶扁条折皱而宽松。

浑条(round leaf):扁形茶的茶条不扁而呈浑圆状。

扁瘪(flat and thin):叶质瘦薄,扁而干瘪。

细直(fine and straight):细紧圆直、形似松针。

茸毫密布(fully tippy)、茸毫披覆(fairly tippy):芽叶茸毫密密地覆盖着茶条,为高档碧螺春等多茸毫绿茶之外形。

茸毫遍布(evenly tippy):芽叶茸毫遮掩茶条,但覆盖程度低于密布。

脱毫(tip off):茸毫脱离芽叶,是碧螺春等多茸毫绿茶加工中有缺陷的干茶外形。

(2)干茶色泽

嫩绿(delicate green):浅绿嫩黄,富有光泽。为高档绿茶干茶、汤色和叶底色泽特征。

鲜绿豆色(fresh mug bean color):深翠绿似新鲜绿豆色,用于恩施玉露等细嫩型蒸青绿茶色泽。

深绿(deep green):绿色较深。

绿润(green bloom):色绿,富有光泽。

银绿(silvery green):白色茸毛遮掩下的茶条,银色中透出嫩绿的色泽,为茸毛显露的高档绿茶色泽特征。

糙米色(brown rice colour):色泽嫩绿微黄,光泽度好,为高档狮峰龙井茶的色泽特征。

起霜(silvery):茶条表面带灰白色,有光泽。

露黄(little yellow exposed):面张含有少量黄朴、片及黄条。

灰黄(greyish yellow):色黄带灰。

枯黄(dry yellow):色黄而枯燥。

灰暗(dull grey):色深暗带死灰色。

(3)汤色

绿艳(brilliant green):汤色鲜艳,似翠绿而微黄,清澈鲜亮。

碧绿(jade green):绿中带翠,清澈鲜艳。

浅绿(lighnt green):绿色较淡,清澈明亮。

杏绿(apricot green):浅绿微黄、清澈明亮。

(4)香气

鲜灵(fresh lovely):花香新鲜充足,一嗅即有愉快之感。为高档茉莉花茶的香气。

鲜浓(fresh and heavy):香气物质含量丰富、持久,花香浓,但新鲜悦鼻程度不如鲜灵。

鲜纯(fresh and pure):茶香、花香纯正、新鲜,花香浓度稍差。

幽香(gentle flowery aroma):花香细腻、幽雅,柔和持久。

纯(pure):茶香或花香正常,无其他异杂气。

香薄、香弱、香浮(weak aroma):花香短促,薄弱,浮于表面,一嗅即逝。

透素(tea aroma dominant with weak floral scent):花香薄弱,茶香突出。

透兰(magnolia aroma showing):茉莉花香中透露白兰花香。

(5)滋味

粗淡(harsh and thin):茶味淡而粗糙,花香薄弱,为低级别茉莉花茶的滋味。

(6)叶底

靛青、靛蓝(indigo):夹杂蓝绿色芽叶,为紫芽种或部分夏秋茶的叶底特征。

红梗红叶(red stalk and leaf):茎叶泛红,为绿茶品质弊病。

**3. 黄茶**

(1)干茶形状

梗叶连枝(full shoot):叶大梗长而相连。

鱼子泡(scorch points):干茶上有鱼子大的突起泡点。

(2)干茶色泽

金镶玉(gold inlaid with jade color):茶芽嫩黄、满披金色茸毛,为君山银针干茶色泽特征。

金黄光亮(golden bright):芽叶色泽金黄,油润光亮。

褐黄(auburn yellow):黄中带褐,光泽稍差。

黄青(yellowish blue):青中带黄。

(3)香气

锅巴香(rice crust aroma ):似锅巴的香,为黄大茶的香气特征。

**4. 黑茶**

(1)干茶形状

泥鳅条(loach alike leaf):茶条皱褶稍松略扁,形似晒干泥鳅。

皱褶叶(shrink leaves):叶片皱褶不成条。

宿梗(aged stalk):老化的隔年茶梗。

红梗(red stalk):表皮棕红色的木质化茶梗。

青梗(green stalk):表皮青绿色,比红梗较嫩的茶梗。

(2)干茶色泽

猪肝色(liver color):红而带暗,似猪肝色。为普洱熟茶渥堆适度的干茶及叶底色泽。

褐红(auburn red):红中带褐,为普洱熟茶渥堆正常的干茶及叶底色泽,发酵程度略高于猪肝色。

红褐(reddish auburn):褐中带红,为普洱熟茶、陈年六堡茶正常的干茶及叶底色泽。

褐黑(auburn black):黑中带褐,为陈年六堡茶的正常干茶及叶底色泽,比黑褐色深。

铁黑(iron black):色黑似铁。

半筒黄(semi yellow and black ):色泽花杂,叶尖黑色,柄端黄黑色。

青黄(blueish yellow):黄中泛青,为原料后发酵不足所致。

(3)汤色

棕红(brownish red):红中泛棕,似咖啡色。

棕黄(brownish yellow):黄中泛棕。

栗红(chestnut red):红中带深棕色。为陈年普洱生茶正常的汤色及叶底色泽。

栗褐(chestnut auburn):褐中带深棕色,似成熟栗壳色。为普洱熟茶正常的汤色及叶底色泽。

紫红(purple red):红中泛紫。为陈年六堡茶或普洱茶的汤色特征。

(4)香气

粗青气(green and harsh odour):粗老叶的气息与青叶气息,为粗老晒青毛茶杀青不足所致。

毛火气(fired aroma):晒青毛茶中带有类似烘炒青绿茶的烘炒香。

堆味(aroma by pile fermentation):黑茶渥堆发酵产生的气味。

(5)滋味

陈韵(aged flavour):优质陈年黑茶特有甘滑醇厚滋味的综合体现。

陈厚(stale and thick):经充分渥堆、陈化后,香气纯正,滋味甘而显果味,多为南路边茶之香味特征。

仓味(tainted during storage):普洱茶或六堡茶等后熟陈化工序没有结束或储存不当而产生的杂味。

**5. 乌龙茶**

(1)干茶形状

蜻蜓头(dragongfiy head alike):茶条叶端卷曲,紧结沉重,状如蜻蜓头。

壮结(bold):茶条肥壮结实。

壮直(bold and straight):茶条肥壮挺直。

细结(fine and tight):颗粒细小紧结或条索卷紧细小结实。

扭曲(twisted):茶条扭曲,叶端折皱重叠。为闽北乌龙茶特有的外形特征。

尖梭(spindle alike leaf):茶条长而细瘦,叶柄窄小,头尾细尖如菱形。

粽叶蒂(wide and thick stem):干茶叶柄宽、肥厚,如包粽子的箬叶的叶柄,包揉后茶叶平伏,铁观音、水仙、大叶乌龙等品种有此特征。

白心尾(white-end):驻芽有白色茸毛包裹。

叶背转(curled leaf):叶片水平着生的鲜叶,经揉捻后,叶面顺主脉向叶背卷曲。

(2)干茶色泽

砂绿(frog skin alike green):似蛙皮绿,即绿中似带砂粒点。

青绿(blueish green):色绿而带青,多为雨水青、露水青或做青工艺走水不匀引起“滞青”而形成。

乌褐(black auburn):色褐而泛乌,常为重做青乌龙茶或陈年乌龙茶之外形色泽。

褐润(auburn bloom):色褐而富光泽,为发酵充足、品质较好之乌龙茶色泽。

鳝鱼皮色(eel skin alike):干茶色泽砂绿蜜黄,富有光泽,似鳝鱼皮色,为水仙等品种特有色泽。

象牙色(ivory):黄中呈赤白,为黄金桂、赤叶奇兰、白叶奇兰等特有的品种色。

三节色(three－segment colour):茶条叶柄呈青绿色或红褐色,中部呈乌绿或黄绿色,带鲜红点,叶端呈朱砂红色或红黄相间。

香蕉色(banana green):叶色呈翠黄绿色,如刚成熟香蕉皮的颜色。

明胶色(gelatine bloom):干茶色泽油润有光泽。

芙蓉色(cotton rose white):在乌润色泽上泛白色光泽,犹如覆盖一层白粉。

红点(red spots):做青时叶中部细胞破损的地方,叶子的红边经卷曲后,都会呈现红点,以鲜红点品质为好,褐红点品质稍次。

(3)汤色

蜜绿(honey green):浅绿略带黄,似蜂蜜,多为轻做青乌龙茶之汤色。

蜜黄(honey yellow):浅黄似蜂蜜色。

绿金黄(golden yellow with deep green):金黄泛绿,为做青不足之表现。

金黄(golden yellow):以黄为主,微带橙黄,有浅金黄、深金黄之分。

清黄(clear yellow):黄而清澈,比金黄色的汤色略淡。

茶油色(tea-seed oil yellow):茶汤金黄明亮有浓度。

青浊(grassy and cloudy):茶汤中带绿色的胶状悬浮物,为做青不足、揉捻重压而造成。

(4)香气

粟香(caramel aroma):经中等火温长时间烘焙而产生的如粟米的香气。

奶香(milky aroma):香气清高细长,似奶香,多为成熟度稍嫩的鲜叶加工而形成。

酵香(fermentation aroma):似食品发酵时散发的香气,多由做青程度稍过度,或包揉过程未及时解块散热而产生。

辛香(pungent aroma):香高有刺激性,微青辛气味,俗称线香,为梅占等品种香。

黄闷气(fuggy odor):闷浊气,包揉时由于叶温过高或定型时间过长闷积而产生的不良气味,也有因烘焙过程火温偏低或摊焙茶叶太厚而引起。

闷火(fired fuggy odor):乌龙茶烘焙后,未适当摊凉而形成一种令人不快的火气。

硬火、热火(over fired):烘焙火温偏高,时间偏短,摊凉时间不足即装箱而产生的火气。

(5)滋味

岩韵(Yan flavour):武夷岩茶特有的地域风味。

音韵(Yin flavour):铁观音所特有的品种香和滋味的综合体现。

粗浓(coarse and heavy):味粗而浓。

酵味(fermentation taste):做青过度而产生的不良气味,汤色常泛红,叶底夹杂有暗红张。

(6)叶底

红镶边(red edge):做青适度,叶边缘呈鲜红或朱红色,叶中央黄亮或绿亮。

绸缎面(satiny):叶肥厚有绸缎花纹,手摸柔滑、有韧性。

滑面(smooth and fleshy):叶肥厚,肝面平滑无波状。

白龙筋(white vein):叶背叶脉泛白,浮起明显,叶张软。

红筋(red vein):叶柄、叶脉受损伤,发酵泛红。

糟红(auburn red):发酵不正常和过度,叶底褐红,红筋红叶多。

暗红张(dull red leaf):叶张发红而无光泽多为晒青不当造成灼伤,发酵过度而产生。

死红张(dead leaf):叶张发红,夹杂伤红叶片,为采摘、运送茶叶时人为损伤茶青或晒青、做青不当而产生。

**6. 白茶**

(1)干茶形状

毫心肥壮(fat bud):芽肥嫩壮大,茸毛多。

茸毛洁白(white hair):茸毛多、洁白而富有光泽。

芽叶连枝(whole shoot):芽叶相连成朵。

叶缘垂卷(leaf edge roll down):叶面隆起,叶缘向叶背微微翘起。

平展(flat leaf edge):缘不垂卷而与叶面平。

破张(broken leaves):叶张破碎不完整。

蜡片(waxy flake):表面形成蜡质的老片。

(2)干茶色泽

毫尖银白(silvery pekoe):芽尖茸毛银白有光泽。

白底绿面(silvery back and green front):叶背茸毛银白色,叶面灰绿色或翠绿色。

绿叶红筋(green leaf and red vein):叶面绿色,叶脉呈红黄色。

铁板色(iron grey):深红而暗似铁锈色,无光泽。

铁青(iron blue):似铁色带青。

青枯(green with less gloss):叶色青绿,无光泽。

(3)汤色

浅杏黄(light apricot):黄带浅绿色,常为高档新鲜之白毫银针汤色。

微红(slight red):色微泛红,为鲜叶萎凋过度、产生较多红张而引起。

(4)香气

毫香(tip aroma):茸毫含量多的芽叶加工成白茶后特有的香气。

失鲜(stale aroma):极不鲜爽,有时接近变质。多由白茶水分含量高,贮存过程回潮产生的品质弊病。

(5)滋味

清甜(clean and sweet):入口感觉清新爽快,有甜味。

毫味(tippy hair taste):茸毫含量多的芽叶加工成白茶后特有的滋味。

(6)叶底

红张(red leaf):萎凋过度,叶张红变。

暗张(dull leaf):色暗稍黑,多为雨天制茶形成死青。

铁灰绿(iron grey with green):色深灰带绿色。

**7. 红茶**

(1)干茶形状

金毫(golden pekoe):嫩芽带金黄色茸毫。

紧卷(tightly curled):碎茶颗粒卷得很紧。

折皱片(shrink):颗粒卷得不紧,边缘折皱,为红碎茶中片茶的形状。

毛衣(fiber):呈细丝状的茎梗皮、叶脉等,红碎茶中含量较多。

茎皮(stem and skin):嫩茎和梗揉碎的皮。

毛糙(coarse):形状大小,粗细不匀,有毛衣、筋皮。

(2)干茶色泽

灰枯(dry grey):色灰而枯燥。

(3)汤色

红艳(red and brilliant):茶汤红浓,金圈厚而金黄,鲜艳明亮。

红亮(red and bright):红而透明光亮。

红明(red and clear):红而透明,亮度次于“红亮”。

浅红(light red):红而淡,浓度不足。

冷后浑(cream down):茶汤冷却后出现浅褐色或橙色乳状的浑浊现象,为优质红茶象征之一。

姜黄(ginger yellow):红碎茶茶汤加牛奶后,呈姜黄色。

粉红(pink):红碎茶茶汤加牛奶后,呈明亮玫瑰红色。

灰白(greyish white):红碎茶茶汤加牛奶后,呈灰暗混浊的乳白色。

浑浊(cloudy):茶汤中悬浮较多破碎叶组织微粒及胶体物质,常由萎凋不足、揉捻、发酵过度形成。

(4)香气

鲜甜(fresh and sweet):鲜爽带甜感。

高锐(high and sharp):香气高而集中,持久。

甜纯(sweet and pure):香气纯而不高,但有甜感。

麦芽香(malty):干燥得当,带有麦芽糖香。

桂圆干香(dried—longyan aroma):似干桂圆的香。

祁门香(Keemun aroma):鲜嫩甜香,似蜜糖香,为祁门红茶的香气特征。

浓顺(high and smooth):松烟香浓而和顺,不呛喉鼻,为武夷山小种红茶香味特征。

(5)滋味

浓强(heavy and strong):茶味浓厚,刺激性强。

浓甜(heavy and sweet):味浓而带甜,富有刺激性。

浓涩(heavy and astringent):富有刺激性,但带涩味,鲜爽度较差。

桂圆汤味(longyan taste):茶汤似桂圆汤味,为武夷山小种红茶滋味特征。

(6)叶底

红匀(even red):红色深浅一致。

紫铜色(coppery):色泽明亮,黄铜色中带紫。

红暗(dark red):叶底红而深,反光差。

花青(mixed green):红茶发酵不足,带有青条、青张的叶底色泽。

乌暗(dark auburn):似成熟的栗子壳色,不明亮。

古铜色(bronze coloured):色泽红较深,稍带青褐色,为武夷山小种红茶的叶底色泽特征。

**8. 紧压茶**

(1)干茶形状

扁平四方体(rectangular):茶条经正方形模具压制后呈扁平状,四个棱角整齐呈方形,常为漳平水仙茶饼等紧压乌龙茶特色造型。

端正(normal brick):紧压茶形态完整,表面平整,砖形茶棱角分明,饼形茶边缘圆滑。

斧头形(axe shape):砖身一端厚、一端薄,形似斧头。

纹理清晰(clean mark):紧压茶表面花纹、商标、文字等标记清晰。

起层(warped):紧压茶表层翘起而未脱落。

落面(broken cover):紧压茶表层有部分茶脱落。

脱面(cover drop):紧压茶的盖面脱落。

紧度适合(well compressed):压制松紧适度。

平滑(flat and smooth):紧压茶表面平整,无起层落面或茶梗突出现象。

金花(golden flora):冠突散囊菌的金黄色孢子。

缺口(broken piece):砖茶、饼茶等边缘有残缺现象。

包心外露(heart unenveloped):里茶外露于表面。

龟裂(craked):紧压茶有裂缝现象。

烧心(heart burnt):紧压茶中心部分发暗、发黑或发红,烧心砖多发生霉变。

断甑(broken layer):金尖中间断落,不成整块。

泡松(loose):紧压茶因压制不紧结而呈现出松而易散形状。

歪扭(irregular):沱茶碗口处不端正,歪,即碗口部分厚薄不匀,压茶机压轴中心未在沱茶正中心,碗口不正;扭,即沱茶碗口不平,一边高一边低。

通洞(hole):因压力过大,使沱茶洒面正中心出现孔洞。

掉把(handle losing):特指蘑菇状紧茶因加工或包装等技术操作不当,使紧茶的柄掉落。

铁饼(iron cake):茶饼紧硬,表面茶叶条索模糊。

泥鳅边(loach alike rim):饼茶边沿圆滑,状如泥鳅背。

刀口边(knife edge):饼茶边沿薄锐,状如钝刀口。

(2)干茶色泽

黑褐(black auburn):褐中带黑,六堡茶、黑砖、花砖和特制茯砖的干茶和叶底色泽,普洱熟茶因渥堆温度过高导致碳化,呈现出的干茶和叶底色泽。

饼面银白(silvery cake):以满披白毫的嫩芽压成圆饼,表面呈银白色。

饼面黄褐带细毫尖(yellowish auburn with fine pekoe):以贡眉为原料压制成饼后之色泽。

饼面深褐带黄片(deep auburn with yellow leaves):以寿眉等为原料压制成饼后之色泽。

(3)香气

菌花香(fungus aroma)、金花香(jinhua fungus aroma):茯砖等发花正常茂盛所具有的特殊香气。

槟榔香(betel nut aroma):六堡茶贮存陈化后产生的一种似槟榔的香气。

# 第 4 章　茶叶理化指标的检测方法

## 4.1　茶取样方法

本方法主要是规定了茶叶取样的基本要求、取样条件、取样人员、取样工具和器具、取样方法、样品的包装和标签、样品运送、取样报告单等内容。以下先对取样过程中涉及的部分术语进行解释。

批:品质一并在同一地点,同一期间内加工包装的,有相同的茶类、花色、等级、茶号、包装规格和定量包装净含量的茶叶。

原始样品:从一批产品的单个容器内取中的样品。

混合样品:全部原始样品的集合。

平均样品:将混合样品充分混合并逐次缩分至规定数量的样品,平均样品的品质代表该批茶叶的品质。

试验样品:按各检验项目的规定,从平均样品中分取一定数量作为分析、试验用的样品。

**1. 基本要求**

应用统一的方法和步骤,抽取能充分代表整批茶叶品质的样品。

**2. 取样条件**

取样工作环境应满足食品卫生的有关规定,防止外来杂质混入样品。取样用具和盛器(包装袋)应符合食品卫生的有关规定,即清洁、干燥、无锈、无异味;盛器(包装袋)应能防尘、防潮、避光。

**3. 取样人员**

应由有经验的取样人员或经培训合格的取样人员负责取样或交由专门的取样机构负责取样。

**4. 取样工具和器具**

取样时应使用下列工具和器具:开箱器、取样铲、有盖的专用茶箱、塑料布、分样器、茶样罐、包装袋,其他适用于取样的工具。

**5. 取样方法**

(1)大包装茶取样

①取样件数

取样件数按下列规定:

(a)1～5 件,取样 1 件;

(b)6～50 件,取样 2 件;

(c)51～500 件,每增加 50 件(不足 50 件者按 50 件计)增取 1 件;

(d)501～1 000 件,每增加 100 件(不足 100 件者按 100 件计)增取 1 件;

(e)1 000 件以上,每增加 500 件(不足 500 件者按 500 件计)增取 1 件。

②随机取样

采用随机取样的方法,用随机数表随机抽取需取样的茶叶件数。如没有该表,可采用下列方法:

设 $N$ 是一批中的件数,$n$ 是需要抽取的件数,取样时可从任一件开始计数,按 1,2,…,$r$,$r=N/n$(如果 $N/n$ 不是整数,便取其整数部分为 $r$),挑选出第 $r$ 件作为茶叶样品,继续数并挑出每个第 $r$ 件,直到取得所需的件数为止。

③取样步骤

包装时取样:

即在产品包装过程中取样。在茶叶定量装件时,抽取规定的件数,每件用取样铲取出样品约 250 g 作为原始样品,盛于有盖的专用茶箱中,然后混匀,用分样器或四分法逐步缩分至 500～1 000 g 作为平均样品,分装于两个茶样罐中,供检验用。检验用的试验样品应有所需的备份,以供复验或备查之用。

包装后取样:

即在产品成件、打包、刷唛后取样。在整批茶叶包装完成后的堆垛中,抽取规定的件数,逐件开启后,分别将茶叶全部倒在塑料布上,用取样铲各取出有代表性的样品约 250 g,置于有盖的专用茶箱中,混匀,用分样器或四分法逐步缩分至 500～1 000 g,作为平均样品,分装于两个茶样罐中,供检验用。检验用的试验样品应有所需的备份,以供复验或备查之用。

(2)小包装茶取样

①取样件数

取样件数按下列规定:

(a)1～5 件,取样 1 件;

(b)6～50 件,取样 2 件;

(c)51～500 件,每增加 50 件(不足 50 件者按 50 件计)增取 1 件;

(d)501～1 000 件,每增加 100 件(不足 100 件者按 100 件计)增取 1 件;

(e)1 000 件以上,每增加 500 件(不足 500 件者按 500 件计)增取 1 件。

②随机取样

采用随机取样的方法,用随机数表,随机抽取需取样的茶叶件数。如没有该表,可采用下列方法:

设 $N$ 是一批中的件数,$n$ 是需要抽取的件数,取样时可从任一件开始计数,按 1,2,…,$r$,$r=N/n$(如果 $N/n$ 不是整数,便取其整数部分为 $r$),挑选出第 $r$ 件作为茶叶样品,继续数并挑出每个第 $r$ 件,直到取得所需的件数为止。

**注:**取样总质量未达到平均样品的最小质量值时,应增加取样件数,以达到规定的要求。

③取样步骤

包装时取样:

即在产品包装过程中取样。在茶叶定量装件时,抽取规定的件数,每件用取样铲取出样品约 250 g 作为原始样品，盛于有盖的专用茶箱中，然后混匀，用分样器或四分法逐步缩分至 500～1 000 g，作为平均样品，分装于两个茶样罐中，供检验用。检验用的试验样品应有所需的备份，以供复验或备查之用。

包装后取样：

在整批包装完成后的堆垛中，抽取规定的件数，逐件开启。从各件内取出 2～3 盒(听、袋)。所取样品保留数盒(听、袋)，盛于防潮的容器中，供进行单个检验，其余部分现场拆封，倒出茶叶混匀，再用分样器或四分法逐步缩分至 500～1 000 g，作为平均样品，分装于两个茶样罐中，供检验用。检验用的试验样品应有所需的备份，以供复验或备查之用。

(3)紧压茶取样

①取样件数

取样件数按下列规定：

(a)1～5 件，取样 1 件；

(b)6～50 件，取样 2 件；

(c)51～500 件，每增加 50 件(不足 50 件者按 50 件计)增取 1 件；

(d)501～1 000 件，每增加 100 件(不足 100 件者按 100 件计)增取 1 件；

(e)1 000 件以上，每增加 500 件(不足 500 件者按 500 件计)增取 1 件。

②随机取样

采用随机取样的方法，用随机数表，随机抽取需取样的茶叶件数。如没有该表，可采用下列方法：

设 $N$ 是一批中的件数，$n$ 是需要抽取的件数，取样时可从任一件开始计数，按 1,2,…,$r$，$r=N/n$(如果 $N/n$ 不是整数，便取其整数部分为 $r$)，挑选出第 $r$ 件作为茶叶样品，继续数并挑出每个第 $r$ 件，直到取得所需的件数为止。

③取样步骤

沱茶取样：

抽取规定的件数，每件取 1 个(约 100 g)。若取样总数大于 10 个，则在取得的总个数中抽取 6～10 个作为平均样品，分装于两个茶样罐或包装袋中，供检验用。检验用的试验样品应有所需的备份，以供复验或备查之用。

砖茶、饼茶、方茶取样：

抽取规定的件数，逐件开启，取出 1～2 块。若取样总块数较多，则在取得的总块数中，单块质量在 500 g 以上的，留取 2 块，500 g 及 500 g 以下的，留取 4 块，分装于两个包装袋中，供检验用。检验用的试验样品应有所需的备份，以供复验或备查之用。

捆包的散茶取样：

抽取规定的件数，从各件的上、中、下部取样，再用分样器或四分法缩分至 500～1 000 g，作为平均样品，分装于两个茶样罐或包装袋中供检验用。检验用的试验样品应有所需的备份，以供复验或备查之用。

**注：**在取样时如发现茶叶品质、包装或样堆存有异常情况时，可酌情增加或扩大取样数量，以保证所取样品的代表性，有必要时应停止取样。

**6. 样品的包装和标签**

样品的包装：所取的平均样品应迅速装在符合规定的茶样罐或包装袋内并贴上封样条。

样品标签：每个样品的茶样罐或包装袋上都应有标签，详细标明样品名称、等级、生产日期、批次、取样基数、产地、样品数量、取样地点、日期、取样者的姓名及所需说明的其他重要事项。

**7. 样品运送**

所取的平均样品应及时发往检验部门，最迟不超过 48 h。

**8. 取样报告单**

报告单一式三份留存，应写明包装及产品外观的任何不正常现象，以及所有可能会影响取样的客观条件，具体应包括下列内容：(a)取样地点；(b)取样日期；(c)取样时间；(d)取样者姓名；(e)取样方法；(f)取样时样品所属单位盖章或证明人签名；(g)品名、规格、等级、产地、批次、取样基数；(h)样品数量及其说明；(i)包装质量；(j)取样包装时的气象条件。

## 4.2　茶叶抽样方法

本方法规定了茶叶原料、毛茶及产品抽样的方法，适用于茶叶原料、毛茶及产品的检验抽样。

**1. 要求**

茶叶抽样应采取统一的方法和步骤，样品应具有代表性，抽样过程应避免对样品的污染，应及时准确记录抽样的相关信息。抽样小组至少由两人组成，抽样人员应熟知抽样程序和方法，应携带有效证件、抽样文件、封条和抽样单等。抽样时准备的取样器和分样器等抽样工具应清洁、干燥、无污染；包装容器需无异味、牢固、清洁、密封和避光。

**2. 抽样方法**

(1)茶园抽样

组批，以同一地域、同一时间采摘，供加工同一种类的原料为一个批次。抽样点按照茶园面积和地形的不同，采用随机法、对角线法、五点法、Z 形法、S 形法或棋盘式法等确定抽样点，每一抽样 0.5～1.0 kg 鲜叶。茶园面积小于 1 $hm^2$ 时，按照 NY/T 398，“农、畜、水产品污染检测技术规范”的规定划分抽样点；茶园面积大于 1 $hm^2$ 时，抽样点按下列规定设置：(a)1～3 $hm^2$，设一个抽样点；(b)3.1～7 $hm^2$，设两个抽样点；(c)7.1～33 $hm^2$，每增加 3 $hm^2$(不足 3 $hm^2$ 者按 3 $hm^2$ 计入)增设一个抽样点；(d)33.1～67 $hm^2$，每增加 7 $hm^2$(不足 7 $hm^2$ 者按 7 $hm^2$ 计入)增设一个抽样点；67 $hm^2$ 以上，每增加 33 $hm^2$(不足 33 $hm^2$ 者按 33 $hm^2$ 计入)增设一个抽样点。在抽样时，如发现样品有异常，可根据需要增加抽样点数量或终止抽样。

抽样步骤：对单一抽样点抽样，以一芽两叶或生产要求的相应嫩度为标准，随机采摘 0.5～1.0 kg 鲜叶样品作为一个批次；对在多个抽样点采摘的，作为同一批次原料的原始样品，经混匀后以四分法缩分至 0.5～1.0 kg，作为一个批次。

样品处理：鲜叶样品应及时处理，分装 3 份，供检验、复验用。

(2)进厂原料与毛茶

组批，以同一加工场地、同一时间、同一加工种类茶叶的原料及毛茶为一个批次，进厂原料与毛茶按下列规定确定抽样量。对已包装的抽样对象，按 GB/T 8302，“茶取样”的规定先确定抽样件数，再将抽取的全部原始样品混匀，按下列规定确定抽样量：1～50 kg，抽样 1 kg；51～100 kg，抽样 2 kg；101～500 kg，每增加 50 kg（不足 50 kg 者按 50 kg 计）增抽 1 kg；501～1 000 kg，每增加 100 kg（不足 100 kg 者按 100 kg 计）增抽 1 kg；1 000 kg 以上，每增加 500 kg（不足 500 kg 者按 500 kg 计）增抽 1 kg；在抽样时，如发现样品有异常，可根据需要增加抽样数量。

抽样步骤：以随机方式抽取样品，每批次抽取 1 kg 原料或毛茶样品，对多件数的同类原料或毛茶抽样时，将所抽原始样品经混匀后以四分法缩分至 0.5～1.0 kg，作为一个检验样品批次。

样品处理：原料与毛茶样品应分装 3 份，供检验、复验用。

(3)包装产品

包装产品的抽样按照 GB/T 8302，“茶 取样”的规定执行即可。

## 4.3 茶水分测定

本方法规定了茶叶中水分测定的仪器与用具、测定步骤及结果计算的方法，适用于茶叶中水分的测定。该方法测定的原理为，试样于 103 ℃±2 ℃的电热恒温干燥箱中加热至恒重，称量，并计算试样损失的质量即为水分。

**1. 仪器与用具**

样品容器：由清洁、干燥、避光、密闭的玻璃或其他不与样品发生反应的材料制成，大小以能装满磨碎样为宜；铝质或玻质烘皿：具盖，内径 75～80 mm；鼓风电热恒温干燥箱：温控 103 ℃±2 ℃；干燥器：内盛有效干燥剂；分析天平：感量 0.001 g。

**2. 材料准备**

样品取样按 GB/T 8302，“茶 取样”的规定取样。试样制备，紧压茶以外的各类茶：先用磨碎机将少量试样磨碎，弃去，再磨碎其余部分，作为待测试样；紧压茶：用锤子和凿子将紧压茶分成 4～8 份，再在每份不同位置处取样，用锤子击碎或用电钻在紧压茶上均匀钻孔9～12 个，取出粉末茶样，混匀，贮存于样品容器中。

烘皿的准备：将洁净的烘皿连同盖置于 103 ℃±2 ℃的干燥箱内（皿盖打开斜至皿边），加热 1 h，加盖取出，于干燥器内冷却至室温，称量（准确至 0.001 g）。

**3. 测定方法**

(1)103 ℃±2 ℃恒重法（仲裁法）

称取 5 g（准确至 0.001 g）试样于已知质量的烘皿中，置于 103 ℃±2 ℃干燥箱内（皿盖打开斜至皿边）。加热 4 h，加盖取出，于干燥器内冷却至室温，称量，再置于干燥箱中加热 1 h，加盖取出，于干燥器内冷却，称量（准确至 0.001 g），重复加热 1 h 的操作，直至连续两次称量差不超过 0.005 g，即为恒重，以最小称量为准。

(2)120 ℃烘干法（快速法）

称取 5 g（准确至 0.001 g）试样于已知质量的烘皿中，置于 120 ℃干燥箱内（皿盖打开斜至皿边)，以 2 min 内回升到 120 ℃时计算，加热 1 h，加盖取出，于干燥器内冷却至室温，称量(准确至 0.001 g)。

**4. 结果计算**

茶叶水分含量以质量分数(%)表示，按式(1)计算：

$$水分含量=[(m_1-m_2)/m_0]\times 100\% \quad (1)$$

式中：$m_1$——试样和烘皿烘前的质量，单位为克(g)；

$m_2$——试样和烘皿烘后的质量，单位为克(g)；

$m_0$——试样的质量，单位为克(g)。

如果符合重复性的要求，取两次测定的算术平均值作为结果(保留小数点后 1 位)。在重复条件下同一样品获得的测定结果的绝对差值不得超过算术平均值的 5%，方法(2)测定茶叶水分，重复性达不到要求时，按方法(1)规定进行测定。

# 4.4　茶粉末和碎茶含量测定

本方法规定了茶叶中粉末和碎茶含量测定的仪器与用具、试样制备、操作方法及结果的计算和试验报告，适用于茶叶中粉末和碎茶含量的测定。

**1. 试样制备**

(1)取样

取样按 GB/T 8302,“茶 取样”的规定执行，取样后的样品分样按照下述操作执行。

(2)分样

试样的分样主要采用四分法和分样器分样法两种，具体为，四分法：将试样置于分样盘中，来回倾倒，每次倒时应使试样均匀洒落盘中，呈宽、高基本相等的样堆，将茶堆十字分割，取对角两堆样，充分混匀后，即成两份试样。分样器分样：将试样均匀倒入分样斗中，使其厚度基本一致，并不超过分样斗边缘，打开隔板，使茶样经多格分隔槽，自然洒落于两边的接茶器中。

**2. 仪器和用具**

分样器和分样板或分样盘：盘两对角开有缺口；电动筛分机：转速 200 r/min±10 r/min，回旋幅度 60 mm±3 mm；检验筛：铜丝编织的方孔标准筛，筛子直径 200 mm，具筛底和筛盖；粉末筛：(a)孔径 0.63 mm(用于条、圆形茶)；(b)孔径 0.45 mm(用于碎形茶和粗形茶)；(c)孔径 0.23 mm(用于片形茶)；(d)孔径 0.18 mm(用于末形茶)。碎茶筛：(a)孔径 1.25 mm(用于条、圆形茶，注：条、圆形茶系指工夫红茶、小种红茶、红碎茶中的叶茶、炒青、烘青、珠茶等紧结条、圆形茶。)；(b)孔径 1.60 mm(用于粗形茶，注：粗形茶系指铁观音、色种、水仙、白牡丹、贡眉、晒青、普洱散茶等粗大、松散形茶)。

**3. 测定方法**

(1)条、圆形茶

称取充分混匀的试样 100 g(准确至 0.1 g)，倒入规定的碎茶筛和粉末筛的检验套筛内，盖上筛盖，按下起动按钮，筛动 100 r，将粉末筛的筛下物称量(准确至 0.1 g)，即为粉末含量。移去碎茶筛的筛上物,再将粉末筛筛面上的碎茶重新倒入下接筛底的碎茶筛内,盖上筛盖,放在电动筛分机上,筛动 50 r,将筛下物称量(准确至 0.1 g),即为碎茶含量。

(2)粗形茶

称取充分混匀的试样 100 g(准确至 0.1 g),倒入规定的碎茶筛和粉末筛的检验套筛内,盖上筛盖,筛动 100 r。将粉末筛的筛下物称量(准确至 0.1 g),即为粉末含量,再将粉末筛面上的碎茶称量(准确至 0.1 g),即为碎茶含量。

(3)碎、片、末形茶

称取充分混匀的试样 100 g(准确至 0.1 g ),倒入规定的粉末筛内,筛动 100 r,将筛下物称量(准确至 0.1 g),即为粉末含量。

**4. 结果计算**

(1)计算公式

茶叶粉末含量以质量分数(%)表示,按式(1)计算:

$$粉末含量 =(m_1/m)\times 100\% \tag{1}$$

茶叶碎茶含量以质量分数(%)表示,按式(2)计算:

$$碎茶含量 =(m_2/m)\times 100\% \tag{2}$$

式中:$m_1$——筛下粉末质量,单位为克(g);

$m_2$——筛下碎茶质量,单位为克(g);

$m$——试样质量,单位为克(g)。

(2)重复性

当测定值小于或等于 3%时,同一样品的两次测定值之差不得超过 0.2%,否则需重新分样检测。

当测定值大于 3%,小于或等于 5%时,同一样品的两次测定值之差不得超过 0.3%,否则需重新分样检测。

当测定值大于 5%时,同一样品的两次测定值之差不得超过 0.5%,否则需重新分样检测。

(3)平均值计算

将未超过误差范围的两次测定值平均后,再按数值修约规则修约至小数点后 1 位数,即为该试样的实际碎茶、粉末含量。

**5. 试验报告**

试验报告应包括下列内容:(a)使用的方法;(b)测定的结果;(c)本标准中未规定的或另加的操作;(d)试样的名称和编号;(e)试验日期、检验人员。

## 4.5 茶磨碎试样的制备及其干物质含量测定

本方法规定了制备茶叶磨碎试样和测定其干物质含量的方法,适用于以干态表示结果的分析测定。该方法的测定原理为,磨碎样品,并在规定温度下,用电热恒温干燥箱加热除去水分至恒重,称量。

**1. 仪器和用具**

磨碎机：由不吸收水分的材料制成，死角尽可能小，易于清扫，使磨碎样品能完全通过孔径为 600～1 000 μm 的筛；样品容器：应由清洁、干燥、避光、密闭的玻璃或其他不与样品起反应的材料制成，大小能装满磨碎样为宜；铝质或玻质烘皿：具盖，内径 75～80 mm；鼓风电热恒温干燥箱：103 ℃±2 ℃；干燥器：内装有效干燥剂；分析天平：感量 0.001 g。

**2. 磨碎试样制备**

样品取样按 GB/T 8302，"茶取样"的规定取样。试样制备，紧压茶以外的各类茶：先用磨碎机将少量试样磨碎，弃去，再磨碎其余部分，作为待测试样。紧压茶：用锤子和凿子将紧压茶分成 4～8 份，再在每份不同处取样，用锤子击碎或用电钻在紧压茶上均匀钻孔 9～12 个，取出粉末茶样，混匀。

**3. 干物质含量测定**

烘皿的准备，将洁净的烘皿连同盖置于 103 ℃±2 ℃的干燥箱内（皿盖打开斜至皿边），加热 1 h，加盖取出，于干燥器内冷却至室温，称量（准确至 0.001 g）。

（1）103 ℃±2 ℃恒重法（仲裁法）

称取 5 g（准确至 0.001 g）试样于已知质量的烘皿中，置于 103 ℃±2 ℃干燥箱内（皿盖打开斜至皿边）。加热 4 h，加盖取出，于干燥器内冷却至室温，称量，再置于干燥箱中加热 1 h，加盖取出，于干燥器内冷却，称量（准确至 0.001 g），重复加热 1 h 的操作，直至连续两次称量差不超过 0.005 g，即为恒重，以最小称量为准。

（2）120 ℃烘干法（快速法）

称取 5 g（准确至 0.001 g）试样于已知质量的烘皿中，置于 120 ℃干燥箱内（皿盖打开斜至皿边），以 2 min 内回升到 120 ℃时计算，加热 1 h，加盖取出，于干燥器内冷却至室温，称量（准确至 0.001 g）。

**4. 结果计算**

茶磨碎试样的干物质含量计算方法为，磨碎试样的干物质含量以质量分数（%）表示，按式（1）计算：

$$\text{干物质含量} = (m_1/m_0) \times 100\% \tag{1}$$

式中：$m_0$——试样的原始质量，单位为克（g）；

$m_1$——干燥后的试样质量，单位为克（g）。

如果符合重复性的要求，取两次测定结果的算术平均值作为结果（保留小数点后 1 位）。在重复条件下，同一样品获得的测定结果的绝对差值不得超过算术平均值的 5%。用方法（2）测定茶叶干物质，重复性达不到要求时，按方法（1）规定进行测定。

## 4.6 茶水浸出物测定

本方法规定了茶叶中水浸出物测定的仪器和用具、操作方法及结果计算方法，本方法适用于茶叶中水浸出物的测定。本方法的原理为，用沸水回流提取茶叶中的水可溶性物质，再经过滤、冲洗、干燥、称量浸提后的茶渣，计算水浸出物含量。

**1. 仪器和用具**

鼓风电热恒温干燥箱:温控 120 ℃±2 ℃;沸水浴;布氏漏斗连同减压抽滤装置;铝质或玻质烘皿:具盖,内径 75~80 mm;干燥器:内盛有效干燥剂;分析天平:感量 0.001 g;锥形瓶:500 mL;磨碎机:由不吸收水分的材料制成,死角尽可能小,易于清扫,内装孔径为 3 mm 的筛子。

**2. 操作步骤**

样品测定时的取样方法按照 GB/T 8302,“茶 取样”的规定执行。

(1)试样制备

先用磨碎及将少量试样磨碎,弃去,再磨碎其余部分。

(2)烘皿准备

将烘皿连同 15 cm 定型快速滤纸置于 120 ℃±2 ℃的恒温干燥箱内,皿盖打开斜至皿边,烘干 1 h,加盖取出,在干燥器内冷却至室温,称量(准确至 0.001 g)。

(3)测定步骤

称取 2 g(准确至 0.001 g)磨碎试样于 500 mL 锥形瓶中,加沸蒸馏水 300 mL,立即移入沸水浴中浸提 45 min(每隔 10 min 摇动一次)。浸提完毕后立即趁热减压过滤,用约 150 mL沸蒸馏水洗涤茶渣数次,将茶渣连同已知质量的滤纸移入烘皿内,然后移入 120 ℃±2 ℃的恒温干燥箱内,皿盖打开斜至皿边,烘干 1 h,加盖取出,冷却 1 h 后再烘 1 h,立即移入干燥器内冷却至室温,称量。

**3. 结果计算**

茶叶中水浸出物含量以干态质量分数(%)表示,按式(1)计算:

$$水浸出物含量=[1-m_1/(m_0\times\omega)]\times100\% \quad (1)$$

式中:$m_0$——试样质量,单位为克(g);

$m_1$——干燥后的茶渣质量,单位为克(g);

$\omega$——试样干物质含量(质量分数),%。

在重复条件下同一样品获得的测定结果的绝对差值不得超过算术平均值的 2%。

## 4.7 茶总灰分测定

本方法规定了茶叶中总灰分测定的仪器和用具、测定步骤及结果计算方法,适用于茶叶中总灰分的测定。该方法测定的原理为,试样经 525 ℃±25 ℃加热灼烧,分解有机物至恒量。

**1. 仪器和用具**

坩埚:铂金、瓷质或者其他不会被测定条件影响的材质,高型、容量 30 mL;电热板;高温电炉:能控温 525 ℃±25 ℃;干燥器:内盛有效干燥剂;坩埚钳;分析天平:感量 0.001 g。

**2. 样品测定**

样品的取样按 GB/T 8302,“茶 取样”的规定执行,试样的制备按 GB/T 8303,“茶 磨碎试样的制备及其干物质含量测定”的规定执行。

坩埚的准备：将洁净的坩埚置于 525 ℃±25 ℃高温电炉内，灼烧 1 h，待炉温降至 300 ℃左右时，取出坩埚，于干燥器内冷却至室温，称量(准确至 0.001 g)。

称取混匀的磨碎试样 2 g(准确至 0.001 g)于坩埚内，在电热板上慢慢加热，使试样充分炭化至无烟，将坩埚移入 525 ℃±25 ℃高温电炉内，灼烧至无炭粒(不少于 2 h)，待炉温降至 300 ℃左右时，取出坩埚，置于干燥器内冷却至室温，称量，再移入高温电炉内以 525 ℃±25 ℃温度灼烧 1 h，取出，冷却，称量，再移入高温电炉内，灼烧 30 min，取出，冷却，称量，重复此操作，直至连续两次称量差不超过 0.001 g 为止，以最小称量为准，必要时，可保留总灰分供水溶性灰分和水不溶性灰分的测定。

**3. 结果计算**

茶叶总灰分含量以干态质量分数(%)表示，按式(1)计算：

$$总灰分含量=[(m_1-m_2)/(m_0\times\omega)]\times100\% \tag{1}$$

式中：$m_1$——试样和坩埚灼烧后的质量，单位为克(g)；

$m_2$——坩埚的质量，单位为克(g)；

$m_0$——试样质量，单位为克(g)；

$\omega$——试样干物质含量(质量分数)，%。

如果重复性符合要求，取两次测定的算术平均值作为结果(保留小数点后 1 位)，在重复条件下同一样品获得的测定结果的绝对差值不得超过算术平均值的 5%。

## 4.8 茶水溶性灰分和水不溶性灰分测定

本方法规定了茶叶中水溶性灰分和水不溶性灰分测定的仪器和用具、测定步骤及结果计算的方法，适用于茶叶中水溶性灰分和水不溶性灰分的测定。该方法的测定原理为，用热水提取总灰分，经无灰滤纸过滤、灼烧、称量残留物，测得水不溶性灰分，由总灰分和水不溶性灰分的质量之差计算水溶性灰分。

**1. 仪器与用具**

坩埚：铂金、瓷质或者其他不会被测定条件影响的材质，高型、容量 30 mL；电热板；高温电炉：温控 525 ℃±25 ℃；坩埚钳；沸水浴；干燥器：内盛有效干燥剂；分析天平：感量 0.001 g；无灰滤纸。

**2. 测定方法**

样品的取样按 GB/T 8302，“茶 取样”的规定执行，试样的制备按 GB/T 8303，“茶 磨碎试样的制备及其干物质含量测定”的规定执行。

*(1)总灰分测定*

坩埚的准备：将洁净的坩埚置于 525 ℃±25 ℃高温电炉内，灼烧 1 h，待炉温降至 300 ℃左右时，取出坩埚，于干燥器内冷却至室温，称量(准确至 0.001 g)。

称取混匀的磨碎试样 2 g(准确至 0.001 g)于坩埚内，在电热板上慢慢加热，使试样充分炭化至无烟，将坩埚移入 525 ℃±25 ℃高温电炉内，灼烧至无炭粒(不少于 2 h)，待炉温降至 300 ℃左右时，取出坩埚，置于干燥器内冷却至室温，称量，再移入高温电炉内以 525 ℃±25 ℃温度灼烧 1 h，取出，冷却，称量，再移入高温电炉内，灼烧 30 min，取出，冷却，称量，重复此操作，直至连续两次称量差不超过 0.001 g 为止，以最小称量为准，保留总灰分供水溶性灰分和水不溶性灰分的测定。

(2)水溶性与水不溶性灰分测定

用 25 mL 沸蒸馏水，将灰从坩埚中洗入 100 mL 烧杯中，加热至微沸(防溅)，趁热用无灰滤纸过滤，用蒸馏水分次洗涤烧杯和滤纸上的残留物，直至滤液和洗液体积达 150 mL。将滤纸连同残留物移入原坩埚中，在沸水浴上小心地蒸去水分，移入高温电炉内，以 525 ℃±25 ℃灼烧至灰中无炭粒(约 1 h)，待炉温降至 300 ℃左右时，取出坩埚，于干燥器内冷却至室温，称量，再移入高温电炉内灼烧 30 min，取出坩埚，冷却并称量。重复此操作，直至连续两次称量差不超过 0.001 g 为止，直至恒量，以最小称量为准，即为水不溶性灰分含量。以总灰分含量扣除水不溶性灰分含量，即可换算出水溶性灰分含量。

**3. 计算方法**

(1)水不溶性灰分

茶叶中水不溶性灰分含量以干态质量分数(%)表示，按式(1)计算：

$$\text{水不溶性灰分含量} = [(m_1 - m_2)/(m_0 \times \omega)] \times 100\% \tag{1}$$

式中：$m_1$——坩埚和水不溶性灰分的质量，单位为克(g)；

$m_2$——坩埚的质量，单位为克(g)；

$m_0$——试样的质量，单位为克(g)；

$\omega$——试样干物质含量(质量分数)，%。

(2)水溶性灰分

茶叶中水溶性灰分含量以干态质量分数(%)表示，按式(2)计算；

$$\text{水溶性灰分含量} = [(m_3 - m_4)/(m_0 \times \omega)] \times 100\% \tag{2}$$

式中：$m_3$——总灰分的质量，单位为克(g)；

$m_4$——水不溶性灰分的质量，单位为克(g)；

$m_0$——试样的质量，单位为克(g)；

$\omega$——试样干物质含量(质量分数)，%。

如果符合重复性的要求，取两次测定的算术平均值作为结果(保留小数点后 1 位)。在重复条件下，同一样品获得的测定结果的绝对差值不得超过算术平均值的 5%。

## 4.9 茶水溶性灰分碱度测定

本方法规定了茶叶中水溶性灰分碱度测定的试剂和溶液，仪器和用具、测定步骤及结果计算的方法，适用于茶叶中水溶性灰分碱度的测定。该方法测定的原理为，用甲基橙作指示剂，以盐酸标准溶液滴定来自水溶性灰分的溶液。

**1. 仪器和用具**

滴定管：容量 50 mL；三角烧瓶：250 mL；坩埚：铂金、瓷质或者其他不会被测定条件影响的材质，高型、容量 30 mL；电热板；高温电炉：温控 525 ℃±25 ℃；坩埚钳；沸水浴；干燥器：内盛有效干燥剂；分析天平：感量 0.001 g；无灰滤纸。

**2. 试剂和溶液**

盐酸：0.1 mol/L 标准溶液，按 GB/T 601，“化学试剂 标准滴定溶液的制备”配制与标定；甲基橙指示剂：甲基橙 0.5 g，用热蒸馏水溶解后稀释至 1 L。

**3. 样液制备**

样品的取样按 GB/T 8302，“茶 取样”的规定执行，试样的制备按 GB/T 8303，“茶 磨碎试样的制备及其干物质含量测定”的规定执行。

坩埚的准备：将洁净的坩埚置于 525 ℃±25 ℃高温电炉内，灼烧 1 h，待炉温降至 300 ℃左右时，取出坩埚，于干燥器内冷却至室温，称量(准确至 0.001 g)。

称取混匀的磨碎试样 2 g(准确至 0.001 g)于坩埚内，在电热板上慢慢加热，使试样充分炭化至无烟，将坩埚移入 525 ℃±25 ℃高温电炉内，灼烧至无炭粒(不少于 2 h)，待炉温降至 300 ℃左右时，取出坩埚，置于干燥器内冷却至室温，称量，再移入高温电炉内以 525 ℃±25 ℃温度灼烧 1 h，取出，冷却，称量，再移入高温电炉内，灼烧 30 min，取出，冷却，称量，重复此操作，直至连续两次称量差不超过 0.001 g 为止，以最小称量为准，保留总灰分供水溶性灰分和水不溶性灰分的分离。

用 25 mL 沸蒸馏水，将灰从坩埚中洗入 100 mL 烧杯中，加热至微沸(防溅)，趁热用无灰滤纸过滤，用蒸馏水分次洗涤烧杯和滤纸上的残留物，直至滤液和洗液体积达 150 mL，该溶液即为样液。

**4. 测定**

将水溶性灰分溶液冷却后，加甲基橙指示剂两滴，用 0.1 mol/L 盐酸溶液滴定，平行测定两次。

**5. 结果计算**

碱度的表示：即中和 100 g 干态磨碎样品所需的一定浓度盐酸的物质的量，或换算为相当于干态磨碎样品中所含氢氧化钾的质量分数。

(1)碱度用 100 g 干态磨碎样品所需盐酸的物质的量(mol/100 g)表示，按式(1)计算：

$$\text{水溶性灰分碱度}=[V/(10\times m_0\times\omega)]\times 100 \quad (1)$$

式中：$V$——滴定时消耗 0.1 mol/L 盐酸标准溶液的体积，单位为毫升(mL)；

$m_0$——试样的质量，单位为克(g)；

$\omega$——试样干物质含量(质量分数)，%。

**注：**如果使用盐酸标准溶液的浓度未精确到 0.1 mol/L 标准溶液，则计算时用校正系数(滴定浓度/0.1)。

(2)碱度用氢氧化钾的质量分数(%)表示，按式(2)计算：

$$\text{水溶性灰分碱度}=[56V/(10\times 1\,000\times m_0\times\omega)]\times 100\% \quad (2)$$

式中：$V$——滴定时消耗 0.1 mol/L 盐酸标准溶液的体积，单位为毫升(mL)；

$m_0$——试样的质量，单位为克(g)；

$\omega$——试样干物质含量(质量分数)，%；

56 ——氢氧化钾的摩尔质量,单位为克每摩尔(g/mol)。

如果符合重复性的要求,则取两次测定的算术平均值作为结果(保留小数点后 1 位)。在重复条件下同一样品获得的两次测定结果的绝对差值不得超过算术平均值的 10%。

# 4.10 茶粗纤维测定

本方法规定了茶叶中粗纤维测定的试剂和溶液、仪器和用具、测定步骤及结果计算的方法,适用于茶叶中粗纤维的测定。该方法的原理为,用一定浓度的酸、碱消化处理试样,残留物再经灰化时的质量损失计算粗纤维含量。

**1. 试剂和溶液**

除另有说明,本方法所用试剂均为分析纯(AR),水为蒸馏水;1.25%硫酸溶液:吸取 6.9 mL 浓硫酸(密度为 1.84 g/mL,质量分数为 98.3%),缓缓加入少量水中,冷却后,定容至 1 L,摇匀;1.25%氢氧化钠溶液;1%盐酸溶液体积分数:取 10 mL 浓盐酸(密度为 1.18 g/mL,质量分数为 37.5%),加水定容至 1 L,摇匀;乙醇(95%);丙酮。

**2. 仪器和用具**

分析天平:感量 0.001 g;尼龙布:孔径 50 μm(相当于 300 目);玻质砂芯坩埚:微孔平均直径 80～160 μm,体积 30 mL;高温电炉:525 ℃±25 ℃;鼓风电热恒温干燥箱:温控 120 ℃±2 ℃;干燥器:内盛有效干燥剂。

**3. 操作方法**

样品测定时的取样方法按照 GB/T 8302,“茶 取样”的规定执行。

(1)试样制备

紧压茶以外的各类茶:先用磨碎机将少量试样磨碎,弃去,再磨碎其余部分,作为待测试样;紧压茶:用锤子和凿子将紧压茶分成 4～8 份,再在每份不同处取样,用锤子击碎或用电钻在紧压茶上均匀钻孔 9～12 个,取出粉末茶样,混匀,先将少量试样磨碎,弃去,再磨碎其余部分,作为待测试样。

(2)测定步骤

酸消化:称取试样约 2.5 g(准确至 0.001 g)于 400 mL 烧杯中,加入约 100 ℃的 1.25%硫酸溶液 200 mL,放在电炉上加热(在 1 min 内煮沸),微沸 30 min 并随时补加热水以保持原溶液的体积,移去热源,将酸消化液倒入内铺 50 μm 尼龙布的布氏漏斗中,缓缓抽气减压过滤并用每次 50 mL 沸蒸馏水洗涤残渣,直至中性,10 min 内完成。

碱消化:用约 100 ℃的 1.25%氢氧化钠 200 mL,将尼龙布上的残渣全部洗入原烧杯中,放在电炉上加热(在 1 min 内煮沸),准确微沸 30 min 并随时补加热水以保持原溶液的体积,将碱消化液连同残渣倒入连接抽滤瓶的玻质砂芯坩埚中,缓缓抽气减压过滤,用 50 mL沸蒸馏水洗涤残渣,再用 1%盐酸洗涤一次,然后用沸蒸馏水洗涤数次,直至中性,最后用乙醇洗涤二次,丙酮洗涤三次并抽滤至干,除去溶剂。

干燥:将上述坩埚及残留物移入干燥箱中,120 ℃烘 4 h,放在干燥器中冷却,称量(准确至 0.001 g)。

灰化:将已称量的坩埚置于高温电炉中 525 ℃±25 ℃灰化 2 h,待炉温降至 300 ℃左右时,取出坩埚,于干燥器中冷却,称量(准确至 0.001 g)。

**4. 结果计算**

茶叶中粗纤维含量以干态质量分数(%)表示,按式(1)计算

$$粗纤维含量=[(m_1-m_2)/(m_0\times\omega)]\times100\% \quad (1)$$

式中:$m_0$——试样质量,单位为克(g);

$m_1$——灰化前坩埚及残留物的质量,单位为克(g);

$m_2$——灰化后坩埚、灰分的质量,单位为克(g);

$\omega$——试样干物质含量(质量分数),%。

在重复条件下同一样品获得的测定结果的绝对差值不得超过算术平均值的 5%。

# 第5章 茶叶品质的检测方法

## 5.1 茶多酚和儿茶素类含量的测定

本方法规定了用高效液相色谱法(HPLC)测定茶叶中儿茶素类含量,用分光光度法测定茶叶中茶多酚含量的方法,本方法适用于茶及茶制品中儿茶素类及茶多酚含量的测定。

### (一)茶叶中儿茶素类的检测

茶叶中儿茶素类的检测原理为,茶叶磨碎试样中的儿茶素类用70%的甲醇水溶液在70 ℃水浴上提取,儿茶素类的测定用$C_{18}$柱、检测波长278 nm、梯度洗脱、HPLC分析,用儿茶素类标准物质外标法直接定量,也可用ISO国际环试结果儿茶素类与咖啡碱的相对校正因子(RRFstd)来定量。

**1. 仪器**

分析天平:精度0.000 1 g;水浴:70 ℃±1 ℃;离心机:转速3 500 r/min;高效液相色谱仪(HPLC):包含梯度洗脱、紫外检测器及色谱工作站。

**2. 试剂**

除另有说明,在分析中所使用试剂均为分析纯,用水为GB/T 6682,"分析实验室用水规格和试验方法"规定的三级水。乙腈:色谱纯;甲醇;乙酸:色谱纯;70%甲醇水溶液;乙二胺四乙酸二钠(EDTA-2Na)溶液:10 mg/mL(现配)。抗坏血酸溶液:10 mg/mL(现配)。

稳定溶液:分别将25 mL EDTA-2Na溶液、25 mL抗坏血酸溶液、50 mL乙腈加入500 mL容量瓶中,用水定容至刻度,摇匀。

液相色谱流动相:流动相A:分别将90 mL乙腈、20 mL乙酸、2 mL EDTA-2Na溶液加入1 000 mL容量瓶中,用水定容至刻度,摇匀,溶液需过0.45 μm膜;流动相B:分别将800 mL乙腈、20 mL乙酸、2 mL EDTA-2Na溶液加入1 000 mL容量瓶中,用水定容至刻度,摇匀,溶液需过0.45 μm膜。

标准储备溶液:咖啡碱储备溶液:2.00 mg/mL;没食子酸(GA)储备溶液:0.100 mg/mL;儿茶素类储备溶液:儿茶素(+C)1.00 mg/mL,表儿茶素(EC)1.00 mg/mL,表没食子儿茶素(EGC)2.00 mg/mL,表没食子儿茶素没食子酸酯(EGCG)2.00 mg/mL,表儿茶素没食子酸酯(ECG)2.00 mg/mL。

标准工作溶液:没食子酸5~25 μg/mL、咖啡碱50~150 μg/mL、+C 50~150 μg/mL、EC 50~150 μg/mL、EGC 100~300 μg/mL、EGCG 100~400 μg/mL、ECG 50~200 μg/mL。同

时准备 0.45 μm 有机相滤膜。

**3. 操作方法**

样品的取样按照 GB/T 8302,“茶 取样”的规定。试样制备及干物质含量测定按照 GB/T 8303,“茶 磨碎试样的制备及其干物质含量测定”的规定。

(1)供试液的制备

母液:称取 0.2 g(精确到 0.000 1 g)均匀磨碎的试样于 10 mL 离心管中,加入在 70 ℃中预热过的 70%甲醇水溶液 5 mL,用玻璃棒充分搅拌均匀湿润,立即移入 70 ℃水浴中,浸提 10 min(隔 5 min 搅拌一次),浸提后冷却至室温,转入离心机在 3 500 r/min 转速下离心 10 min,将上清液转移至 10 mL 容量瓶,残渣再用 5 mL 的 70%甲醇水溶液提取一次,重复以上操作,合并提取液定容至 10 mL,摇匀,用 0.45 μm 膜过滤,待用(该提取液在 4 ℃下可至多保存 24 h)。

测试液:用移液管移取母液 2 mL 至 10 mL 容量瓶中,用稳定溶液定容至刻度,摇匀,过 0.45 μm 膜,待测。

(2)色谱条件

色谱条件如下:液相色谱柱:$C_{18}$(粒径 5 μm, 250 mm×4.6 mm);流动相流速:1 mL/min;柱温:35 ℃;紫外检测器:λ = 278 nm;进样量:10 μL;梯度条件:100% A 相保持 10 min,15 min内由 100%A 相转至 68%A 相、32%B 相;68%A 相、32%B 相保持 10 min;100%A 相。

(3)测定

待流速和柱温稳定后,进行空白运行,准确吸取 10 μL 混合标准系列工作液注射入 HPLC,在相同的色谱条件下注射 10 μL 测试液,测试液以峰面积定量。

**4. 结果计算**

(1)计算方法

以儿茶素类标准物质定量,按式(1)计算;以咖啡碱标准物质定量,按式(2)计算。

$$C=[(A-A_0)\times f_{\mathrm{Std}}\times V\times d\times 100]/(m\times 10^6\times \omega) \tag{1}$$

$$C=(A\times RRF_{\mathrm{Std}}\times V\times d\times 100)/(S_{\mathrm{Caf}}\times m\times 10^6\times \omega) \tag{2}$$

式中:$C$——儿茶素含量,%;

$A$——所测样品中被测成分的峰面积;

$A_0$——所测试剂空白中对应被测成分的峰面积;

$f_{\mathrm{Std}}$——所测成分的校正因子(浓度/峰面积,浓度单位为微克每毫升 μg/mL);

$RRF_{\mathrm{Std}}$——所测成分相对于咖啡碱的校正因子;

$S_{\mathrm{Caf}}$——咖啡碱标准曲线的斜率(峰面积/浓度,浓度单位为微克每毫升 μg/mL);

$V$——样品提取液的体积,单位为毫升(mL);

$m$——样品称取量,单位为克(g);

$\omega$——样品的干物质含量(质量分数),%;

$d$——稀释因子(通常为 2 mL 稀释成 10 mL,则其稀释因子为 5)。

(2)校正因子

儿茶素类相对咖啡碱的校正因子见表 5-1。

表 5-1 儿茶素类相对咖啡碱的校正因子

| 名　称 | GA | EGC | +C | EC | EGCG | ECG |
| --- | --- | --- | --- | --- | --- | --- |
| RRF std | 0.84 | 11.24 | 3.58 | 3.67 | 1.72 | 1.42 |

(3)儿茶素类总量

按式(3)计算：

$$C(\%) = C_{EGC}(\%) + Cc(\%) + C_{EC}(\%) + C_{EGCG}(\%) + C_{ECG}(\%) \quad (3)$$

(4)重复性

同一样品儿茶素类总量的两次测定值相对误差应≤10%，若测定值相对误差在此范围，则取两次测得值的算术平均值为结果，保留小数点后两位。

## (二)茶叶中茶多酚的检测

茶叶中茶多酚的检测原理为，茶叶磨碎样中的茶多酚用70%的甲醇水溶液在70 ℃水浴上提取，福林酚试剂氧化茶多酚中—OH 基团并显蓝色，最大吸收波长λ为765 nm，用没食子酸作校正标准定量茶多酚。

**1. 仪器**

分析天平：精度0.001 g；水浴：70 ℃±1 ℃；离心机：转速3 500 r/min；分光光度计。

**2. 试剂**

甲醇；碳酸钠($Na_2CO_3$)；70%甲醇水溶液；福林酚(Folin-Ciocalteu)：1 mol/L；10%福林酚试剂(现配)：将20 mL福林酚试剂转移到200 mL容量瓶中，用水定容并摇匀；7.5%碳酸钠($Na_2CO_3$)溶液：称取37.50 g±0.01 g碳酸钠($Na_2CO_3$)，加适量水溶解，转移至500 mL容量瓶中，定容至刻度，摇匀(室温下可保存1个月)；没食子酸标准储备溶液(1 000 μg/mL)：称取0.110 g±0.001 g没食子酸(GA，相对分子质量188.14)，于100 mL容量瓶中溶解并定容至刻度，摇匀(现配)；没食子酸工作液：用移液管分别移取1.0 mL、2.0 mL、3.0 mL、4.0 mL、5.0 mL的没食子酸标准储备溶液于100 mL容量瓶中，分别用水定容至刻度，摇匀，浓度分别为10 μg/mL、20 μg/mL、30 μg/mL、40 μg/mL、50 μg/mL。

**3. 操作方法**

母液：称取0.2 g(精确到0.000 1 g)均匀磨碎的试样于10 mL离心管中，加入在70 ℃中预热过的70%甲醇水溶液5 mL，用玻璃棒充分搅拌均匀湿润，立即移入70 ℃水浴中，浸提10 min(隔5 min搅拌一次)，浸提后冷却至室温，转入离心机在3 500 r/min转速下离心10 min，将上清液转移至10 mL容量瓶，残渣再用5 mL的70%甲醇水溶液提取一次，重复以上操作，合并提取液定容至10 mL，摇匀，用0.45 μm膜过滤，待用(该提取液在4 ℃下可至多保存24 h)。

测试液：移取母液1.0 mL于100 mL容量瓶中，用水定容至刻度，摇匀，待测。

用移液管分别移取没食子酸工作液、水(作空白对照用)及测试液各1.0 mL于刻度试管内，在每个试管内分别加入5.0 mL的福林酚试剂，摇匀，反应3～8 min，加入4.0 mL 7.5%碳酸钠($Na_2CO_3$)溶液，加水定容至刻度、摇匀，室温下放置60 min，用10 mm比色皿，在765 nm波长条件下用分光光度计测定吸光度($A$、$A_0$)。

根据没食子酸工作液的吸光度(A)与各工作溶液的没食子酸浓度,制作标准曲线。

**4. 结果计算**

(1)计算方法

比较试样和标准工作液的吸光度,按式(4)计算:

$$c_{TP}=[(A-A_0)\times V\times d\times 100]/(SLOPE_{Std}\times \omega\times 10^6\times m) \tag{4}$$

式中:$c_{TP}$——茶多酚含量,%;

$A$——样品测试液吸光度;

$A_0$——试剂空白液吸光度;

$SLOPE_{Std}$——没食子酸标准曲线的斜率;

$m$——样品质量,单位为克(g);

$V$——样品提取液体积,单位为毫升(mL);

$d$——稀释因子(通常为1 mL稀释成100 mL,则其稀释因子为100);

$\omega$——样品干物质含量(质量分数),%。

(2)重复性

同一样品茶多酚含量的两次测定值相对误差应≤5%,若测定值相对误差在此范围,则取两次测定值的算术平均值为结果,保留小数点后一位。

**5. 注意事项**

样品吸光度应在没食子酸标准工作曲线的校准范围内,若样品吸光度高于50 μg/mL浓度的没食子酸标准工作溶液的吸光度,则应重新配制高浓度没食子酸标准工作液进行校准。

# 5.2　茶咖啡碱的测定

本方法规定了用高效液相色谱法、紫外分光光度法测定茶叶中咖啡碱的仪器和用具、试剂和溶液、操作方法及结果计算的方法,适用于茶叶中咖啡碱的测定,也适用于固态速溶茶咖啡碱的测定。

## (一)高效液相色谱法

该方法测定的原理为,茶叶中咖啡碱经沸水和氧化镁混合提取后,经高效液相色谱仪、$C_{18}$分离柱、紫外检测器检测,与标准系列比较定量。

**1. 仪器和用具**

高效液相色谱仪:具有紫外检测器;分析柱:$C_{18}$(ODS柱);分析天平:感量0.000 1 g。

**2. 试剂和溶液**

除另有说明,本方法所用试剂均为分析纯(AR),水为蒸馏水。氧化镁:重质,分析纯;甲醇:色谱纯;高效液相色谱流动相:取600 mL甲醇倒入1 400 mL蒸馏水,混匀,过0.45 μm膜;咖啡碱标准液:称取125 mg咖啡碱(纯度不低于99%),加乙醇:水(1:4)溶解,定容至250 mL,摇匀,标准储备液1 mL中相当于含0.5 mg咖啡碱。吸取1.0 mL、2.0 mL、5.0 mL、

10.0 mL上述标准储备液，分别加水定容至50 mL作为系列标准工作液，每1 mL该系列标准工作液中，分别相当于含10 μg、20 μg、50 μg、100 μg咖啡碱。

**3. 操作方法**

样品的取样按照GB/T 8302，“茶 取样”的规定。试样制备按照GB/T 8303，“茶 磨碎试样的制备及其干物质含量测定”的规定。

(1)测定步骤

试液制备：称取1.0 g(准确至0.000 1 g)磨碎茶样或0.5 g固态速溶茶(准确至0.000 1 g)，置于500 mL烧瓶中，加4.5 g氧化镁及300 mL沸水，于沸水浴中加热，浸提20 min(每隔5 min摇动一次)，浸提完毕后立即趁热减压过滤，滤液移入500 mL容量瓶中，冷却后，用水定容至刻度，混匀，取一部分试液，通过0.45 μm滤膜过滤，待测。

色谱条件：检测波长：紫外检测器，波长280 nm；流动相，30%的甲醇溶液；流速：0.5～1.5 mL/min；柱温：40 ℃；进样量：10～20 μL。

测定：准确吸取制备液10～20 μL，注入高效液相色谱仪，并用咖啡碱系列标准工作液制作标准曲线，进行色谱测定。

(2)结果计算

比较试样和标准样的峰面积进行定量，茶叶中咖啡碱含量以干态质量分数(%)表示，按式(1)计算：

$$\text{咖啡碱含量}=[(C_1\times V_1)/(m\times w\times 10^6)]\times 100\% \quad (1)$$

式中：$C_1$——根据标准曲线上计算得出的测定液中咖啡碱浓度，单位为微克每毫升(μg/mL)；

$V_1$——样品总体积，单位为毫升(mL)；

$m$——试样的质量，单位为克(g)；

$w$——试样干物质含量(质量分数)，%。

取两次测定的算术平均值作为结果，结果保留小数点后1位。在重复条件下，同一样品获得的测定结果的绝对差值不得超过算术平均值的10%。

## (二)紫外分光光度法

该方法的测定原理为，茶叶中的咖啡碱易溶于水，除去干扰物质后，用特定波长测定其含量。

**1. 仪器和用具**

紫外分光光度仪；分析天平：感量0.001 g。

**2. 试剂和溶液**

除另有说明，本方法所用试剂均为分析纯(AR)，水为蒸馏水。碱式乙酸铅溶液：称取50 g碱式乙酸铅，加水100 mL，静置过夜，倾出上清液过滤；0.01 mol/L盐酸溶液：取0.9 mL浓盐酸，用水稀释至1 L，摇匀；4.5 mol/L硫酸溶液：取浓硫酸250 mL，用水稀释至1 L，摇匀；咖啡碱标准液：称取100 mg咖啡碱(纯度不低于99%)溶于100 mL水中，作为母液，准确吸取5 mL，加水至100 mL作为工作液，相当于1 mL溶液含咖啡碱0.05 mg。

**3. 测定步骤**

(1)试液制备

称取3 g(准确至0.001 g)磨碎试样于500 mL锥形瓶中，加沸蒸馏水450 mL，立即移入沸水浴中,浸提 45 min(每隔 10 min 摇动一次),浸提完毕后立即趁热减压过滤,残渣用少量热蒸馏水洗涤 2～3 次,将滤液转入 500 mL 容量瓶中,冷却后用水定容至刻度,摇匀。

(2)测定

用移液管准确吸取 10 mL 试液至 100 mL 容最瓶中,加入 4 mL 0.01 mol/L 盐酸和 1 mL碱式乙酸铅溶液,用水定容至刻度,混匀,静置澄清过滤,准确吸取滤液 25 mL,注入 50 mL容量瓶中,加入 0.1 mL 4.5 mol/L 硫酸溶液,加水稀释至刻度,混匀,静置澄清过滤,用 10 mm 石英比色杯,在波长 274 nm 处以试剂空白溶液作参比,测定吸光度($A$)。

(3)咖啡碱标准曲线的制作

分别吸取 0.0 mL、1.0 mL、2.0 mL、3.0 mL、4.0 mL、5.0 mL、6.0 mL 咖啡碱工作液(4.3.5)于一组 25 mL 容量瓶中,各加入 1.0 mL 盐酸(4.3.3),用水稀释至刻度,混匀,用 10 mm 石英比色杯,在波长 274 nm 处,以试剂空白溶液作参比,测定吸光度($A$)。将测得的吸光度与对应的咖啡碱浓度绘制标准曲线。

**4. 结果计算**

茶叶中咖啡碱含量以干态质量分数(%)表示,按式(2)计算:

$$咖啡碱含量=[(C_2\times V_2/1\,000\times 100/10\times 50/25)/(m\times w)]\times 100\% \tag{2}$$

式中:$C_2$——根据试样测得的吸光度($A$),从咖啡碱标准曲线上查得的咖啡碱相应含量,单位为毫克每毫升(mg/mL);

$V_2$——试液总量,单位为毫升(mL);

$m$——试样用量,单位为克(g);

$w$——试样干物质含量(质量分数),%。

取两次测定的算术平均值作为结果,保留小数点后 1 位。

# 5.3 茶氨酸的测定

茶叶中茶氨酸测定的原理为,茶叶样品中茶氨酸经沸水加热提取、净化处理后,采用分离强极性化合物的 RP-8 柱,检测波长 210 nm,用高效液相色谱仪进行测定与标准系列比较定性,定量。

**1. 试剂材料**

除另有说明,在分析中所使用试剂均为分析纯,用水为 GB/T 6682 规定的三级水。乙腈:色谱级;茶氨酸标准品(L-theanine):纯度≥99%;HPLC 流动相,流动相 A:100%纯水;流动相 B:100%乙腈;0.45 μm 水相滤膜。

茶氨酸标准储备溶液:称取 0.05 g 茶氨酸(精确到 0.000 1 g),用水溶解后移入 50 mL 容量瓶中,稀释至刻度,混匀,此溶液每毫升含 1 mg 茶氨酸,有效期为一年。

茶氨酸标准使用液:分别准确吸取茶氨酸标准储备溶液 0.0 mL、0.1 mL、0.2 mL、0.5 mL、1.0 mL、1.5 mL、2.0 mL,用水定容至 10 mL,得到浓度分别为 0.0 mg/mL、0.01 mg/mL、0.02 mg/mL、0.05 mg/mL、0.10 mg/mL、0.15 mg/mL、0.20 mg/mL 的茶氨酸标准使用溶液,有效期为一年。

**2. 设备仪器**

高效液相色谱仪：包含梯度洗脱、紫外检测器及色谱工作站；分析天平：感量 0.000 1 g；恒温水浴锅；离心机：转速 13 000 r/min。

**3. 测定步骤**

取样按 GB/T 8302，“茶 取样”的规定取样，按 GB/T 8303，“茶 磨碎试样的制备及其干物质含量测定”的规定制备试样和测定样品的干物质含量。

(1)样品制备

茶叶样品经磨碎混匀后，称取 1.0 g(准确至 0.01 g)磨碎试样(或茶叶)于 200 mL 烧杯中，加沸蒸馏水 100 mL 置于 100 ℃的恒温水浴锅中浸提 30 min，过滤，转移到 100 mL 容量瓶中，冷却后，用水定容至刻度，混匀。用 0.45 μm 水相滤膜过滤，或者取 1 mL 样液，在 13 000 r/min条件下高速离心 10 min，然后进液相色谱分析。

(2)色谱条件

测定时的色谱条件为，色谱柱：RP-18(粒径 5 μm，250 mm × 4.6 mm)；流速：0.5～1.0 mL/min；柱温：35 ℃± 0.5 ℃；进样量：10～ 20 μL；检测波长：210 nm；梯度洗脱条件：如表 5-2。

**表 5-2 梯度洗脱条件**

| 时间/min | A/% | B/% | 备 注 |
|---|---|---|---|
| 0 | 100 | 0 | 分析 |
| 10 | 100 | 0 | 分析 |
| 12 | 20 | 80 | 洗柱 |
| 20 | 20 | 80 | 洗柱 |
| 22 | 100 | 0 | 平衡 |
| 40 | 100 | 0 | 平衡 |

注：A：100%纯化水；B：100%乙腈。

(3)样品测定

液相色谱测定时，待流速和柱温稳定后，进行空白运行。准确吸取 10 μL 茶氨酸标准使用液注射入 HPLC，在相同的色谱条件下注射 10 μL 测试液，测试液以峰面积定量，由色谱峰的峰面积可从标准曲线上求出相应的茶氨酸浓度。测试液中的茶氨酸的响应值均应在仪器测定的线性范围之内。

**4. 结果计算**

茶叶中茶氨酸含量按式(1)进行计算：

$$X = (c \times V \times 1\,000)/(m \times W \times 1\,000) \tag{1}$$

式中：$X$——样品中茶氨酸的含量，单位为克每千克(g/kg)；

$c$——样品浓度，单位为毫克每毫升(mg/mL)；

$V$——最终定容后样品的体积，单位为毫升(mL)；

$m$——样品的质量，单位为克(g)；

$W$——样品的干物质含量(质量分数，%)。

取三次测定的算术平均值作为结果，计算结果保留小数点后两位有效数字。

## 5.4　茶黄素的测定

茶叶中茶黄素的测定原理为，茶叶样品中的茶黄素（儿茶素）用70％的甲醇溶液在70 ℃水浴上提取，速溶茶用热的10％乙腈溶解。茶黄素（儿茶素）的测定用$C_{18}$柱、检测波长278 nm、梯度洗脱、HPLC分析，用茶黄素（儿茶素）标准物质外标法直接定量。

**1. 试剂材料**

除另有说明，本方法所用试剂均为分析纯（AR），水为蒸馏水。乙腈：色谱纯；甲醇；冰乙酸；70％甲醇水溶液（体积分数）；10 mg/mL EDTA-2Na溶液：现配；10 mg/mL抗坏血酸溶液：现配。

稳定溶液：分别将25 mL EDTA-2Na溶液，25 mL抗坏血酸溶液，50 mL乙腈加入500 mL容量瓶中，用水定容至刻度，摇匀。

液相色谱流动相：流动相A：分别将90 mL乙腈，20 mL冰乙酸，2 mL EDTA-2Na加入1 L容量瓶中，用水定容至刻度，摇匀，溶液使用时需过0.45 μm膜。流动相B：分别将800 mL乙腈，20 mL冰乙酸，2 mL EDTA-2Na加入1 L容量瓶中，用水定容至刻度，摇匀，溶液使用时需过0.45 μm膜。

标准储备溶液：咖啡碱储备溶液：2.00 mg/mL；没食子酸（GA）储备溶液：0.100 mg/mL；儿茶素储备溶液：+C 1.00 mg/mL，EC 1.00 mg/mL，EGC 2.00 mg/mL，EGCG 2.00 mg/mL，ECG 2.00 mg/mL；茶黄素储备溶液：TF 2.00 mg/mL，TF-3-G 2.00 mg/mL，TF-3′-G 2.00 mg/mL，TFDG 2.00 mg/mL。

标准工作溶液：该溶液的配置采用稳定溶液进行配制，各标准品工作溶液的浓度分别为：没食子酸5～25 μg/mL、咖啡碱50～150 μg/mL、+C 50～150 μg/mL、EC 50～150 μg/mL、EGC 100～300 μg/mL、EGCG 100～400 μg/mL、ECG 50～200 μg/mL、TF 100～300 μg/mL、TF-3-G 100～300 μg/mL、TF-3′-G 100～300 μg/mL、TFDG 100～300 μg/mL。

**2. 仪器设备**

分析天平：感量0.001 g；水浴；离心机：转速3 500 r/min；混匀器；高效液相色谱仪（HPLC）：包含梯度洗脱及紫外检测器（检测波长278 nm）；液相色谱柱：$C_{18}$（粒径5 μm，250 mm×4.6 mm）。

**3. 操作方法**

取样按GB/T 8302，“茶 取样”的规定取样，按GB/T 8303，“茶 磨碎试样的制备及其干物质含量测定”的规定制备试样及测定样品的干物质量。

（1）供试液的制备

茶叶：称取0.2 g（精确到0.000 1 g）均匀磨碎的试样于10 mL玻璃离心管中，加入在70 ℃中预热过的70％甲醇溶液5 mL，用玻璃棒充分搅拌均匀湿润，立即移入70 ℃水浴中，浸提10 min（隔5 min搅拌一次），浸提后冷却至室温，转入离心机在3 500 r/min转速下离心 10 min，将上清液转移至 10 mL 容量瓶，残渣再用 5 mL 的 70%甲醇溶液提取一次，重复以上操作，合并提取液定容至 10 mL，摇匀(该提取液在 4 ℃下可至多保存 24 h)，用移液管移取上述提取液 2 mL 至 10 mL 容量瓶中，用稳定溶液定容至刻度，摇匀，过 0.45 μm 膜，待测。

速溶茶：称取 0.5 g(精确到 0.000 1 g)均匀的速溶茶于 50 mL 容量瓶，加入不高于 60 ℃的水溶解，加 5 mL 乙腈并用水定容至刻度，摇匀，用移液管移取上述提取液 2 mL 至 10 mL 容量瓶中，用稳定溶液定容至刻度，摇匀，过 0.45 μm 膜，待测。

**4. 色谱条件**

流动相流速：1 mL/min；柱温：35 ℃；紫外检测器：λ= 278 nm；梯度条件：100% A 相保持 10 min；15 min 内由 100% A 相降低至 68% A 相和 32% B 相；68% A 相、32% B 相保持 10 min；100% A 相。

**5. 测定**

待流速和柱温稳定后，进行空白运行。然后，准确吸取 10 μL 混合标准系列工作液注射入 HPLC，在相同的色谱条件下注射 10 μL 测试液，测试液以峰面积定量。

**6. 结果计算**

*(1)计算方法*

茶叶中茶黄素(儿茶素、咖啡碱、没食子酸)含量以干态质量分数(%)表示，按式(1)计算：

茶黄素(儿茶素、咖啡碱、没食子酸)含量 $= (A \times f_{Std} \times V \times d)/(m \times 10^5 \times \omega) \times 100\%$ (1)

式中：$A$——所测样品中被测成分的峰面积；

$f_{Std}$——所测成分的校正因子(浓度/峰面积，浓度单位 μg/mL)；

$V$——样品提取液的体积，单位为毫升(mL)；

$d$——稀释因子(通常为 2 mL 稀释成 10 mL，则其稀释因子为 5)；

$m$——样品称取量，单位为克(g)；

$\omega$——样品的干物质含量(质量分数)，%。

*(2)茶黄素(儿茶素类)总量计算公式*

茶黄素总量按式(2)计算：

$$茶黄素总量 = TF + TF\text{-}3\text{-}G + TF\text{-}3'\text{-}G + TFDG \quad (2)$$

儿茶素总量按式(3)计算：

$$儿茶素总量 = EGC + C + EC + EGCG + ECG \quad (3)$$

在重复条件下同一样品获得的茶黄素总量(儿茶素总量、咖啡碱含量、没食子酸含量)测定结果的绝对差值不得超过算术平均值的 10%。

## 5.5 茶游离氨基酸的测定

本方法规定了茶叶中游离氨基酸总量测定的仪器和用具、试剂和溶液、操作方法及结果计算的方法，该方法适用于茶叶中游离氨基酸总量的测定。测定原理为，α-氨基酸在pH 8.0 的条件下与茚三酮共热，形成紫色络合物，用分光光度法在特定的波长下测定其含量。

**1. 试剂和溶液**

除另有说明，本方法所用试剂均为分析纯(AR)，水为蒸馏水。pH 8.0 磷酸盐缓冲液；1/15 mol/L 磷酸氢二钠：称取 23.9 g 十二水磷酸氢二钠($Na_2HPO_4 \cdot 12H_2O$)，加水溶解后转入 1 L 容量瓶中，定容至刻度，摇匀；1/15 mol/L 磷酸二氢钾：称取 9.08 g 经 110 ℃烘干2 h 的磷酸二氢钾($KH_2PO_4$)，加水溶解后转入 1 L 容量瓶中，定容至刻度，摇匀；取 1/15 mol/L 的磷酸氢二钠溶液 95 mL 和 1/15 mol/L 磷酸二氢钾溶液 5 mL，混匀，该混合溶液 pH 为8.0；2%茚三酮溶液：称取水合茚三酮(纯度不低于 99%)2 g，加 50 mL 水和 80 mg 氯化亚锡 ($SnCl_2 \cdot 2H_2O$)搅拌均匀，分次加少量水溶解，放在暗处，静置一昼夜，过滤后加水定容至 100 mL；茶氨酸或谷氨酸系列标准工作液：10 mg/mL 标准储备液：称取 250 mg 茶氨酸或谷氨酸(纯度不低于 99%)溶于适量水中，转移定容至 25 mL，摇匀。该标准储备液 1 mL 含有 10 mg 的茶氨酸或谷氨酸。移取 0.0 mL、1.0 mL、1.5 mL、2.0 mL、2.5 mL、3.0 mL 标准储备液，分别加水定容至 50 mL，摇匀。该系列标准工作液 1 mL 分别含有 0 mg、0.2 mg、0.3 mg、0.4 mg、0.5 mg、0.6 mg 茶氨酸或谷氨酸。

**2. 仪器和用具**

分析天平：感量 0.001 g；分光光度仪；比色管：具塞，25 mL。

**3. 操作方法**

取样按 GB/T 8302，“茶 取样”的规定取样，按 GB/T 8303，“茶 磨碎试样的制备及其干物质含量测定”的规定制备试样。

(1)试液制备

称取 3 g(准确至 0.001 g)磨碎试样于 500 mL 锥形瓶中，加沸蒸馏水 450 mL，立即移入沸水浴中，浸提 45 min(每隔 10 min 摇动一次)，浸提完毕后立即趁热减压过滤，残渣用少量热蒸馏水洗涤 2～3 次，将滤液转入 500 mL 容量瓶中，冷却后用水定容至刻度，摇匀。

(2)测定

准确吸取试液 1 mL，注入 25 mL 比色管中，加 0.5 mL pH 8.0 磷酸盐缓冲液和 0.5 mL 2%的茚三酮溶液，在沸水浴中加热 15 min，待冷却后加水定容至 25 mL，放置 10 min 后，用 5 mm比色杯，在 570 nm 处，以试剂空白溶液作参比，测定吸光度。

(3)氨基酸标准曲线的制作

分别吸取 1 mL 茶氨酸或谷氨酸系列标准工作液于一组 25 mL 比色管中，各加 pH 8.0 磷酸盐缓冲液 0.5 mL 和 2%茚三酮溶液 0.5 mL，在沸水浴中加热 15 min，冷却后加水定容至 25 mL，按前述操作测定吸光度，将测得的吸光度与对应的茶氨酸或谷氨酸浓度绘制标准曲线。

**4. 结果计算**

茶叶中游离氨基酸含量以干态质量分数(%)表示，按式(1)计算：

游离氨基酸总量(以茶氨酸或谷氨酸计)= $\{[(c/1000)\times(V_1/V_2)]/(m\times\omega)\}\times100\%$ (1)

式中：$c$——根据样品测定的吸光度从标准曲线上查得的茶氨酸或谷氨酸的毫克数，单位为毫克（mg）；

$V_1$——试液总量，单位为毫升（mL）；

$V_2$——测定用试液量，单位为毫升（mL）；

$m$——试样用量，单位为克（g）；

$\omega$——试样干物质含量（质量分数），%。

在重复条件下同一样品获得的测定结果的绝对差值不得超过算术平均值的10%。

# 第 6 章　茶叶中农残含量的检测方法

## 6.1　茶叶标准样品的制备

本方法规定了各类茶叶(除再加工茶)标准样品的制备、包装、标签、标识、证书和有效期,适用于各类茶叶(除再加工茶)感官品质评定的标准样品的制备。其中,部分术语的定义为,茶叶标准样品——具有足够的均匀性,代表该类茶叶品质特征,经过技术鉴定,符合该产品标准的并附有质量等级说明的一批茶叶样品;基准样——已颁布的茶叶标准样品或完全符合该产品标准中感官品质要求的样品。

**1. 制备**

(1)原料选取

选取当年区域、品质有代表性、符合制作标准样品预期要求的原料,原料应在春茶及夏、秋茶期间选留。选取外形、内质基本符合标准要求的、有代表性的、相应等级的茶叶,且品质正常,其理化指标、卫生指标符合该产品的要求。选用的原料要有足够的数量,宜多于标准目标实物样成样数量的 2～3 倍,以保证满足使用需要。原料选取后应进行水分测定,以采取保质措施,选取的原料应存放于干燥、无异味、密封性能良好的容器内,放置于干燥、无异味、温度控制在 5 ℃以下的仓房内。

(2)样品制备

制备工艺和选用的加工工具应保证原料的均匀性,避免容器和环境对原料的污染。将不同地区选送的同级原料按密码编号进行排队,对照所选等级的基准样进行评比,剔除不符标准水平的单样,选定可拼用的单样若干个,品质评定按 GB/T 23776-2018,“茶叶感官审评方法”的规定进行。

小样试拼:由主拼人员在前期选定的单样中,选取有区域代表性和品质代表性的若干个单样按比例拼配成一个小样,用其他单样反复调剂,手工整理,使外形、内质基本符合标准样品的品质要求。每次拼配与调整应记录每个单样所用的样品数量及调整的情况。

小样排序:小样试拼结束后,对照基准样品质水平做进一步调整,直到全部符合基准样品质水平,封样,向任务下达部门或授权单位报批。每次拼配与调整应记录每个单样所用的样品数量及调整的情况。

大样拼堆:通过任务下达部门或授权单位的审批同意后,选择干净、清洁、卫生安全、干燥的场所,作大样拼配。拼配时应先对照小样试拼小堆,进行品质水平均匀性试验,符合后再按比例拼大堆,应注意充分匀堆并避免茶样的断碎,记录各拼配用量和总样量。

大样评定:取样按 GB/T 8302-2013,“茶 取样”的规定进行,品质评定按 GB/T 23776-2018,“茶叶感官审评方法”的规定进行,出具评定结果(报告),评定结果符合基准样的,备用。

(3)样品分装

评定结果符合基准样的大样应尽快进行分装。按 GB/T 8302-2013,“茶 取样”的规定取样,进行样品分装。

**2. 包装、标签和标识**

(1)包装

包装容器宜采用密封性良好的铁罐,包装容器应外观平整、无皱纹、封口良好,不得有异味、裂纹和复合层分离,铁罐内壁应光滑、清洁,罐内应有内衬的食品包装。内衬纸卫生指标应符合 GB 11680,“食品包装用原纸卫生标准”的规定。内衬塑料薄膜的卫生指标应符合 GB 9687,“食品包装用聚乙烯成型品卫生标准”、GB 9688,“食品包装用聚丙烯成型品卫生标准”的规定。铁罐的卫生指标应符合 GB 11333,“铝制食具容器卫生标准”的规定。

(2)标签和标识

标准实物样罐外需粘贴标签和封签,标签应注明茶叶名称、标准名称、标准代号、品种、等级、选用范围、样品的编号与批号、样品制备单位及主管部门等内容,封签应有样品制备日期、有效期等内容。

**3. 证书**

标准样品的证书内容应按 GB/T 15000.4-2003,“标准样品工作导则(4)标准样品证书和标签的内容”执行。

**4. 有效期**

标准样品的有效期为三年,应注意标准样品的使用和保管。标准样一经批准,即具有法律效力,任何人不得更改,因此在使用时不能拣去梗、朴、片等,以免走样。在开启使用茶叶标准样时,应先将茶样罐中标准样全部倒在样盘中,拌匀,作为评茶对照样。使用完毕后,应及时装罐,装罐前应先核对清楚茶样与茶罐的对应级别,再依次将茶倒入标准茶罐中。由于茶叶实物标准样是采用当年收购的原料制作,第二年发放使用,实物标准样的内质往往已陈化,其香气、汤色、滋味等因子已无可比性,因此在进行实物样评茶时,外形和叶底按照实物标准样进行评定,内质香气、滋味、汤色则应采用文字标准为对照,文字标准是实物标准的补充。茶叶标准样品在不使用时应由专人负责保管,应放置在无直射光,相对湿度在 50%以下的无异味环境中,不同的茶类应根据其茶类特点,采用不同的保存温度。

## 6.2 茶叶炔螨特含量的测定

本方法规定了用气相色谱测定茶叶中炔螨特(克螨特)残留量的方法,适用于茶叶中炔螨特残留量的测定,该方法的检出限为 0.5 mg/kg。该方法测定的原理为,试样用水浸泡,丙酮提取,正己烷萃取,弗罗里硅土柱净化,浓缩,用带火焰光度检测器(FPD)或脉冲火焰光度检测器(PFPD)的气相色谱测定。试样中炔螨特在富氢焰上燃烧,形成激发态的 $S_2^*$ 分子,发射出波长为 394 nm 的特征光,这种特征光通过滤光片选择后,由光电倍增管接收,转换成电信号,经微电流放大器放大后被记录下来,采用保留时间定性,以试样与标准品的峰面积或峰高的算术平方根比较定量。

**1. 试剂与材料**

除另有说明，在分析中仅使用确认的分析纯试剂和 GB/T 6682，“分析实验室用水规则和试验方法”中规定的至少二级的水。丙酮；乙酸乙酯；正己烷；无水硫酸钠：650 ℃灼烧 4 h，冷却后置干燥器备用；弗罗里硅土：层析用，60～100 g，650 ℃灼烧 4 h，置干燥器冷却后，加 5%水脱活；乙酸乙酯－正己烷溶液[$\varphi(C_3H_6O_2+C_6H_{14})=2+98$]；氯化钠溶液[$w(NaCl)=20\%$]：称取 20 g 氯化钠，加水定容至 100 mL；标准品——炔螨特(propargite)：纯度≥95%；炔螨特标准溶液：称取适量(精确到 0.1 mg)炔螨特标准品于 100 mL 容量瓶中，用丙酮定容至刻度，－18 ℃保存，可使用 1 年，使用时用丙酮逐级稀释成标准系列工作液 0.2 mg/L、0.5 mg/L、1 mg/L、2 mg/L、5 mg/L、10 mg/L、200 mg/L；脱脂棉：经正己烷洗涤后，干燥备用；滤膜：0.2 μm，有机溶剂膜。

**2. 仪器和设备**

气相色谱仪：配有火焰光度检测器(FPD)或脉冲火焰光度检测器(PFPD)，带硫滤光片；分析天平：感量 0.1 mg 和 0.01 g；磨样机；高速匀浆机：>6 000 r/min；旋转蒸发仪；超声波清洗器；玻璃层析柱：内径 1.5 cm、长为 20～30 cm 的层析柱。

**3. 样品**

取样按 GB/T 8302，“茶 取样”的规定取样，按 GB/T 8303，“茶 磨碎试样的制备及其干物质含量测定”的规定制备试样。

**4. 分析步骤**

(1)提取

称取 10 g(精确到 0.01 g)试样，放入 250 mL 烧杯中，加入 20 mL 水浸泡 1 h，加入 60 mL丙酮，静置 2 min，抽滤，再用 20 mL 丙酮洗涤残渣及烧杯，合并滤液，倒入 250 mL 分液漏斗，加入 80 mL 氯化钠溶液，用 60 mL、30 mL、30 mL 正己烷萃取，上层有机相经装有无水硫酸钠的小漏斗过滤到 250 mL 平底烧瓶中，在 40 ℃下减压浓缩至 1 mL 左右，氮气吹干，用 5 mL 乙酸乙酯－正己烷溶液超声溶解，待净化。

(2)净化

将玻璃层析柱底部垫约 0.5 cm 脱脂棉，依次填装 1 cm 无水硫酸钠、5 g 弗罗里硅土和 1 cm 无水硫酸钠。以 20 mL 正己烷预淋，待正己烷层下降至上层无水硫酸钠层时，移入待净化样品液，再用 10 mL 乙酸乙酯－正己烷溶液分两次超声溶解并转入层析柱，弃去流出液。用 75 mL 乙酸乙酯－正己烷溶液洗脱，收集洗脱液，在 40 ℃下减压浓缩至约 1 mL，氮气吹干，用丙酮少量多次超声转移至5.00 mL容量瓶，定容至 5.00 mL，待测定。如样品过于混浊，用 0.2 μm 滤膜过滤后测定。

(3)色谱参考条件

测定使用的色谱柱为 5%苯基二甲基聚硅氧烷(DB-5，VF-5 或 Rtx-5)柱、30 m×0.25 mm×0.25 μm，或相当者。50%苯基二甲基聚硅氧烷(DB-17，VF-17 或 Rtx-50)柱，30 m×0.25 mm×0.25 μm，或相当者。色谱升温程序为，柱温：70 ℃(保持 1 min)，30 ℃/min 升温至 190 ℃(保持 1 min)，10 ℃/min 升温至 260 ℃(保持 5 min)。进样口温度：230 ℃；检测器温度：300 ℃；气体及流量，载气：氮气，纯度>99.999%，流速：2 mL/min；FPD 气流：燃

气——氢气，流速为 90 mL/min；助燃气——空气，流速为 115 mL/min；尾吹气——氮气，流速为 20 mL/min。PFPD 气流：燃气——氢气，流速为 14.0 mL/min；助燃气——空气 1，流速为 17.0 mL/min；助燃气——空气 2，流速为 10.0 mL/min。进样方式为不分流进样，进样体积为 1.0 μL。

(4)色谱分析

以保留时间定性，标准曲线法定量，将标准系列溶液注入色谱仪测定，利用被测成分浓度 $C_s$ 对峰面积或峰高的算术平方根（$\sqrt{A_s}$ 或 $\sqrt{H_s}$）制备标准曲线，如超出仪器线性响应范围应进行稀释。在上述色谱条件下，炔螨特在 VF-5 柱的保留时间为 11.962 min，VF-17 柱用以对阳性样品进行确证。

(5)空白试验

除不称取试样外，均按上述测定步骤进行。

**5. 结果计算**

试样中炔螨特残留量以质量分数 $w$ 计，单位以毫克每千克(mg/kg)表示，按下列公式计算。

$$w=(c\times V)/m$$

式中：$c$——利用标准曲线算得的试样溶液中炔螨特质量浓度，单位为毫克每升(mg/L)；

$V$——最终试样溶液的定容体积，单位为毫升(mL)；

$m$——试样的质量，单位为克(g)。

计算结果保留两位有效数字，含量超过 10 mg/kg 时保留三位有效数字。

**6. 精密度**

本方法精密度数据是按照 GB/T 6379.2，“测量方法与结果的准确度(正确度与精密度)第 2 部分：确定标准测量方法重复性与再现性的基本方法”规定确定，获得重复性和再现性的值以 95%的可信度来计算，本方法的精密度数据见表 6-1。

**表 6-1 精密度数据**

| 添加浓度(mg/kg) | 0.5 | 5 |
|---|---|---|
| 实验室数目 | 6 | 6 |
| 可接受结果的数目 | 6 | 6 |
| 平均值(mg/kg) | 0.458 | 4.77 |
| 重复性标准差($S_r$) | 0.023 7 | 0.142 |
| 重复性限(r)2.8×$S_r$ | 0.066 | 0.397 |
| 再现性标准差($S_R$) | 0.031 9 | 0.377 |
| 再现性限(R)2.8× $S_R$ | 0.090 | 1.06 |

# 6.3 茶叶吡虫啉含量的测定

本方法规定了茶叶中吡虫啉农药残留量的高效液相色谱测定方法，适用于茶叶中吡虫啉农药残留量的测定，该方法的检出限为 0.05 mg/kg。该方法的测定原理为，茶叶中的吡虫啉残留通过乙腈提取，再用碱性盐溶液萃取去除提取物中部分杂质，然后经固相萃取净化后，用配有紫外检测器的高效液相色谱仪在波长 270 nm 处测定，根据色谱峰的保留时间定性，外标法定量。

**1. 试剂和材料**

除另有说明，在分析中使用分析纯试剂和 GB/T 6682，"分析实验室用水规格和试验方法"中规定的至少二级的水。乙腈：色谱纯；磷酸：色谱纯；ENVI-18 柱（Envi-18 柱是由 SUPELCO公司提供的产品的商品名，其他产品具有同等效果，也可使用这些等效的产品），3 mL，0.5 g；有机滤膜：孔径 0.45 μm；吡虫啉农药标准物质：纯度大于 99%；乙腈一水溶液 [$\varphi$ ( $CH_3CN$ + $H_2O$) =1+ 3]：乙腈与水按 1∶3 体积比混合。

标准储备溶液：称取吡虫啉农药标准物质 10 mg 左右（精确至 0.10 mg ）于 10 mL 容量瓶中，加乙腈超声溶解，定容，配成质量浓度为 1 000 mg/L 左右的标准储备液，－18 ℃冰箱保存。

标准工作液：使用时根据检测需要稀释成不同浓度的标准工作液，4 ℃冰箱保存，标准工作液避光 4 ℃保存，可使用 2 个月。

溶液 A：称取 0.8 g 氢氧化钠（NaOH）于 100 mL 烧杯中，加入少量水充分溶解后，再加入氯化钠（NaCl）使其饱和，然后倒入 1 000 mL 容量瓶中，再用饱和氯化钠水溶液定容至刻度。

溶液 B：称取 0.8 g 氢氧化钠（NaOH）于 100 mL 烧杯中，加入少量水充分溶解后，倒入 1 000 mL容量瓶中定容至刻度。

磷酸一水溶液[$\varphi$($H_3PO_4$＋$H_2O$)＝1＋999]：1 mL 磷酸加到 1 000 mL 容量瓶中，纯水定容至刻度，摇匀，现配现用。

**2. 仪器和设备**

高效液相色谱仪：紫外检测器；固体样品粉碎机：转速不低于 4 000 r/min；分析天平：精度为 0.1 mg 和 0.01 g 各一台；离心机：转速不低于 4 000 r/min；超声波清洗器；旋转蒸发仪；梨形浓缩瓶：50 mL；SPE 装置；移液器：10 mL、1 mL。

**3. 样品测定**

（1）提取

茶叶样品用固体样品粉碎机粉碎，称取 5.0 g，加 50 mL 乙腈，振荡提取 1 h，离心或普通滤纸过滤。滤液 40 mL 移入 100 mL 具塞量筒中，加入配制好溶液 A 40 mL，剧烈振摇1 min，分层，取出乙腈层 20 mL，加入 50 mL 梨形瓶中，38 ℃旋转蒸发近干，加乙腈一水溶液 2 mL 加入梨形瓶中，超声 30 s 充分溶解，待净化。

（2）净化

加样前先加 5 mL 乙腈预淋洗 ENVI-18 柱，然后用 5 mL 乙腈一水溶液平衡柱，再从提取液中移取 1 mL 溶解好的提取液转移至 ENVI-18 柱上，缓慢抽干柱。先用溶液 B，10 mL 洗柱，再用 10 mL 水洗柱，抽干柱，弃去上述所有淋洗液。最后用 1 mL 乙腈缓慢洗脱保留在柱上的吡虫啉农药，抽干柱，收集洗脱液定容至 1 mL，0.45 μm 有机滤膜过滤，待液相色谱测定。

(3)色谱条件

参考分析条件,色谱柱:$C_{18}$柱(250 mm×4.6 mm,粒径 5 μm);流动相及流速为,0~5 min,磷酸一水溶液 85%、乙腈 15%、流速 1.0 mL/min;5~35 min,磷酸一水溶液 80%、乙腈 20%、流速 1.0 mL/min;35~36 min,磷酸一水溶液 0%、乙腈 100%、流速 1.0 mL/min;36~46 min,磷酸一水溶液 85%、乙腈 15%、流速 1.0 mL/min。梯度条件可根据具体情况适当调整,使待测农药和基质共萃物得到较好的分离;柱温:室温;进样量:5 μL;检测波长:270 nm。

(4)定量测定

采用外标校准曲线法定量测定,使用不同质量浓度的吡虫啉标准工作液,以吡虫啉质量浓度为纵坐标,相应的峰面积积分值为横坐标,绘制多点较准曲线或求线性回归方程。标准工作液及试样溶液中的吡虫啉响应值均应在仪器检测的线性范围之内。按以上步骤对同一试样进行平行试验测定和空白试验,空白试验为,除不称取试料外,均按上述步骤进行。

**4. 结果计算**

试样中的吡虫啉含量用质量分数 $\omega$ 计,单位以毫克每千克(mg/kg)表示,按下列公式计算:

$$\omega=(V_1\times V_3\times\rho_x)/(V_2\times m)$$

式中:$\omega$——样品中吡虫啉含量,单位为毫克每千克(mg/kg);

$\rho_x$——利用标准曲线算得的试样中吡虫啉的质量浓度,单位为毫克每升(mg/L);

$V_1$——试样中提取液的总体积,单位为毫升(mL);

$V_2$——净化用提取液的总体积,单位为毫升(mL);

$V_3$——净化后收集的体积,单位为毫升(mL);

$m$——试料的质量,单位为千克(kg)。

计算结果表示到小数点后二位,在重复性条件下获得的两次独立测试结果的绝对差值不大于这两个测定值的算术平均值的15%。

# 6.4 茶叶 9,10-蒽醌含量的测定

本方法规定了茶叶中 9,10-蒽醌含量的气相色谱一串联质谱检测方法,适用于茶叶中 9,10-蒽醌含量的测定,本方法的定量限为 0.02 mg/kg。该方法的测定原理为,试样中的 9,10-蒽醌用丙酮和正己烷的混合溶液提取,弗罗里硅土净化,气相色谱一串联质谱测定,内标法定量。

**1. 试剂和材料**

丙酮($C_3H_6O$,CAS 号:67-64-1):色谱纯;正己烷($C_3H_6O$,CAS 号:67-64-1):色谱纯;无水硫酸钠($Na_2SO_4$,CAS 号:15124-09-1),500 ℃灼烧 4 h,冷却后储存于干燥器中备用;无水硫酸镁($MgSO_4$,CAS 号:7487-88-9),120 ℃烘干 12 h,冷却后储存于干燥器中备用;9,10-蒽醌标准品($C_{14}H_8O_2$,CAS 号:84-65-1),纯度≥99.0%;内标 $D_8$ 蒽醌标准品($C_{14}D_8O_2$,CAS 号:10439-39-1),纯度≥98.6%;弗罗里硅土(150~250 μm)500 ℃条件下烘干 4 h,加

入 7%水(w/w)脱活;有机系滤膜(尼龙材质),0.22 μm。

丙酮-正己烷溶液(V+V=1+4):1 体积丙酮加入 4 体积正己烷中,混匀,现用现配。

丙酮-正己烷溶液(V+V=1+39):1 体积丙酮加入 39 体积正己烷中,混匀,现用现配。

标准溶液配制:9,10-蒽醌标准储备溶液(100 mg/L):准确称取 10 mg(精确到 0.1 mg)9,10-蒽醌标准品于 50 mL 烧杯中,用丙酮溶解并转移至 100 mL 容量瓶中,用丙酮定容至刻度,混匀,−18 ℃冷冻避光保存,有效期 6 个月。$D_8$-蒽醌标准贮备溶液(100 mg/L):准确称取 10 mg(精确到 0.1mg)$D_8$-蒽醌标准品于 50 mL 烧杯中,用丙酮溶解并转移至 100 mL 容量瓶中,用丙酮定容至刻度,混匀,−18 ℃冷冻避光保存,有效期 6 个月。定容溶液(含 $D_8$-蒽醌 0.04 mg/L):移取 $D_8$-蒽醌标准储备溶液 1 mL 于 50 mL 容量瓶中,溶液定容至刻度,再取出其中 1 mL 于 50 mL 容量瓶中,溶液定容至刻度。

**2. 仪器和设备**

气相色谱—串联质谱:配电子轰击电离源(EI);分析天平:感量 0.000 1 g 和 0.01 g;超声仪;旋转蒸发仪;离心机:转速不低于 6 000 r/min;玻璃填充柱:10 cm×0.5 cm(内径);固体样品粉碎机;标准网筛:425 μm;梨形浓缩瓶:100 mL;离心管:50 mL(带聚四氟乙烯旋盖);氮吹仪。

**3. 试样制备**

取茶叶 500 g,粉碎后使其全部通过 425 μm 标准网筛,放入聚乙烯瓶或袋中,试样于常温干燥避光条件下保存。

**4. 样品测定**

(1)提取

准确称取 1.5 g(精确至 0.01 g)试样于 50 mL 离心管中,加入 1.5 mL 水浸润 30 min,加入 15 mL 提取溶液,超声提取 20 min 后,加入 1 g 无水硫酸镁,立刻摇匀,以 6 000 r/min 离心 5 min,移取 10 mL 上清液于 100 mL 梨形浓缩瓶中,35 ℃旋转蒸发至近干,氮气吹干,2 mL洗脱溶液溶解残渣,待净化。

(2)净化

在玻璃填充柱中依次加入脱脂棉、2 g 无水硫酸钠、2 g 弗罗里硅土和 2 g 无水硫酸钠后,10 mL 洗脱溶液预淋洗柱,弃去流出液,上样待净化液分 2 次,每次用 4 mL 洗脱溶液润洗梨形浓缩瓶,上柱,再加入 10 mL 洗脱溶液洗脱目标物,收集所有流出液,于 35 ℃旋转蒸发至近干,氮气吹干。1 mL 定容溶液溶解残渣,过 0.22 μm 有机系滤膜于进样小瓶,待测。

(3)仪器参考条件

气相色谱参考条件:色谱柱:VF-5ms 石英毛细管柱[5%-二苯基-95%二甲基硅氧烷,30 m×0.25 mm(内径)×0.25 μm]或相当类型色谱柱;载气:氦气(纯度≥99.999%,流速 1.0 mL/min);进样口温度:250 ℃;程序升温条件:初始温度 80 ℃,以 15 ℃/min 升温至 240 ℃,再以 25 ℃/min 升温至 280 ℃,保留 5 min;进样方式:不分流进样;进样体积:1 μL。

质谱参考条件:电离能量:70 eV;离子源温度:210 ℃;传输线温度:280 ℃;碰撞气体(Ar):2.0 mTorr;检测方式:多反应监测 MRM,其中 9,10-蒽醌的多反应监测条件为,保留时间 13.02 min,定量离子对 208.0/152.0(22)(碰撞能,eV),定性离子对 208.0/180.0(10)(碰撞能,eV);$D_8$-蒽醌的多反应监测条件为,保留时间 12.99 min,定量离子对 216.0/160.0

(20)(碰撞能,eV),定性离子对 216.0/188.0(10)(碰撞能,eV)。

(4)标准工作曲线

溶剂标准溶液曲线的制备:准确吸取适量 9,10 蒽醌溶液,氮气吹干,用定容溶液逐级稀释,配制成质量浓度为 0.01 mg/L、0.02 mg/L、0.05 mg/L、0.2 mg/L 和 1 mg/L 系列标准溶液,按参考色谱和质谱条件测定。以测得 9,10-蒽醌和 $D_8$-蒽醌峰面积比为纵坐标,对应的 9,10-蒽醌标准溶液质量浓度为横坐标,绘制标准曲线,求出回归方程和相关系数。

基质匹配标准溶液曲线的制备:准确吸取适量 9,10-蒽醌溶液,氮气吹干,用空白溶液稀释,配制成质量浓度为 0.01 mg/L、0.02 mg/L、0.05 mg/L、0.2 mg/L 和 1 mg/L 系列标准溶液,按参考色谱和质谱条件测定。以测得 9,10-蒽醌和 $D_8$-蒽醌峰面积比为纵坐标,对应的 9,10-蒽醌标准溶液质量浓度为横坐标,绘制标准曲线,求出回归方程和相关系数。

(5)定性及定量

保留时间:被测试样中 9,10-蒽醌和内标物色谱峰的保留时间与相应标准色谱峰的保留时间相比较,相对误差应在±2.5%之内。

定量离子、定性离子及子离子丰度比:在相同实验条件下进行样品测定时,如果检出的色谱峰的保留时间与标准样品相一致,并且在扣除背景后的样品质谱图中,目标化合物的质谱定性离子对应出现,而且同一检测批次,对同一化合物,样品中目标化合物的定性离子和定量离子的相对丰度比与质量浓度相当的基质标准溶液相比,相对离子丰度>50,允许相对偏差±20,相对离子丰度 20~50(含),允许相对偏差±25,相对离子丰度 10~20(含),允许相对偏差±30,相对离子丰度≤10,允许相对偏差±50,在该范围内则可判断样品中存在 9,10-蒽醌。

(6)测定

分别将基质匹配标准溶液和待测溶液注入气相色谱一串联质谱中,以保留时间和定性离子进行定性分析,样品中 9,10-蒽醌质量浓度应在标准工作曲线质量浓度范围内,采用内标法定量,同时做空白试验。空白试验为,除不加试样外,采用完全相同的测定步骤等进行平行操作。

**5. 结果计算**

试样中蒽醌的残留量用质量浓度 $\omega$ 计,按式(1)计算。

$$\omega=(A\times\rho_s\times V)/(A_s\times m) \tag{1}$$

式中:$\omega$——试样中 9,10-蒽醌含量,单位为毫克每千克(mg/kg);

$A$——样品溶液中 9,10-蒽醌和 $D_8$-蒽醌的峰面积比;

$A_s$——标准工作溶液中 9,10-蒽醌和 $D_8$-蒽醌的峰面积比;

$\rho_s$——标准溶液中 9,10-蒽醌的质量浓度,单位为毫克每升(mg/L);

$V$——样品提取溶液体积,单位为毫升(mL);

$m$——试样的质量,单位为克(g)。

计算结果以重复性条件下获得的两次独立测定结果的算术平均值表示,保留两位有效数字,当结果大于 1 mg/kg 时,保留三位有效数字。

**6. 精密度**

本标准的线性范围为 0.01~1 mg/L。

在重复性条件下，两次独立测定结果的绝对差不大于重复性限($r$)，重复性限($r$)的数据为：质量浓度为 0.02 mg/kg 时，重复性限($r$)为 0.005 0；质量浓度为 0.05 mg/kg 时，重复性限($r$)为 0.011；质量浓度为 0.2 mg/kg 时，重复性限($r$)为 0.052。

在再现性条件下，两次独立测定结果的绝对差不大于再现性限($R$)，再现性限($R$)的数据为：质量浓度为 0.02 mg/kg 时，再现性限($R$)为 0.006 5；质量浓度为 0.05 mg/kg 时，再现性限($R$)为 0.011；质量浓度为 0.2 mg/kg 时，再现性限($R$)为 0.057。

## 6.5　茶叶八氯二丙醚含量的测定

本方法规定了茶叶中八氯二丙醚残留量测定的制样和气相色谱测定方法，适用于进出口茶叶中八氯二丙醚残留量的测定。该方法的测定原理为，样品中的八氯二丙醚残留用丙酮和水提取，再经正己烷反萃取，然后用浓硫酸磺化净化，用配有电子俘获检测器的气相色谱仪测定，外标法定量。

**1. 试剂和材料**

除另有规定外，所用试剂均为分析纯，水为蒸馏水。正己烷：色谱纯；丙酮：色谱纯；氯化钠水溶液：150 g/L；浓硫酸；无水硫酸钠：650 ℃灼烧 4 h，在干燥器冷却至室温，储于密封瓶中备用；八氯二丙醚标准品：纯度大于 99%。

八氯二丙醚标准储备溶液：称取 0.01 g 八氯二丙醚标准品，用正己烷溶解定容至 100 mL，此溶液浓度为 100 pg/mL，存放在 4 ℃的冰箱中，根据需要用正己烷稀释至适当浓度的标准工作液。

**2. 仪器和设备**

气相色谱仪，配有电子俘获检测器；旋转蒸发器；均质器；无水硫酸钠柱：80 mm×40 mm(内径)筒型漏斗，底部垫约 5 mm 高脱脂棉，再装约 50 mm 无水硫酸钠。

**3. 样品测定**

(1)制样

将全部样品充分拌匀，磨碎，通过孔径为 0.85 mm 的筛(20 目)，均分成两份，装入洁净的容器内，作为试样，密封，并标明标记。在制样的操作过程中，应防止样品受到污染或发生残留物含量的变化，将试样室温保存。

(2)提取

称取 3 g 试样(精确到 0.01 g)置于 100 mL 烧杯中，加入 10 mL 水浸泡 2 h，加入 20 mL 丙酮，在均质器中均质 2 min，过滤至预先装有 50 mL 氯化钠水溶液和 20 mL 正己烷的 250 mL 分液漏斗中，用 10 mL 左右丙酮清洗残渣，合并滤液，剧烈振摇，静置分层，分离正己烷相，水相中再加入 20 mL 正己烷，重复操作，合并正己烷相，过无水硫酸钠柱至浓缩瓶中，用少量正己烷清洗此柱，用旋转蒸发器在 45 ℃以下水浴减压浓缩至近干。

(3)净化

浓缩瓶中残留物用 2 mL 正己烷溶解，转移入离心管中，浓缩瓶中再加 2 mL 正己烷，重复操作一次，氮气吹干，准确加入 3.0 mL 正己烷、0.5 mL 浓硫酸，振摇，以 4 000 r/min 离心 2 min,用尖嘴吸管吸取下层,弃去。正己烷层再加入 0.5 mL 浓硫酸,重复操作,直到正己烷层无色,正己烷溶液供 GC 测定。

(4)测定

色谱条件:(a)色谱柱:石英毛细管柱,DB-130 m×0.25 mm(直径)×0.25 μm(膜厚),或相当者;(b)载气和尾吹气:氮气(纯度大于 99.999%),载气流量,1.0 mL/min,尾吹气流量,30 mL/min;(c)柱温:初始温度 70 ℃保持 1 min,以 10 ℃/min 升至 280 ℃,保持 5 min;(d)进样口温度:200 ℃;(e)检测器温度:300 ℃;(f)进样方式:不分流进样;(g)开阀时间:1 min;(h)进样量:1 μL。

色谱测定:根据样液中八氯二丙醚含量的情况,选定浓度相近的标准工作溶液,标准工作溶液和样液中的八氯二丙醚响应值应在仪器检测的线性范围内。标准工作溶液和样液等体积穿插进样测定。

空白试验:除不加试样外,均按上述操作步骤进行。在满足试剂纯度、仪器工作和实验环境正常条件下,空白试验应无干扰峰出现。

(5)结果计算和表述

用色谱数据处理机或按式(1)计算试样中八氯二丙醚的残留含量:

$$X=(A\times c\times V)/(A_s\times m) \quad (1)$$

式中:$X$——试样中八氯二丙醚的残留量,单位为毫克每千克(mg/kg);

$A$——样液中八氯二丙醚的峰面积;

$A_s$——标准工作液中八氯二丙醚的峰面积;

$c$——标准工作液中八氯二丙醚的浓度,单位为微克每毫升(μg/mL);

$V$——样液最终定容体积,单位为毫升(mL);

$m$——最终样液所代表的试样质量,单位为克(g)。

**注:**本方法的测定低限为 0.01 mg/kg。

(6)回收率

回收率的实验数据为,八氯二丙醚添加浓度在 0.01 mg/kg 时,回收率为 90%~114%;八氯二丙醚添加浓度在 0.02 mg/kg 时,回收率为 97%~108%;八氯二丙醚添加浓度在 0.20 mg/kg 时,回收率为 91% ~110%。

## 6.6 茶叶三氯杀螨醇含量的测定

本方法规定了茶叶中三氯杀螨醇残留量的检测方法,适用于进出口茶叶中三氯杀螨醇残留量的测定和确证。该方法测定的原理为,用丙酮-正己烷混合溶液提取茶叶中的三氯杀螨醇,经石墨化炭黑、中性氧化铝柱净化,氢氧化钾溶液进行碱解,转化为 4,4′-二氧二苯甲酮(DBP),用配有电子俘获检测器的气相色谱仪进行测定,气相色谱一质谱确证,内标法定量。

**1. 试剂和材料**

除另有规定外,所用试剂均为分析纯,水为 GB/T 6682,“分析实验室用水规格和试验方法”规定的一级水。丙酮:色谱级;正己烷:色谱级;无水乙醇:优级纯;无水硫酸钠:650 ℃

灼烧 4 h,储于干燥器中备用;氢氧化钾;丙酮-正己烷(1 + 4)混合溶液:量取 50 mL 丙酮与 200 mL 正己烷混合;氢氧化钾溶液(10 mol/L):称取 56.1 g 氢氧化钾,溶于 100 mL 蒸馏水中;硫酸钠溶液(20 g/L):20 g 无水硫酸钠溶于 1 000 mL 蒸馏水中;石墨化炭黑固相萃取柱:500 mg,3 mL,或相当者;中性氧化铝固相萃取柱:500 mg,3 mL,或相当者;

三氯杀螨醇标准品(Dicofol,$C_{14}H_9C_{15}O$,CAS 编号:115-32-2):纯度≥96.2%;内标物标准品:艾氏剂(Aldrin,$C_{12}H_8C_{16}$,CAS 编号:309-00-2),纯度≥99%;三氯杀螨醇标准溶液:准确称取适量的三氯杀螨醇标准品(精确至 0.1 mg),用正己烷配制成浓度为 100 mg/L 的标准储备液,根据需要再配制成适用浓度的标准工作液;内标物标准溶液:准确称取适量的艾氏剂标准品(精确至 0.1 mg),用正己烷配制成浓度为 100 mg/L 的内标物标准储备液,根据需要再配制成适用浓度的内标物标准工作液。

**2. 仪器和设备**

气相色谱仪:配有电子俘获检测器(ECD);气相色谱—质谱联用仪:配有电子轰击离子源(EI);粉碎机;分析天平:感量 0.01 g;分析天平:感量 0.000 1 g;均质器;离心机:转速 3 000 r/min以上;涡旋混匀器;氮吹仪;固相萃取装置,带真空泵。

**3. 试样的制备**

将样品缩分至 1 000 g,用粉碎机全部粉碎,混匀,均匀分成两份作为试样,装入洁净容器内,密封,标明标记,试样置于−18 ℃冰箱中保存。在抽样及制样的操作过程中,应防止样品受到污染或发生残留物含量的变化。

**4. 测定步骤**

(1)提取

称取试样 10 g(精确至 0.01 g)于 100 mL 具塞离心管中,加丙酮-正己烷混合溶液 40 mL,高速均质提取 5 min,将离心管置于离心机内,以 3 000 r/min 的速度离心 5 min,将上清液转移至 100 mL 容量瓶中,在离心管中加入 40 mL 丙酮-正己烷混合溶液,重复上述操作,清液合并转入容量瓶中,以丙酮-正己烷混合溶液准确定容至 100 mL,准确吸取 10 mL 提取液于试管中,然后于 40 ℃氮气流下浓缩至约 1 mL,待净化。

(2)净化

将石墨化炭黑小柱和中性氧化铝小柱自上而下安装在固相萃取装置上,中性氧化铝固相萃取柱内填充约 10 mm 高无水硫酸钠层,使用前,依次以 3 mL 正己烷、3 mL 丙酮、3 mL 丙酮一正己烷混合溶液对净化柱进行预淋洗,将浓缩液转移至净化柱中,用 9 mL 丙酮一正己烷混合溶液分三次洗涤试管并倾入柱中,控制流速不超过 3 mL/min,收集全部流出液于 10 mL玻璃试管中,40 ℃氮气流下浓缩至近干。

(3)碱解

在上述试管中依次加入 1 mL 内标物标准工作液、0.5 mL 无水乙醇和 1 mL 的氢氧化钾溶液,涡旋混匀 5 min,在 3 000 r/min 下离心 5 min,移取正己烷相于一离心管中,用 1 mL 硫酸钠溶液洗涤两次,弃去水相,在正己烷相中加入约 0.5 g 无水硫酸钠脱水,取上层清液供气相色谱和气相色谱质谱测定。

(5)标准物碱解

取适量浓度的标准工作液,于 40 ℃下氮气吹干,按照上述步骤进行碱解。

(6)气相色谱测定参考条件

色谱柱:DB-1701 石英毛细管柱,30 m×0.53 mm(内径),膜厚 1.0 μm,或相当者;色谱柱温度:70 ℃保持 1 min,以 10 ℃/min 升温至 240 ℃,保持 20 min;进样口温度:270 ℃;检测器温度:300 ℃;载气:氮气,纯度≥99.999%,流速 15 mL/min;尾吹气:氮气,纯度≥99.999%,流速 60 mL/min;进样方式:不分流进样,0.75 min 后开阀;进样量:1.0 μL。

(7)气相色谱—质谱测定参考条件

色谱柱:DB-5MS 石英毛细管柱,30 m×0.25 mm(内径),膜厚 0.25 μm,或相当者;色谱柱温度:70 ℃保持 1 min,以 10 ℃/min,升温至 240 ℃,保持 20 min;进样口温度:270 ℃;气相色谱一质谱接口温度:280 ℃;载气:氦气,纯度≥99.999%,流速 1.0 mL/min;进样方式:不分流进样,1 min 后开阀;进样量:1.0 μL;电离方式:EI;电离能量:70 eV;测定方式:选择离子监测方式(SIM);艾氏剂监测离子($m/z$):263,265 ,293;定量离子:263;三氯杀螨醇(碱解产物 DBP)监测离子($m/z$):139,111,141,250;定量离子:139;溶剂延迟:10 min。

(8)气相色谱测定

按照确定的气相色谱条件测定样品和标准工作溶液,以三氯杀螨醇碱解产物 DBP 和内标物艾氏剂的峰面积比为纵坐标,以三氯杀螨醇和艾氏剂的浓度比为横坐标绘制标准工作曲线,以标准曲线对样液进行定量,样液中三氯杀螨醇的碱解产物(DBP)的响应值应在仪器检测的线性范围内,如果残留量超出标准曲线范围,应对提取液进行适当稀释。标准工作溶液和样液等体积穿插进样测定,保留时间定性。在上述色谱条件下,艾氏剂和 DBP 的保留时间分别为 15.4 min 和 16.5 min。

(9)气相色谱—质谱检测及确证

对标准工作溶液及样液按上述规定的条件进行测定,如样品中待测物质和内标物的保留时间之比,也就是相对保留时间,与标准工作溶液中对应的相对保留时间相一致,并且在扣除背景后的样品谱图中均出现;同时将样品谱图中各组分定性离子的相对丰度与浓度接近的标准工作溶液谱图中对应的定性离子的相对丰度进行比较,若偏差不超过下表中规定的范围,则可判定为样品中存在对应的待测物。在上述条件下,内标物艾氏剂和三氯杀螨醇分解产物 DBP 的保留时间分别是 17.2 min 和 17.5 min,如果不能确证,应重新进样,以扫描方式(有足够灵敏度)或采用增加其他确证离子的方式来确证。根据定量离子($m/z$):139 对其进行内标法定量(表 6-2)。

**表 6-2 使用气相色谱-质谱定性时相对离子丰度最大允许偏差**

| 相对丰度/% | >50 | >20~50 | >10~20 | ≤10 |
|---|---|---|---|---|
| 允许的相对偏差/% | ±10 | ±15 | ±20 | ±50 |

(10)空白试验

除不加试样外,均按上述步骤进行。

**5. 结果计算**

试样中三氯杀螨醇残留量按式(1)计算:

$$X=[(A\times C_S\times A_{si}\times C_i)/(A_S\times C_{si}\times A_i)]\times(V/m) \quad (1)$$

式中:$X$——试样中三氯杀螨醇残留量,单位为毫克每千克(mg/kg);

$A$——样液中 DBP 的峰面积(或峰高);

$C_S$——标准工作液中三氯杀螨醇浓度，单位微克每毫升(μg/mL)；

$A_{si}$——标准工作溶液中内标物的峰面积(或峰高)；

$C_i$——样液中内标物浓度，单位微克每毫升(μg/mL)；

$A_S$——标准工作溶液中 DBP 的峰面积(或峰高)；

$C_{si}$——标准工作液中内标物浓度，单位微克每毫升(μg/mL)；

$A_i$——样液中内标物的峰而积(或峰高)；

$V$——样液最终定容体积，单位毫升(mL)；

$m$——样液所代表的试样的质量，单位为克(g)。

**注**：计算结果需将空白值扣除。

**6. 测定低限、回收率**

(1)测定低限

气相色谱检测方法和气相色谱—质谱检测方法测定三氯杀螨醇残留量的测定低限均为0.05 mg/kg。

(2)回收率

样品的添加浓度及回收率的实验数据见表 6-3。

**表 6-3　样品的添加浓度及回收率的实验数据(GC)**

| 测定方法 | 添加浓度/mg·kg$^{-1}$ | 回收率范围/% | 测定方法 | 添加浓度/mg·kg$^{-1}$ | 回收率范围/% |
|---|---|---|---|---|---|
| GC | 0.05 | 78～102 | GC-MS | 0.05 | 79～98 |
| | 0.10 | 85～105 | | 0.10 | 83～101 |
| | 0.50 | 86～104 | | 0.50 | 84～103 |
| | 3.0 | 88～103 | | 3.0 | 89～102 |

# 6.7　茶叶六六六、滴滴涕含量的测定

本方法规定了茶叶中六六六、滴滴涕残留量的检测和确证方法，适用于茶叶中六六六、滴滴涕残留量的检测和确证。该方法测定的原理为，试样中残留的六六六、滴滴涕用丙酮一正己烷超声提取，提取液经浓硫酸磺化，用带有电子捕获检测器的气相色谱测定，外标法定量，如有必要用气相色谱一质谱联用仪进行确证。

**1. 试剂材料**

除另有说明，所用试剂均为分析纯，水为 GB/T 6682，“分析实验室用水规格和试验方法”规定的一级水。丙酮：色谱纯；正己烷：色谱纯；浓硫酸：优级纯；无水硫酸钠：于 650 ℃下灼烧 4 h，冷却贮于密闭容器中备用；丙酮一正己烷(1+1，体积比)溶液：量取 500 mL 丙酮和 500 mL 正己烷至 1 000 mL 试剂瓶中；2%硫酸钠溶液：称取 20 g 无水硫酸钠溶解，用水定容至 1 000 mL；农药标准物质：α-六六六(α-BHC，CAS 号：319-84-6)；β-六六(β-BHC，CAS 号：319-85-7)；γ-六六六(γ-BHC，CAS 号：58-89-9)；δ-六六六(δ-BHC，CAS 号：319-86-8)；p，p′-滴滴滴(p，p′-DDD，CAS 号：72-54-8)；p，p′-滴滴伊(p，p′-DDE，CAS 号：72-55-9)；o，p′滴滴涕(o，p′-DDT，CAS 号：789-02 6)；p，p′-滴滴涕(p，p′-DDT，CAS 号：50-29-3)，纯度

均大于98%。

标准储备液的配制：分别称取约0.01 g（精确至0.000 1 g）α-六六六、β-六六六、γ-六六六、δ-六六六、p,p′-滴滴滴、p,p-滴滴伊、o,p′-滴滴涕和p,p′-滴滴涕的标准品于10 mL的容量瓶中，用正己烷配制成约1 000 μg/mL的标准储备溶液，低于5 ℃避光冷藏保存；

混合标准中间溶液的配制：各移取上述的标准储备液1.00 mL至100 mL容量瓶中，用正己烷稀释至刻度，现配现用。

**2. 仪器与设备**

气相色谱仪：配有电子捕获(ECD)检测器；气相色谱－质谱联用仪：配有负化学电离源(NCI)；超声提取仪；涡漩混匀器；氮吹仪；塑料离心管：50 mL；玻璃离心管：50 mL，具塞；低速离心机：3 000 r/min；天平：感量0.000 1 g、0.01 g各一台。

**3. 试样的制备与保存**

将样品全部磨碎，混匀，均分成两份试样，装入洁净的容器内，密封，标明标记。试样于常温状态下保存，在制样的操作过程中，应防止样品受到污染或发生残留物含量的变化。

**4. 样品测定**

(1)提取

称取2 g样品(精确至0.01 g)于50 mL塑料离心管中，加入10.0 mL蒸馏水，超声15 min，在离心管中加入10.0 mL丙酮－正己烷(1+1，体积比)混合液，涡旋混匀2 min，在3 000 r/min下离心10 min，取出上清液于50 mL玻璃离心管中，残渣中再加入10.0 mL丙酮－正己烷(1+1，体积比)，同上操作，合并有机层提取液。

(2)净化

在上述提取液中加入约1 mL的浓硫酸，盖上盖子，轻轻振荡后静置，3 000 r/min离心3 min，将上层有机相转移到另一玻璃离心管中，继续加入1 mL浓硫酸，同上操作2～3次，直至浓硫酸层颜色变浅，弃去下层硫酸溶液，在有机相中加入10 mL 2%硫酸钠溶液，涡旋混匀后3 000 r/min离心3 min，上层有机相经无水硫酸钠脱水后于40 ℃氮吹浓缩至干，准确加入1.0 mL正己烷溶液供GC测定。

(3)气相色谱测定条件

色谱参考条件为：(a)色谱柱：DB-5石英毛细管柱，长30 m，内径0.32 mm，膜厚0.25 μm，或相当者；(b)柱温：初始温度50 ℃，保持0.5 min，以20 ℃/min升温至140 ℃，再以11 ℃/min升温至275 ℃，保持20 min；(c)进样口温度：280 ℃；(d)检测器温度：300 ℃；(e)载气：氮气，纯度大于等于99.999%，恒流模式，流速0.6 mL/min；(f)进样量：1.0 μL，不分流进样，0.6 min开阀；(g)尾吹气：氮气，60 mL/min。

(4)气相色谱-质谱条件

气相色谱-质谱参考条件为：(a)色谱柱：DB-5石英毛细管柱，长30 m，内径0.32 mm，膜厚0.25 μm，或相当者；(b)柱温：初始温度50 ℃，保持0.5 min，以20 ℃/min升温至140 ℃，再以11 ℃/min升温至275 ℃，保持20 min；(c)载气：氦气，纯度大于等于99.999%，恒流模式，流速1.0 mL/min；(d)进样口温度：280 ℃；(e)离子源温度：150 ℃；(f)GC-MS接口温度：280 ℃；(g)进样量：1.0 μL，不分流进样；(h)电离方式：负化学电离(NCI)，反应气：甲烷；(i)测定方式：选择离子监测模式(SIM)，具体参数见表6-4。

表 6-4　六六六和 DDT 的监测离子及其丰度比

| 名　称 | 监测离子(m/z)/amu | 监测离子丰度比/% |
|---|---|---|
| α-六六六 | 181*,219,217,145 | 100:90:70:20 |
| β-六六六 | 181*,219,217,145 | 100:90:70:20 |
| γ-六六六 | 181*,219,217,145 | 100:90:70:20 |
| δ-六六六 | 181*,219,217,145 | 100:90:70:20 |
| p,p′-DDE | 246*,318,235,165,237 | 100:80:2:0.5:0.5 |
| p,p′-DDD | 235*,237,165,318,246 | 100:65:40:2:1 |
| o,p′-DDT | 235*,237,165,246,318 | 100:65:40:10:1 |
| p,p′-DDT | 235*,237,165,246,318 | 100:65:40:10:1 |

* 表示定量离子

(5)气相色谱测定

标准曲线：采用混合标准储备液，分别配制成 0.005 μg/mL、0.01 μg/mL、0.02 μg/mL、0.05 μg/mL、0.20 μg/mL、0.50 μg/mL 标准溶液，直接进气相色谱测定，峰面积对浓度作线性回归曲线，计算相关系数。

根据样液中被测物含量情况，选取浓度相近的标准工作液，标准工作液和样液中待测物的响应值均应在仪器检测的线性范围内，标准工作溶液和样液等体积穿插进样测定。

气相色谱-质谱确证：根据样液中被测组分含量，选定浓度相近的标准工作溶液，其响应值均应在仪器检测的线性范围内，对标准工作溶液与样液等体积穿插进样测定，以色谱峰面积按外标法定量。在相同实验条件下，试样中待测物质的保留时间与标准工作溶液中对应的保留时间偏差在±2.5%之内，并且被测样品与标准品的质谱图相似，所选择的全部监测离子均出现且丰度比也相一致，在允许的偏差范围内，如，相对离子丰度>50%，允许的相对偏差±20%；相对离子丰度>20%至 50%，允许的相对偏差±25%；相对离子丰度>10%至20%，允许的相对偏差±30%；相对离子丰度≤10%，允许的相对偏差±50%；可确定为样品中存在这种药物残留。

测定过程中需做空白试验，空白试验为，除不加试样外，均按上述操作步骤进行。

**5. 结果计算**

用色谱处理软件中的外标法绘制标准曲线，样中六六六、滴滴涕各组分残留量分别按式(1)计算。计算结果需扣除空白值。

$$X = [(c \times 1\ 000)/(m \times 1\ 000)] \times V \qquad (1)$$

式中：$X$——样品中六六六、滴滴涕残留量，单位为毫克每千克(mg/kg)；

$c$——从标准曲线中得到六六六、滴滴涕标准工作溶液的浓度，单位为微克每毫升(μg/mL)；

$V$——样品定容体积，单位为毫升(mL)；

$m$——样品称样量，单位为克(g)。

**6. 测定低限、回收率**

本方法对所测定的六六六、滴滴涕残留量的测定低限均为：0.005 mg/kg；茶叶添加不同浓度六六六、滴滴涕后的回收率见表 6-5。

**表 6-5 茶叶添加浓度及回收率试验数据**

| 农药名称 | 添加浓度/mg·kg⁻¹ | 红茶回收率/% | 绿茶回收率/% | 乌龙茶回收率/% |
|---|---|---|---|---|
| α-六六六 | 0.005 | 90.6～103 | 88.6～116 | 92.5～103 |
| | 0.010 | 84.0～100 | 89.6～ 104 | 89.8～102 |
| | 0.020 | 92.5～107 | 88.0～107 | 94.5～109 |
| | 0.200 | 89.5～97.0 | 88.0～101 | 93.0～107 |
| β-六六六 | 0.005 | 94.8～104 | 88.8～113 | 93.2～102 |
| | 0.010 | 80.0～98.0 | 88.9～103 | 89.1～1o6 |
| | 0.020 | 85.5～105 | 88.5～102 | 94.5～109 |
| | 0.200 | 91.0～102 | 92.5～109 | 90.5～107 |
| δ-六六六 | 0.005 | 93.2～102 | 89.8～l12 | 94.6～103 |
| | 0.010 | 76.0～96.0 | 89.6～101 | 89.8～110 |
| | 0.020 | 89.5～105 | 89.5～106 | 90.5～107 |
| | 0.200 | 91.0～102 | 93.0～109 | 91.5～106 |
| γ-六六六 | 0.005 | 89.2－98.8 | 90.0～118 | 93.8～101 |
| | 0.010 | 80.0～94.0 | 87.9～110 | 89.8～106 |
| | 0.020 | 89.0～105 | 93.5～108 | 94.5～l06 |
| | 0.200 | 93.0～ 104 | 90.5～l05 | 88.0～106 |
| p,p′-DDE | 0.005 | 83.4～98.0 | 89.0～111 | 97.0～115 |
| | 0.010 | 84.0～96.0 | 87.9～110 | 90.6～l03 |
| | 0.020 | 98.0～106 | 93.0～108 | 94.0～l07 |
| | 0.200 | 88.0～107 | 90.5～105 | 91.0～l06 |
| p,p′-DDD | 0.005 | 93.0～105 | 90.4～115 | 95.2～103 |
| | 0.010 | 80.0～96.0 | 89.9～103 | 96.9～113 |
| | 0.020 | 88.0～101 | 92.5～103 | 90.5～107 |
| | 0.200 | 90.5～100 | 91.5～104 | 94.5～106 |
| o,p′-DDT | 0.005 | 93.4～105 | 88.6～114 | 93.8～l01 |
| | 0.010 | 78.0～100 | 88.8～100 | 90.1～106 |
| | 0.020 | 94.0～105 | 92.5～101 | 91.5～108 |
| | 0.200 | 92.0～103 | 90.0～114 | 91.5～106 |
| p,p′-DDT | 0.005 | 87.0～97.6 | 92.0～114 | 95.0～102 |
| | 0.010 | 80.0～94.0 | 90.1～107 | 89.9～106 |
| | 0.020 | 87.0～101 | 91.0～106 | 91.5～103 |
| | 0.200 | 89.0～101 | 91.5～103 | 90.5～103 |

# 6.8 茶叶 9 种有机杂环类农药含量的测定

本方法规定了茶叶中 9 种有机杂环类农药残留量检验的抽样和制样、测定方法、测定低限及回收率，适用于茶叶中莠去津、乙烯菌核利、腐霉利、氟菌唑、抑霉唑、噻嗪酮、丙环唑、氯苯嘧啶醇、哒螨灵残留量的检验。

**1. 试剂和材料**

除另有规定外,所有试剂均为分析纯,水为符合 GB/T 6682,“分析实验室用水规格和试验方法”中规定的一级水。丙酮($CH_3COCH_3$):重蒸馏;正己烷($C_6H_{14}$):重蒸馏;氯化钠(NaCl)。

丙酮-正己烷(1+3)溶液:取 100 mL 丙酮,加入 300 mL 正己烷,摇匀备用。

丙酮-正己烷(2+1)溶液:取 200 mL 丙酮,加入 100 mL 正己烷,摇匀备用。

农药标准品:纯度≥99%。标准溶液配制,准确称取适量莠去津、乙烯菌核利、腐霉利、氟菌唑、抑霉唑、噻嗪酮、丙环唑、氯苯嘧啶醇、哒螨灵标准品,用丙酮配制成浓度为 1.00 mg/mL 标准储备液,再根据需要用正己烷稀释成相应的标准工作液。

测定过程中使用的材料为,无水硫酸钠($Na_2SO_4$):经过 650 ℃灼烧 4h,置于干燥器中备用;活性炭固相萃取小柱:250 mg 或相当者;中性氧化铝固相萃取小柱:250 mg 或相当者。

**2. 仪器和设备**

气相色谱仪:配质量选择性检测器;分析天平:感量 0.01 g 和 0.000 1 g;固相萃取装置:带真空泵;多功能微量化样品处理仪:或相当者;离心机:4 000 r/min;涡旋混匀器;离心管:15 mL;刻度试管:15 mL;微量注射器:10 μL。

**3. 试样制备与保存**

试样制备:将所取回的样品磨碎,取样部位按 GB 2763 ,“食品安全国家标准 食品中农药最大残留限量”执行,使通过孔径为 0.84 mm 筛,混匀,均分成两份,装入清洁的容器内,作为试样,密封,并标明标记。

试样保存,将试样于-5 ℃以下避光保存,在抽样和制样的操作过程中,必须防止样品受到污染或发生残留物含量的变化。

**4. 分析步骤**

试样中残留的莠去津、乙烯菌核利、腐霉利、氟菌唑、抑霉唑、噻嗪酮、丙环唑、氯苯嘧啶醇、哒螨灵用丙酮-正己烷提取,采用活性炭小柱和中性氧化铝小柱净化,被测物用丙酮-正己烷洗脱,净化后用气相色谱仪,配有质谱检测器的测定,外标法定量。

(1)提取

准确称取 1 g 均匀试样(精确至 0.001 g)于 15 mL 离心管中,加入 1 g 氯化钠,加入 2 mL 蒸馏水,于混匀器上混匀 30 s,放置 30 min,再加入 4 mL 丙酮和正己烷混合液,在混合器上混匀 2 min。在 2 500 r/min 下离心 1 min,吸取上层正己烷提取液于另一 15 mL 刻度试管中。再分别加入 2 mL 丙酮和正己烷混合液重复提取两次,合并提取液,加入 1 g 无水硫酸钠干燥,将干燥后的提取液完全转移至另一干净刻度试管中置于微量化样品处理仪上,在 50 ℃氮气流吹至约 1 mL(溶液 A)。

(2)净化

将活性炭固相萃取小柱和中性氧化铝固相萃取小柱(活性炭固相萃取小柱内填约 1 cm 高的无水硫酸钠层)自上而下安装在固相萃取的真空抽滤装置上,先用 1 mL×3 丙酮预淋洗小柱,再用 1 mL×3 正己烷预淋洗小柱,保持滴速 0.5 mL/min,弃去所有淋洗液。

将溶液 A 依次过活性炭固相萃取小柱和中性氧化铝固相萃取小柱,再用 6.0 mL 丙酮和正己烷混合液淋洗柱子，收集全部洗脱液，置于 50 ℃下，氮气流吹至近干，最后用正己烷定容至 0.5 mL，供 GC－MS 分析备用。

（3）气相色谱－质谱参考条件

色谱柱：石英毛细管柱，5％苯基甲基聚硅氧烷固定相，30 m×0.20 mm（内径），膜厚 0.25 μm，或相当者；色谱柱温度：70 ℃保持 2 min，以 8 ℃/min 上升至 180 ℃，再以 3 ℃/min 上升至 280 ℃，保持 18 min；进样口温度：250 ℃；色谱－质谱接口温度：220 ℃；载气：氦气（纯度＞99.995％），0.6 mL/min；进样量：1 μL；进样方式：无分流进样，1 min 后开阀；电离方式：EI；电离能量：70 eV；测定方式：选择离子监测方式（SIM）；溶剂延迟：15 min；监测离子（$m/z$）（见表 6-6）。

**表 6-6　9 种杂环类农药的监测离子**

| 农　药 | 采集时间/min | 监测离子/m・z⁻¹ |
|---|---|---|
| 莠去津 | 15～20 | 173,187,200[a),215 |
| 乙烯菌核利 | 20～25 | 187,198,212[a),285 |
| 腐霉利 | 25～26.5 | 96[a),255,283,285 |
| 氟菌唑 | 25～26.5 | 219,248,278[a),287 |
| 抑霉唑 | 26.5～28.2 | 173[a),215,240,296 |
| 噻嗪酮 | 28.2～30.5 | 105[a),172,175,305 |
| 丙环唑 | 30.5～36 | 173[a),191,259,261 |
| 氯苯嘧啶醇 | 36～40.5 | 139[a),219,251,330 |
| 哒螨灵 | 40.5～43 | 117,147[a),309,364 |

[a) 标记离子为定量离子

（4）色谱测定

根据样液中莠去津、乙烯菌核利、腐霉利、氟菌唑、抑霉唑、噻嗪酮、丙环唑、氯苯嘧啶醇、哒螨灵的含量情况，选定峰面积相近的标准工作溶液，标准工作溶液和样液中莠去津、乙烯菌核利、腐霉利、氟菌唑、抑霉唑、噻嗪酮、丙环唑、氯苯嘧啶醇、哒螨灵的响应值均应在仪器检测的线性范围内，对标准工作液的样液等体积参插进样测定。

（5）质谱确证

对标准溶液及样液均按上述规定的条件进行测定，如果样液中与标准溶液相同的保留时间有峰出现，则对其进行质谱确证，当待测物全部监测离子的相对丰度与标准品一致，且相似度±10％之内时，可确证此待测物。在上述气相色谱－质谱条件下，9 种杂环类农药的保留时间及监测离子丰度比（$m/z$）见表 6-7。

**表 6-7　9 种杂环类农药的保留时间和监测离子丰度比**

| 农　药 | 保留时间/min | 监测离子丰度比/m・z⁻¹ |
|---|---|---|
| 莠去津 | 18.41 | 173:187:200:215(26:3:100:58) |
| 乙烯菌核利 | 21.09 | 187:198:212:285(74:89:100:86) |
| 腐霉利 | 25.46 | 96:255:283:285(100:8:69:5) |
| 氟菌唑 | 25.67 | 219:248:278:287(18:7:100:53) |

续表

| 农　药 | 保留时间/min | 监测离子丰度比/$m \cdot z^{-1}$ |
|---|---|---|
| 抑霉唑 | 27.33 | 173:215:240:296(76:100:9:6) |
| 噻嗪酮 | 28.30 | 105:172:175:305(100:35:25:6) |
| 丙环唑 | 32.20,32.58 | 173:191:259:261(100:27:88:57) |
| 氯苯嘧啶醇 | 39.12 | 139:219:251:330(100:63:54:36) |
| 哒螨灵 | 41.64 | 117:147:309:364(15:100:7:6) |

(6)空白实验

除不加试样外,均按上述测定步骤进行。

**5. 结果计算和表述**

用色谱数据处理软件或按式(1)计算试样中莠去津、乙烯菌核利、腐霉利、氟菌唑、抑霉唑、噻嗪酮、丙环唑、氯苯嘧啶醇、哒螨灵的含量:

$$X=(A\times c_s\times V)/(A_s\times m) \tag{1}$$

式中:$X$——试样中莠去津、乙烯菌核利、腐霉利、氟菌唑、抑霉唑、噻嗪酮、丙环唑、氯苯嘧啶醇、哒螨灵的含量,单位为毫克每千克(mg/kg);

$A$——样液中莠去津、乙烯菌核利、腐霉利、氟菌唑、抑霉唑、噻嗪酮、丙环唑、氯苯嘧啶醇、哒螨灵的峰面积,单位为平方毫米($mm^2$);

$C_s$——标准工作液中莠去津、乙烯菌核利、腐霉利、氟菌唑、抑霉唑、噻嗪酮、丙环唑、氯苯嘧啶醇、哒螨灵的浓度,单位为微克每毫升(μg/mL);

$A_s$——标准工作液中莠去津、乙烯菌核利、腐霉利、氟菌唑、抑霉唑、噻嗪酮、丙环唑、氯苯嘧啶醇、哒螨灵的峰面积,单位为平方毫米($mm^2$);

$V$——样液最终定容体积,单位为毫克(mL);

$m$——最终样液所代表的试样量,单位为克(g)。

**注:**计算结果需扣除空白值,测定结果用平行测定的算术平均值表示,保留两位有效数字。

**6. 精密度**

在重复性条件下获得的两次独立测定结果的绝对差值与其算术平均值的比值(百分率),应符合表6-8的要求。

**表6-8　实验室内重复性要求**

| 被测组分含量/$mg \cdot kg^{-1}$ | 精密度/% |
|---|---|
| ≤0.001 | 36 |
| >0.001≤0.01 | 32 |
| >0.01≤0.1 | 22 |
| >0.1≤1 | 18 |
| >1 | 14 |

在再现性条件下获得的两次独立测定结果的绝对差值与其算术平均值的比值(百分率),应符合表6-9的要求。

表 6-9　实验室间再现性要求

| 被测组分含量/mg·kg⁻¹ | 精密度/% |
|---|---|
| ≤0.001 | 54 |
| >0.001≤0.01 | 46 |
| >0.01≤0.1 | 34 |
| >0.1≤1 | 25 |
| >1 | 19 |

**7. 定量限和回收率**

(1)定量限

本方法莠去津的定量限是 0.02 mg/kg,乙烯菌核利的定量限是 0.02 mg/kg,腐霉利的定量限是 0.02 mg/kg,氟菌唑的定量限是 0.38 mg/kg,抑霉唑的定量限是 0.05 mg/kg,噻嗪酮的定量限是 0.01 mg/kg,丙环唑的定量限是 0.05 mg/kg,氯苯嘧啶醇的定量限是 0.02 mg/kg,哒螨灵的定量限是 0.5 mg/kg。

(2)回收率

当添加浓度不同时,9 种杂环类农药在茶叶中的添加回收率见表 6-10。

表 6-10　茶叶中 9 种杂环类农药的添加回收率

| 农药名称 | 添加浓度/mg·kg⁻¹ | 回收率/% | 农药名称 | 添加浓度/mg·kg⁻¹ | 回收率/% |
|---|---|---|---|---|---|
| 莠去津 | 0.02 | 89.5～99.2 | 乙烯菌核利 | 0.02 | 80.1～89.7 |
| | 0.2 | 90.4～96.4 | | 0.2 | 79.5～86.7 |
| | 2.0 | 92.3～111.4 | | 2.0 | 94.8～105.4 |
| 腐霉利 | 0.02 | 93.5～97.3 | 氟菌唑 | 0.38 | 80.2～87.9 |
| | 0.2 | 92.3～96.6 | | 3.0 | 78.9～84.4 |
| | 2.0 | 92.5～98.5 | | 30 | 76.6～87.9 |
| 抑霉唑 | 0.05 | 78.8～85.6 | 噻嗪酮 | 0.01 | 95.1～99.3 |
| | 0.5 | 75.1～83.8 | | 0.1 | 93.5～99.8 |
| | 5.0 | 72.6～79.6 | | 1.0 | 94.4～103.5 |
| 丙环唑 | 0.05 | 81.1～91.7 | 氯苯嘧啶醇 | 0.02 | 96.9～112.4 |
| | 0.5 | 95.7～108.2 | | 0.2 | 103.5～116.2 |
| | 5.0 | 96.4～105.8 | | 2.0 | 99.2～106.7 |
| 哒螨灵 | 0.25 | 88.6～94.1 | | | |
| | 2.5 | 90.2～94.8 | | | |
| | 20 | 87.2～93.8 | | | |

## 6.9　茶叶 10 种吡唑、吡咯类农药含量的测定

本方法规定了茶叶中唑螨酯、硫化氟虫腈、氟虫腈、氟虫腈砜、氟硅唑、野燕唑、溴虫腈、

吡草醚、吡螨胺、唑虫酰胺等10种农药残留量测定的气相色谱—质谱/质谱测定方法，适用于茶叶中唑螨酯、硫化氟虫腈、氟虫腈、氟虫腈砜、溴虫腈、氟硅唑、野燕枯、吡草醚、吡螨胺、唑虫酰胺等10种农药残留量的检测和确证。该方法的基本原理为，试样中残留的10种吡唑、吡咯类农药在加速溶剂萃取仪(ASE)中用乙酸乙酯—正己烷混合溶剂提取，ENVI-Carb/PSA复合固相萃取小柱净化，用气相色谱串联四极杆质谱仪测定，外标法定量。

**1. 试剂和材料**

除另有说明，所用试剂均为农残级，水为GB/T 6682-2008，“分析实验室用水规格和试验方法”规定的一级水。正己烷；乙酸乙酯；乙酸乙酯-正己烷混合溶剂(1+1)：量取100 mL乙酸乙酯和100 mL正己烷，混匀；ENVI-Carb/PSA复合固相萃取小柱：500 mg/6 mL，用前以3 mL乙酸乙酯—正己烷(1+1)活化，保持柱体湿润；农药标准品：纯度大于或等于95%；标准贮备液(100 mg/L)：准确称取标准品10.0 mg，用正己烷溶解并定容至100 mL；标准工作液：根据需要取适量标准贮备液，以正己烷稀释成适当浓度的标准工作液，标准工作液现配现用。

**2. 仪器和设备**

气相色谱三重四极串联质谱仪(GC-MS/MS)，配EI源；加速溶剂萃取仪(ASE)；粉碎机；组织捣碎机；涡旋混合器；固相萃取装置；氮吹仪；天平：感量分别为0.1 mg和0.01 g。

**3. 试样制备和保存**

取茶叶样品至少500 g，用粉碎机粉碎并过直径2.0 mm圆孔筛，混匀，均分成两份，作为试样，分装入洁净盛样袋内，密闭并标识，茶叶试样在4 ℃保存。在制样过程中，应防止样品受到污染或发生残留物含量的变化。

**4. 测定步骤**

(1)提取

称取2 g(精确至0.01 g)均匀试样置于ASE的萃取池中，设定萃取温度100 ℃，萃取压力1 500 psi，静态时间5 min，萃取溶剂为乙酸乙酯-正己烷(1+1)，萃取溶剂用量为20 mL，将ASE的萃取溶剂于35 ℃氮吹浓缩至约1 mL。

(2)净化

将ENVI-Carb/PSA小柱装在固相萃取的真空抽滤装置上，先用3 mL乙酸乙酯-正己烷混合溶剂预淋洗小柱，保持流速约为1 mL/min，将提取液过ENVI-Carb/PSA小柱，再用10 mL乙酸乙酯-正己烷混合溶剂洗脱，置于35 ℃下氮吹至近干，用正己烷定容至1 mL，供GC-MS/MS分析。

(3)参考质谱条件

(a) 色谱柱：石英毛细管柱DB-17MS，30 m×0.25 mm×0.25 μm，或相当者；

(b) 色谱柱温度：初始温度60 ℃，保持1 min，以20 ℃/min上升至180 ℃，保持7 min，以10 ℃/min上升至280 ℃，保持3 min，以50 ℃/min上升至300 ℃，保持7 min；

(c) 进样口温度：250 ℃；

(d) 离子化方式：EI模式，电离电压70 eV；

(e) 检测方式：多反应监测；

(f) 载气：氮气，纯度≥99.999%，流速1 mL/min；

(g) 进样量:2 μL;

(h) 进样方式:不分流进样,1 min 后开阀;

(i) 其他质谱条件参见表 6-11。

**表 6-11　10 种吡唑、唑咯类农药的保留时间及多反应检测离子和能量**

| 序号 | 农药名称 | 保留时间/min | 定量离子对 | 碰撞能量/eV | 定性离子对 | 碰撞能量/eV |
|---|---|---|---|---|---|---|
| 1 | 唑螨酯 | 10.467 | 213>168 | 15 | 213>77 | 20 |
| 2 | 硫化氟虫腈 | 14.011 | 420>315 | 15 | 420>255 | 30 |
| 3 | 氟虫腈 | 14.293 | 367>213 | 25 | 367>246 | 15 |
| 4 | 氟虫腈砜 | 15.575 | 383>335 | 20 | 383>255 | 10 |
| 5 | 氟硅唑 | 15.775 | 233>165 | 15 | 233>152 | 25 |
| 6 | 野燕唑 | 15.837 | 234>129 | 20 | 234>104 | 20 |
| 7 | 溴虫腈 | 15.979 | 329>247 | 25 | 364>247 | 25 |
| 8 | 吡草醚 | 17.215 | 412>339 | 15 | 412>349 | 15 |
| 9 | 吡螨胺 | 18.496 | 318>131 | 15 | 318>145 | 15 |
| 10 | 唑虫酰胺 | 24.428 | 383>171 | 20 | 383>197 | 20 |

(4)色谱测定

(a)定性测定:按照气相色谱一质谱/质谱条件测定样品和标准工作溶液,样品的质量色谱峰保留时间与标准品中对应的保留时间一致,且样品中各组分定性离子的相对丰度与接近浓度的标准工作溶液中相应的定性离子的相对丰度进行比较,偏差不超过表 6-12 规定的范围,则可判定样品中存在对应的被测物。

**表 6-12　相对离子丰度最大允许误差**

| 相对丰度/% | ≥50 | >20～50 | >10～20 | ≤10 |
|---|---|---|---|---|
| 相对离子丰度最大允许误差/% | ±20 | ±25 | ±30 | ±50 |

(b)定量测定:在仪器最佳工作条件下,对标准工作溶液进样,用标准工作曲线按外标法定量,样品溶液中被测物的响应值均应在仪器测定的线性范围内,根据试样中被测样液的含量情况,选取响应值相近的标准工作液进行色谱分析,标准工作液和样液中待测物的响应值均应在仪器线性响应范围内。

(c)空白实验:除不加试样外,均按上述测定条件和步骤进行空白试验。

**5. 结果计算和表述**

用数据处理软件或按式(1)计算试样中药物的残留量:

$$X=(c\times V\times 1\,000)/(m\times 1\,000) \tag{1}$$

式中:$X$ ——试样中被测组分含量,单位为毫克每千克(mg/kg);

$c$ ——从标准工作曲线得到的被测组分溶液浓度,单位为毫克每升(mg/L);

$V$ ——试样溶液定容体积,单位为毫升(mL);

$m$——最终定容体积试样溶液所代表试样的质量,单位为克(g)。

计算结果应扣除空白值,并保留两位有效数字。

**6. 测定低限、回收率**

(1)测定低限

10 种农药的测定低限分别为：

| | |
|---|---|
| 唑螨酯 | 0.005 mg/kg |
| 硫化氟虫腈 | 0.005 mg/kg |
| 氟虫腈 | 0.002 mg/kg |
| 氟虫腈砜 | 0.002 mg/kg |
| 氟硅唑 | 0.002 mg/kg |
| 野燕唑 | 0.002 mg/kg |
| 溴虫腈 | 0.01 mg/kg |
| 吡草醚 | 0.01 mg/kg |
| 吡螨胺 | 0.01 mg/kg |
| 唑虫酰胺 | 0.005 mg/kg |

(2)回收率

茶叶中 10 种化合物不同添加浓度范围内回收率数据，见表 6-13。

**表 6-13　10 种化合物不同添加浓度回收率范围**

| 化合物名称 | 添加水平 | | |
|---|---|---|---|
| | LOQ | 2LOQ | 10LOQ |
| 唑螨酯 | 73.55%～96.78% | 72.88%～109.8% | 73.73%～103.8% |
| 硫化氟虫腈 | 60.87%～108.6% | 85.60%～104.5% | 75.53%～107.7% |
| 氟虫腈 | 80.70%～107.8% | 72.93%～106.3% | 71.75%～104.9% |
| 氟虫腈砜 | 70.65%～105.7% | 75.25%～109.2% | 73.20%～103.2% |
| 氟硅唑 | 70.90%～99.13% | 92.50%～106.5% | 74.54%～105.4% |
| 野燕唑 | 74.47%～103.3% | 85.30%～109.1% | 96.79%～104.9% |
| 溴虫腈 | 78.30%～108.5% | 83.83%～102.6% | 75.53%～102.5% |
| 吡草醚 | 74.00%～107.9% | 74.30%～102.0% | 80.76%～104.9% |
| 吡螨胺 | 80.00%～108.4% | 72.54%～106.5% | 78.50%～98.10% |
| 唑虫酰胺 | 84.35%～106.2% | 71.48%～100.9% | 93.85%～106.0% |

# 6.10　茶叶多种有机氯农药含量的测定

本方法规定了茶叶中六六六(BHC)及异构体、滴滴涕(DDT)及异构体和同型物(DDD、DDE)、七氯、环氧七氯、艾氏剂、狄氏剂、异狄氏剂、六氯苯(HCB)等多种有机氯农药残留量检验的抽样、制样和气相色谱测定方法，适用于茶叶中 14 种有机氯农药(α-BHC、β-BHC、γ-BHC、δ-BHC、o,p′-DDT、p,p′-DDT、p,p′-DDD、p,p′-DDE、七氯、环氧七氯、艾氏剂、狄氏剂、异狄氏剂、六氯苯)残留量的检验。该方法测定原理为,试样中有机氯农药残留用正己烷一丙酮提取,经弗罗里硅土一活性炭柱净化,减压浓缩后,用配有电子俘获检测器的气相色谱仪测定,内标法定量。

**1. 抽样**

以不超过 2 000 箱/50 t 为一检验批,同一检验批内商品应具有相同的特征,如包装、标记、产地、规格、等级等。

抽样数量:1～5 件,最低抽样数 1 件;6～50 件,最低抽样数 2 件;51～500 件,最低抽样数 11 件;501～1 000 件,最低抽样数 16 件;1 001～1 500 件,最低抽样数 19 件;1 501～2 000件,最低抽样数 20 件。

按上述规定的抽样件数从堆装的不同部位随机抽取样箱,逐件开启。打开箱盖,将箱内茶叶全部倒入塑料布上,用取样铲在各部位抽取茶样,每件抽取的量约 500 g,作为原始样。将所取全部原始样品充分拌匀,用四分法(或用分样器)缩分出约 500 g,立即装入清洁、干燥的样品箱内密封,并标明标记及时送实验室。

**2. 试样制备**

将所取回的样品全部磨碎,使通过 20 目筛,混匀,均分成两份,装入清洁的容器内,作为试样,密封,并标明标记,试样于－5 ℃以下避光保存。在抽样和制样的操作过程中,必须防止样品受到污染或发生残留物含量的变化。

**3. 测定方法**

(1)试剂和材料

除另有规定外,试剂均为分析纯,水为蒸馏水。正己烷:重蒸馏;丙酮:重蒸馏;苯:重蒸馏;乙醚;弗罗里硅土:使用前需经 650 ℃灼烧 1～3 h,冷却后贮于干燥器中保存,其活性可维持 4 天。超过 4 天则应重新在 130 ℃的烘箱中干燥 10 h 以上。其月桂酸值应控制在 100～120 mg/g,必要时可加入 2%～3%蒸馏水脱活。活性炭:取 100 g 活性炭加入 500 mL 浓盐酸,煮沸 1 h,冷却,待活性炭沉下后,用倾泻法倒去盐酸液,加入 500 mL 水,煮沸 0.5 h,用布氏漏斗抽滤,并用蒸馏水洗涤至中性,于 110 ℃烘干备用;无水硫酸钠:650 ℃灼烧 4 h,冷却后贮于密闭容器中;有机氯农药标准品:α-BHC、β-BHC、γ-BHC、δ-BHC、p,p′-DDT、o,p′-DDT、p,p′-DDE、p,p′-DDD、六氯苯、狄氏剂、异狄氏剂、七氯、环氧七氯、艾氏剂,纯度均≥99%。内标物:百菌清,纯度≥99%;14 种有机氯农药标准溶液:准确称取适量的各种农药标准品,分别用正己烷配成浓度各为 100 μg/mL 的标准贮备液;内标物溶液:称取适量的百菌清内标品,用苯配成浓度为 100 μg/mL 的内标贮备液,再用正己烷稀释至浓度为 10 μg/mL 的内标工作液;农药混合标准工作液:取适量的农药标准贮备液和内标贮备液,用正己烷稀释至浓度分别为 α-BHC、γ-BHC、δ-BHC、HCB 为 0.02 μg/mL;β-BHC、七氯、环氧七氯、艾氏剂为0.04 μg/mL;狄氏剂、异狄氏剂、p,p′-DDE 为 0.05 μg/mL;p,p′-DDD、o,p′-DDT、p,p′-DDT 为 0.10 μg/mL;内标物百菌清为 0.1 μg/mL,混合成混合标准工作液,或根据仪器响应情况可适当稀释后使用;洗脱液:乙醚－正己烷(6＋94);乙醚－正己烷(15＋85)。

(2)仪器和设备

气相色谱仪,配有电子俘获检测器并带有清洗气的不分流毛细管进样系统;索氏提取器;旋转蒸发器;全玻璃系统蒸馏装置;弗罗里硅土-活性炭柱:25 cm×1.5 cm(id)的玻璃柱，自下而上按次填入脱脂棉、10 g 弗罗里硅土、0.5 g 活性炭，上面覆盖 1～2 cm 厚无水硫酸钠，使用前用 50 mL 正己烷淋洗；微量注射器：10 μL；恒温水浴锅。

(3)提取、净化

称取试样约 5 g(精确到 0.01 g)于滤纸筒中，置于索氏提取器内，加 100 mL 正己烷—丙酮(8+2)，于 80～90 ℃水浴中回流提取 4 h，减压浓缩至溶液为 5 mL，倒入弗罗里硅土—活性炭柱中，依次用 200 mL 乙醚—正己烷(6+94)溶液和 100 mL 乙醚—正己烷(15+85)溶液洗脱，控制流速在 5 mL/min，收集全部洗脱液，并在 50 ℃下减压浓缩至体积约 1 mL，加入内标工作液 10 μL，混匀，供气相色谱测定。

(4)色谱测定条件

色谱测定条件具体为：(a) 载气：氮气，纯度≥99.99%，线速度 20 cm/s，尾吹气流速 20 mL/min；(b) 色谱柱：SE—30 石英毛细管柱，25 m×0.30 mm(id)×0.25 μm(膜厚)；(c) 检测器：电子俘获检测器；(d) 进样口温度：200 ℃；(e) 检测器温度：240 ℃；(f) 柱温：程序升温，40 ℃保持 2 min，20 ℃/min 升温至 160 ℃，保持 5 min，0.4 ℃/min 升温至 166 ℃，1.0 ℃/min 升温至 201 ℃，保持 5 min；(g) 进样方式：不分流进样；(h) 进样体积：1～3 μL；(i) 开启清洗气时间：2 min。

(5)色谱测定

根据样液中有机氯农药含量情况，选定浓度相近的标准工作液，标准工作液和待测样液中农药的响应值均应在仪器检测的线性范围内，标准工作液与样液等体积参插进样测定。在上述色谱条件下，各农残组分的出峰顺序和参考保留时间分别为：α-BHC 22.09 min、β-BHC 23.32 min、HCB 23.77 min、γ-BHC 25.05 min、δ-BHC 25.69 min、百菌清 27.36 min、七氯 35.66 min、艾氏剂 40.86 min、环氧七氯 46.73 min、p,p′-DDE 56.26 min、狄氏剂 57.06 min、异狄氏剂 59.31 min、p,p′-DDD 63.75 min、o,p′-DDT 65.16 min、p,p′-DDT 70.73 min。实验测定过程中，还需做空白试验，空白试验为除不加试样外，其余按上述测定步骤进行。

注意事项：随着载气流速和柱子条件的变化，各农残组分的保留时间会有所变化，以上数值仅供参考。

**4. 结果计算**

用色谱数据处理机或按下式计算试样中各农药残留含量：

$$x_i=(h_i \times m_{is} \times h'_{is} \times c_i)/(h_{is} \times h'_i \times c_{is} \times m)$$

式中：$x_i$——试样中农药 $i$ 残留物含量，mg/kg；

$h_i$——样液中农药 $i$ 的峰高，mm；

$h_{is}$——样液中内标物的峰高，mm；

$h'_i$——标准工作液中农药 $i$ 的峰高，mm；

$h'_{is}$——标准工作液中内标物的峰高，mm；

$m_{is}$——样液中加入内标物的量，μg；

$c_i$——标准工作液中农药 $i$ 的浓度，μg/mL；

$c_{is}$——标准工作液中内标物的浓度，μg/mL；

$m$——试样量，g。

**注：**计算结果须扣除空白值。

**5. 测定低限和回收率**

本方法各农药的测定低限和回收率实验数据分别如表 6-14 所示。

**表 6-14 各农残组分的测定低限和回收率**

| 农残名称 | 测定低限/mg · kg$^{-1}$ | 添加浓度/mg · kg$^{-1}$ | 回收率/% |
| --- | --- | --- | --- |
| α-BHC | 0.004 | 0.004～0.100 | 75.0～105.0 |
| β-BHC | 0.010 | 0.010～0.100 | 80.0～106.0 |
| HCB | 0.002 | 0.002～0.200 | 80.0～110.0 |
| γ-BHC | 0.002 | 0.002～0.100 | 90.0～120.0 |
| δ-BHC | 0.002 | 0.002～0.100 | 90.0～110.0 |
| 七氯 | 0.004 | 0.004～0.100 | 78.0～120.0 |
| 艾氏剂 | 0.004 | 0.004～0.100 | 80.0～108.7 |
| 环氧七氯 | 0.004 | 0.004～0.100 | 85.0～99.0 |
| p,p′-DDE | 0.010 | 0.010～0.200 | 80.0～102.0 |
| 狄氏剂 | 0.005 | 0.005～0.200 | 83.4～101.7 |
| 异狄氏剂 | 0.005 | 0.005～0.200 | 82.7～96.0 |
| p,p′-DDD | 0.010 | 0.010～0.600 | 76.8～110 |
| o,p′-DDT | 0.020 | 0.020～0.300 | 75.0～98.4 |
| p,p′-DDT | 0.020 | 0.020～0.300 | 75.4～108 |

# 6.11 茶叶二硫代氨基甲酸酯(盐)类农药含量的测定

本方法规定了茶叶中二硫代氨基甲酸酯(盐)类农药残留量检测的液相色谱－质谱/质谱确证方法，适用于绿茶、乌龙、红茶中乙撑双二硫代氨基甲酸盐(包括代森锌、代森锰、代森锌锰、代森钠、代森联)；甲基乙撑双二硫代氨基甲酸盐(包括甲基代森锌)；二甲基二硫代氨基甲酸酯(盐)类(包括福美双、福美锌、福美铁)农药残留量的定性检测。该方法检测的原理为，茶叶中乙撑双二硫代氨基甲酸盐类和甲基乙撑双二硫代氨基甲酸盐类农药残留在碱性乙二胺四乙酸二钠溶液中转化为水溶性钠盐，加入离子对试剂后，用碘化甲烷进行甲酯化反应，HLB 固相萃取柱净化，甲醇洗脱，洗脱液浓缩至干后，乙腈－0.1%甲酸溶液溶解残渣，液相色谱－质谱/质谱测定，外标法定量。茶叶样品中残留的二甲基二硫代氨基甲酸酯(盐)类农药用乙腈提取，加人碘化甲烷甲酯化试剂生成甲酯化衍生物，采用无水硫酸镁和石墨化碳极性填料分散固相萃取净化，样液浓缩至干后，乙腈－0.1%甲酸溶液溶解，液相色谱－质谱/质谱测定，外标法定量。

**1. 试剂与材料**

除另有规定外，试剂均为分析纯，水为 GB/T 6682，“分析实验室用水规格和试验方法”规定一级水。乙腈：色谱级；甲醇：色谱级；甲酸(96%)：质量分数，色谱级；盐酸(36.5%)：质量分数；碘甲烷；乙二胺四乙酸二钠(EDTA-$Na_2$)；氢氧化钠(NaOH)；L-半胱氨酸；四丁基硫酸氢铵；无水硫酸镁：使用前于 550 ℃灼烧 4 h，置干燥器中备用；石墨化碳；二硫代氨基甲酸酯(盐)类农药标准品：代森锌、代森锰、代森锌锰、代森钠、福美双、福美锌、福美铁、甲基代森锌、代森联，化合物信息参见表 6-15。

**表 6-15　二硫代氨基甲酸酯(盐)类农药的化学结构信息**

| 化合物 | 英文名称 | 相对分子质量 | 分子式 | CAS 编号 |
|---|---|---|---|---|
| 代森锌 | zineb | 275.7 | $C_4H_6N_2S_4Zn$ | 12122-67-7 |
| 代森锰 | maneb | 265.3 | $C_4H_6N_2S_4Mn$ | 12427-38-2 |
| 代森锌锰 | mancozeb | 332.71 | $C_4H_8MnN_2S_4Zn$ | 8018-01-7 |
| 代森钠 | nabam | 256.34 | $C_4H_6N_2Na_2S_4$ | 142-59-6 |
| 甲基代森锌 | propineb | 289.76 | $C_5H_8N_2S_4Zn$ | 12071-83-9 |
| 福美双 | thiram | 240.41 | $C_6H_{12}N_2S_4$ | 137-26-8 |
| 福美锌 | ziram | 305.80 | $C_6H_{12}N_2S_4Zn$ | 137-30-4 |
| 福美铁 | ferbam | 416.49 | $C_9H_{18}FeN_3S_6$ | 14484-64-1 |
| 代森联 | metirani | 1 088.6X | $C_{16}H_{33}N_{11}S_{16}Zn_3$ | 9066-42-2 |

氢氧化钠溶液(1 mol/L)：称取 40 g 氢氧化钠，用 1 000 mL 水溶解后混匀；

碱性提取溶液(0.2 mol/L EDTA-$Na_2$)：称取 74.4 g EDTA，用 600～700 mL 水溶解，用 1 mol/L 氢氧化钠溶液调 pH 9.6～10，用水定容至 1 000 mL；

四丁基硫酸氢铵(0.41 mol/L)：称取 136 g 四丁基硫酸氢铵，用水定容至 1 000 mL；

盐酸溶液(2 mol/L)：量取 180 mL 盐酸，缓慢加至 600～700 mL 水中，混匀后用水定容至 1 000 mL；

0.1%甲酸：1 mL 甲酸用水定容至 1 000 mL；

乙腈＋0.1%甲酸(1＋1，体积比)：量取 50 mL 乙腈与 50 mL 0.1%甲酸混匀；

标准储备溶液：准确称取适量的代森锌、代森锰、代森锌锰、福美双、福美锌、福美铁、甲基代森锌、代森联等二硫代氨基甲酸盐类农药标准品，用乙腈配制成质量浓度为 100 μg/mL 悬浊液；准确称取适量的代森钠、福美双标准品，用乙腈配制成 100 μg/mL 的标准储备液。该溶液于－18 ℃以下避光保存，可稳定 3 个月，使用前用力振摇使其均匀；

中间标准溶液：准确移取 1 mL 标准储备溶液于 10 mL 容量瓶中，用乙腈定容至刻度，配制成浓度为 10 μg/mL 的中间标准溶液，2～4 ℃冷藏避光保存，可稳定 1 个月；

工作标准溶液：分别取适量的代森锌、代森锰、代森锌锰、甲基代森锌、福美双、福美锌、福美铁、代森联标准溶液，用乙腈配制成质量浓度为 1 μg/mL 单个标准溶液，该溶液于2～4 ℃冷藏避光保存，可稳定 1 个月；

HLB 固相萃取柱：3 mL，60 mg 或相当者，使用前依次用 3 mL 甲醇和 3 mL 水活化；

微孔滤膜：0.22 μm，有机相。

**2. 仪器和设备**

液相色谱－质谱/质谱仪，配电喷雾离子源；电子天平：感量分别为 0.1 mg 和 0.01 g；超声波提取仪；涡旋混匀器；离心机；pH 计：精度±0.02；旋转蒸发器；氮吹仪；粉碎机；聚四氟乙烯离心管：50 mL；鸡心瓶：100 mL。

**3. 试样的制备与保存**

取样品约 500 g，用粉碎机粉碎，并使其全部通过 20 目的样品筛，混合均匀，装入洁净容器作为试样，密封并做好标识，于 2～4 ℃避光保存。取样、制样及保存过程中应防止样品受到污染或发生残留物含量的变化。

**4. 样品测定**

(1)乙撑双二硫代氨基甲酸盐和甲基乙撑双二硫代氨基甲酸盐类农药的测定

样品溶液的制备：称取均匀的试样约 1.0 g(精确到 0.01 g)于 50 mL 具塞聚四氟乙烯离心管中，加入 0.1 g L-半胱氨酸、20 mL EDTA-$Na_2$ 碱性提取溶液，每 5 min 涡旋混匀 2 min，共涡旋混匀 3 次。加入 2 mL 四丁基硫酸氢铵溶液，用 2 mol/L 盐酸溶液调节 pH 7.5～7.7(约 0.8～1.0 mL)，加 100 μL 碘甲烷于样液中，放置 30 min 后，于 4 000 r/min 离心 10 min，转移上清液于另一 50 mL 聚四氟乙烯离心管中，待净化。

将上述步骤制得样液全部转移至已活化过的 HLB 固相萃取柱中，以 1 mL/min 的流速通过柱体，待样液全部流过后，用 3 mL 水淋洗固相萃取柱，弃去全部流出液，抽干固相萃取柱 5 min，用 6 mL 甲醇洗脱被测物，洗脱液于 45 ℃水浴中氮吹浓缩至干，用 1 mL 乙腈－0.1%甲酸溶液溶解残渣，经 0.22 μm 滤膜过滤后，进行液相色谱－质谱/质谱测定。

标准基质溶液的制备：称取 1.0 g 阴性试样(精确至 0.01 g)于 50 mL 具塞聚四氟乙烯离心管中，加入 0.1 g L-半胱氨酸、20 mL EDTA-$Na_2$ 碱性提取溶液，按照标准曲线最终定容浓度分别加入中间标准溶液或工作标准溶液，静置 20 min 后进行测定，其他操作步骤同上。

(2)二甲基二硫代氨基甲酸酯(盐)的测定

样品溶液的制备：称取均匀的试样约 2.0 g(精确到 0.01 g)于 50 mL 具塞聚四氟乙烯离心管中，加入 20 mL 乙腈和 100 μL 碘甲烷，超声提取 10 min，涡旋混匀 3 min，并于室温下静置 17 min，于 4 000 r/min 离心 5 min，转移上清液于 1.0 g 无水硫酸镁、0.2 g 石墨化碳中，涡旋混匀 3 min，于 4 000 r/min 离心 5 min，移取 5 mL 上清液于 45 ℃氮吹浓缩至干，用 1 mL 乙腈-0.1%甲酸溶液溶解残渣，经滤膜过滤后，进行液相色谱-质谱/质谱测定。

基质标准溶液的制备：称取 2.0 g 阴性试样(精确至 0.01g)于 50 mL 具塞聚四氟乙烯离心管中，按照标准曲线最终定容浓度分别加入中间标准溶液或工作标准溶液，静置 20 min 后进行测定，其他操作步骤同上。

**5. 液相色谱条件**

色谱柱：Sunfire $C_{18}$，150 mm×2.1 mm(内径)，5 μm 或相当者；流动相：乙腈＋0.1%甲酸(5＋5，体积比)，梯度洗脱程序为 0～2 min，乙腈 40%，0.1%甲酸 60%；2～6 min，乙腈 75%，0.1%甲酸 25%；6～6.5 min，乙腈 40%，0.1%甲酸 60%；6.5～10.5 min，乙腈 40%，0.1%甲酸 60%；流速：0.3 mL/min；柱温：30 ℃；进样量：10 μL。

**6. 质谱条件**

离子化模式：电喷雾电离正离子模式(ESI＋)；质谱扫描方式：多反应监测(MRM)；雾化气 GS1(NEB)：379.225 kPa(55 psi)(氮气)；气帘气(CUR)：103.425 kPa(15 psi)(氮气)；喷雾电压(IS)：5 500 V；去溶剂温度(TEM)：660 ℃；去溶剂气流 GS2：344.75 kPa(50 psi)(氮气)；碰撞气(CAD)：82.74 kPa(12 psi)(氮气)。不同农药化合物对应的质谱参数见表 6-16。

表 6-16　不同农药化合物的质谱参数

| 化合物 | 离子对 | 驻留时间/ms | 去簇电压 DP/V | 碰撞能量 CE/eV | 碰撞室出口电压 CXP/V | 射入电压 EP/V |
|---|---|---|---|---|---|---|
| 乙撑双二硫代氨基甲酸盐(适用于代森锌、代森锰、代森锌锰、代森钠、代森联) | 241.1/117[a] | 50 | 25 | 16 | 7 | 4 |
| | 241.1/134 | 50 | 25 | 22 | 8 | 4 |
| 二甲基二硫代氨基甲酸酯(盐)(适用于福美双、福美锌、福美铁) | 241/88[a] | 50 | 30 | 13 | 4.5 | 6 |
| | 241/119.9 | 50 | 30 | 18 | 6.5 | 3 |
| 甲基乙撑双二硫代氨基甲酸盐类(甲基代森锌) | 255/206.9[a] | 50 | 22 | 11 | 12 | 4 |
| | 255/131.2 | 50 | 22 | 16 | 8 | 4 |

[a]为定量离子对。

**7. 定量测定**

根据样液中被测物残留量的情况,选定峰面积相近的基质工作溶液,基质工作溶液和样液中二硫代氨基甲酸酯(盐)类农药残留的响应值均应在仪器的检测线性范围内,对基质工作溶液和样液等体积参插进样测定。

**8. 定性测定**

按照上述仪器条件测定样品和标准工作溶液,样品中目标物质的保留时间与标准溶液中目标物质的保留时间偏差在±2.5%范围内;定性离子对的相对丰度与浓度相当的基质标准溶液的相对丰度一致。相对丰度的最大允许偏差为:相对离子丰度>50,允许的相对偏差±20%;相对离子丰度>20～50,允许的相对偏差±25;相对离子丰度>10～20,允许的相对偏差±30;相对离子丰度≤10,允许的相对偏差±50;在此规定内,则可判断样品中存在相应的被测物。试样过程中需做空白试验,空白试验为,除不加试样外,均按上述测定步骤进行。

**9. 结果计算与表述**

用色谱数据处理仪或按式(1)计算,计算结果应扣除空白值。

$$X_i=[(A_i\times c_s\times V)/(A_s\times m)]\times F \quad (1)$$

式中:$X_i$——试样中二硫代氨基甲酸酯(盐)类农药含量(以 $CS_2$ 计),单位为微克每千克(μg/kg);

$A_i$——样液中二硫代氨基甲酸酯(盐)类农药的峰面积;

$c_s$——标准溶液中二硫代氨基甲酸酯(盐)类农药的浓度(以 $CS_2$ 计),单位为微克每升(μg/L);

$V$——样液最终定容体积,单位为毫升(mL);

$A_s$——标准溶液中二硫代氨基甲酸酯(盐)类农药的峰面积;

$m$——最终样液所代表的试样质量,单位为克(g)。

**注:**测得值乘相当系数即换算为样品中 $CS_2$ 含量,对于乙撑双二硫代氨基甲酸盐、二甲基二硫代氨基甲酸酯(盐)类相关系数 F 为 0.63,(包括代森锌、代森锰、代森锌锰、代森钠、代森联):甲基乙撑双二硫代氨基甲酸盐相关系数 F 为 0.60(包括甲基代森锌)。

**10. 测定低限与回收率**

测定低限:代森锌、代森锰、代森锌锰、代森钠、代森联方法测定低限为 10 μg/kg,福美双、福美锌、福美铁测定低限为 10 μg/kg，甲基代森锌测定低限为 20 μg/kg。

绿茶、乌龙茶、红茶中不同浓度农药的回收率如下：

(1)绿茶

在 0.01 mg/kg、0.2 mg/kg、9 mg/kg 时，代森锌回收率为 81.6%～101.3%；

在 0.01 mg/kg、0.2 mg/kg、9 mg/kg 时，代森锰回收率为 78.3%～97.2%；

在 0.01 mg/kg、0.2 mg/kg、9 mg/kg 时，代森锌锰回收率为 85.4%～98.7%；

在 0.01 mg/kg、0.2 mg/kg、9 mg/kg 时，代森钠回收率为 91.7%～92.4%；

在 0.01 mg/kg、0.2 mg/kg、9 mg/kg 时，代森联回收率为 91.7%～92.4%；

在 0.02 mg/kg、0.4 mg/kg、20 mg/kg 时，甲基代森锌回收率为 72.3%～91.2%；

在 0.01 mg/kg、0.2 mg/kg、5 mg/kg 时，福美双回收率为 73.3%～95.5%；

在 0.01 mg/kg、0.2 mg/kg、5 mg/kg 时，福美锌回收率为 83.2%～91.5%；

在 0.01 mg/kg、0.2 mg/kg、5 mg/kg 时，福美铁回收率为 82.9%～102.3%。

(2)乌龙茶

在 0.01 mg/kg、0.2 mg/kg、9 mg/kg 时，代森锌回收率为 74.5%～98.4%；

在 0.01 mg/kg、0.2 mg/kg、9 mg/kg 时，代森锰回收率为 82.1%～ 103.2%；

在 0.01 mg/kg、0.2 mg/kg、9 mg/kg 时，代森锌锰回收率为 83.1%～99.2%；

在 0.01 mg/kg、0.2 mg/kg、9 mg/kg 时，代森钠回收率为 72.7%～105.7%；

在 0.01 mg/kg、0.2 mg/kg、9 mg/kg 时，代森联回收率为 74.8% ～98.2%；

在 0.02 mg/kg、0.4 mg/kg、20 mg/kg 时，甲基代森锌回收率为 70.6%～100.2%；

在 0.01 mg/kg、0.2 mg/kg、5 mg/kg 时，福美双回收率为 73.3%～95.5%；

在 0.01 mg/kg、0.2 mg/kg、5 mg/kg 时，福美锌回收率为 79.3%～103.5%；

在 0.01 mg/kg、0.2 mg/kg、5 mg/kg 时，福关铁回收率为 86.9%～ 105.4%。

(3)红茶

在 0.01 mg/kg、0.2 mg/kg、9 mg/kg 时，代森锌回收率为 73.0%～ 106.7%；

在 0.01 mg/kg、0.2 mg/kg、9 mg/kg 时，代森锰回收率为 79.2%～98.5%；

在 0.01 mg/kg、0.2 mg/kg、9 mg/kg 时，代森锌锰回收率为 78.9%～96.2%；

在 0.01 mg/kg、0.2 mg/kg、9 mg/kg 时，代森钠回收率为 83.5%～98.8%；

在 0.01 mg/kg、0.2 mg/kg、9 mg/kg 时，代森联回收率为 75.5%～92.4%；

在 0.02 mg/kg、0.4 mg/kg、20 mg/kg 时，甲基代森锌回收率为 80.3%～99.4%；

在 0.01 mg/kg、0.2 mg/kg、5 mg/kg 时，福美双回收率为 82.1%～100.2%；

在 0.01 mg/kg、0.2 mg/kg、5 mg/kg 时，福美锌回收率为 74.1%～97.6%；

在 0.01 mg/kg、0.2 mg/kg、5 mg/kg 时，福美铁回收率为 78.9%～96.8%。

## 6.12 茶叶多种有机磷农药含量的测定

本方法规定了茶叶中敌敌畏、甲胺磷、乙酰甲胺磷、甲拌磷、氧乐果、乙拌磷、异稻瘟净、乐果、皮蝇磷、毒死蜱、杀螟硫磷、对硫磷、水胺硫磷、杀扑磷、乙硫磷、三唑磷、芬硫磷、苯硫磷、亚胺硫磷、伏杀硫磷、吡嘧磷等 21 种有机磷农药残留量的气相色谱测定方法，适用于茶叶中21种有机磷农药残留量的测定。该方法测定的原理为，试样经水浸泡后，用乙酸乙酯和乙酸乙酯+正己烷(1+1，体积比)溶液提取，过活性炭柱净化，用配备火焰光度检测器的气相色谱仪进行测定，外标法定量。

**1. 试剂和材料**

除特殊规定外，所有试剂均为分析纯，水为蒸馏水。乙酸乙酯：重蒸馏；正己烷：重蒸馏；丙酮：重蒸馏；无水硫酸钠：650 ℃灼烧4 h；敌敌畏、甲胺磷、乙酰甲胺磷、甲拌磷、氧乐果、乙拌磷、异稻瘟净、乐果、皮蝇磷、毒死蜱、杀螟硫磷、对硫磷、水胺硫磷、杀扑磷、乙硫磷、三唑磷、芬硫磷、苯硫磷、亚胺硫磷、伏杀硫磷、吡嘧磷等21种农药标准品：纯度≥98%；农药标准溶液：准确称取适量的单个有机磷农药标准品，用丙酮配成100 μg/mL的储备液，使用时根据需要用乙酸乙酯稀释成适当浓度的混合标准工作液；活性炭固相萃取柱：3 mL活性炭柱(SUPELCO或相当者)。

**2. 仪器和设备**

气相色谱仪：配有火焰光度检测器(FPD)，磷滤光片(526nm)；快速混匀器；离心机：3 000 r/min；多功能微量化样品处理仪或其他相当的仪器；具塞刻度离心管：5 mL、10 mL；玻璃试管：10 mL；尖嘴吸管。

**3. 试样制备与保存**

取有代表性样品500 g，用粉碎机粉碎并通过2.0 mm圆孔筛，混匀，均分成两份作为试样，分装入洁净的盛样容器内，密封并标明标记。将试样于0～4 ℃保存，在制样的操作过程中，应防止样品受到污染或发生残留物含量的变化。

**4. 样品测定**

(1)提取

称取0.5 g(精确至0.001 g)试样于10 mL试管中，加入1～1.5 mL水，浸泡10 min，加入无水硫酸钠使之饱和后，用2×2 mL乙酸乙酯提取两次，每次振荡2 min，于2 000 r/min离心3 min，收集上层有机相，残渣再用2 mL乙酸乙酯-正己烷(1+1，体积比)提取一次，合并上层有机相，待净化。

(2)净化

在活性炭固相萃取柱上端装入1 cm高无水硫酸钠，用乙酸乙酯4 mL预淋洗小柱，弃去流出液，然后将提取液全部倾入柱中，再分别用4 mL乙酸乙酯和2 mL乙酸乙酯+正己烷(1+1，体积比)洗脱，收集全部流出液于5 mL具塞刻度离心管中，于40 ℃下用氮气流吹至0.50 mL，供气相色谱分析。

(3)气相色谱条件

样品测定的气相色谱条件：(a) 色谱柱：EQUITY-1701石英毛细管柱，30 m×0.53 mm(内径)×1.0 μm，或相当者；(b) 升温程序：100 ℃保持1 min，10 ℃/min升温至160 ℃，保持1 min，5 ℃/min升温至240 ℃，保持8 min；(c) 进样口温度：250 ℃；(d) 检测器温度：250 ℃；(e) 载气：氮气，纯度大于等于99.99%，流量5.0 mL/min；(f) 氢气：75 mL/min；(g) 空气：100 mL/min；(h) 尾吹气：20 mL/min；(i) 进样方式：无分流进样，1.0 min后开；(j) 进样量：2 μL。

(4)色谱测定

根据样液中有机磷含量情况，选定与样液浓度相近的标准工作液。标准工作液和样液中各种有机磷农药响应值均应在仪器检测线性范围内，标准工作液和样液等体积穿插进样测定。在上述气相色谱条件下，参考保留时间为：敌敌畏 4.0 min、甲胺磷 5.1 min、乙酰甲胺磷 7.9 min、甲拌磷 9.2 min、氧乐果 10.2 min、乙拌磷 11.2 min、异稻瘟净 11.9 min、乐果 12.4 min、皮蝇磷 12.8 min、毒死蜱 14.0 min、杀螟硫磷 14.8 min、对硫磷 15.5 min、水胺硫磷 16.1 min、杀扑磷 17.3 min、乙硫磷 19.6 min、三唑磷 21.3 min、芬硫磷 22.3 min、苯硫磷 23.1 min、亚胺硫磷 23.5 min、伏杀硫磷 24.6 min、吡嘧磷 25.5 min。

**注：**测定过程需做空白试验，空白试验为，除不加试样外，按上述测定步骤进行。

**5. 结果计算和表述**

用色谱数据处理机或按式(1)计算试样中有机磷残留量，计算结果需扣除空白值。

$$X=\frac{A\cdot c\cdot V}{A_s\cdot m} \tag{1}$$

式中：$X$——样品中有机磷含量，单位为毫克每千克(mg/kg)；

$A$——样液中有机磷的峰面积；

$A_s$——标准工作溶液中有机磷的峰面积；

$c$——标准工作溶液中有机磷的浓度，单位为微克每毫升(μg/mL)；

$V$——样液最终定容体积，单位为毫升(mL)；

$m$——称取的试样质量，单位为克(g)。

**6. 方法的测定低限、回收率**

本方法的测定低限和回收率数据见表 6-17。

**表 6-17 测定低限和回收率数据**

| 农药名称 | 添加范围/mg·kg$^{-1}$ | 回收率范围/% | 测定低限/mg·kg$^{-1}$ |
|---|---|---|---|
| 敌敌畏 | 0.02～0.2 | 84.0～105 | 0.02 |
| 甲胺磷 | 0.02～0.2 | 79.5～122 | 0.02 |
| 乙酰甲胺磷 | 0.02～0.2 | 79.0～118 | 0.02 |
| 甲拌磷 | 0.02～0.2 | 70.0～94.0 | 0.02 |
| 氧乐果 | 0.02～0.2 | 73.5～96.1 | 0.02 |
| 乙拌磷 | 0.02～0.2 | 69.8～101 | 0.02 |
| 异稻瘟净 | 0.01～0.1 | 82.0～128 | 0.01 |
| 乐果 | 0.02～0.2 | 88.9～113 | 0.02 |
| 皮蝇磷 | 0.02～0.2 | 76.4～117 | 0.02 |
| 毒死蜱 | 0.02～0.2 | 71.9～104 | 0.02 |
| 杀螟硫磷 | 0.02～0.2 | 76.6～111 | 0.02 |
| 对硫磷 | 0.02～0.2 | 79.7～110 | 0.02 |
| 水胺硫磷 | 0.01～0.1 | 86.3～125 | 0.01 |
| 杀扑磷 | 0.02～0.2 | 77.7～115 | 0.02 |

续表

| 农药名称 | 添加范围/mg·kg$^{-1}$ | 回收率范围/% | 测定低限/mg·kg$^{-1}$ |
|---|---|---|---|
| 乙硫磷 | 0.02～0.2 | 84.2～119 | 0.02 |
| 三唑磷 | 0.02～0.2 | 78.4～109 | 0.02 |
| 芬硫磷 | 0.01～0.1 | 78.5～125 | 0.01 |
| 苯硫磷 | 0.02～0.2 | 74.8～98.6 | 0.01 |
| 亚胺硫磷 | 0.02～0.2 | 77.2～115 | 0.02 |
| 伏杀硫磷 | 0.02～0.2 | 85.0～119 | 0.02 |
| 吡嘧磷 | 0.01～0.1 | 83.5～119 | 0.02 |

# 6.13 茶叶490种农药及相关化学品含量的测定

本方法适合于绿茶、红茶、普洱茶、乌龙茶中490种农药及相关化学品残留量的定性鉴别，其中可定量测定的农药及相关化学品453种，以及绿茶、红茶、普洱茶、乌龙茶中二氯皮考啉酸、调果酸、对氯苯氧乙酸、麦草畏、2-甲-4-氯、2,4-滴丙酸、溴苯腈、2,4-滴、三氯吡氧乙酸、1-萘乙酸、5-氯苯酚、2,4,5-滴丙酸、草灭平、2-甲-4-氯丁酸、2,4,5-涕、氟草烟、2,4-滴丁酸、苯达松、碘苯腈、毒莠定、二氯喹啉酸、吡氟禾草灵、吡氟氯禾灵、麦草氟、三氟羧草醚、嘧草硫醚、环酰菌胺、喹禾灵、双草醚等29种酸性除草剂残留量的测定。本方法中定量测定的453种农药及相关化学品的方法检出限为0.001～0.500 mg/kg，29种酸性除草剂的方法检出限为0.01 mg/kg。

**1. 茶叶中490种农药及相关化学品残留量测定的气相色谱-质谱法**

该测定方法的原理为，试样用乙腈均质提取，固相萃取柱净化，用乙腈-甲苯洗脱农药及相关化学品，气相色谱-质谱仪检测，内标法定量。

(1)试剂和材料

乙腈：色谱纯；甲苯：优级纯；丙酮：分析纯，重蒸馏；二氯甲烷：色谱纯；正己烷：分析纯，重蒸馏；甲醇：色谱纯；无水硫酸钠：分析纯，650 ℃灼烧4 h，贮于干燥器中，冷却后备用；乙腈-甲苯(3+1，体积比)；微孔过滤膜(尼龙)13 mm×0.2 μm；内标溶液：准确称取3.5 mg环氧七氯于100 mL容量瓶中，用甲苯定容至刻度；农药及相关化学品和内标标准物质纯度≥95%。

标准储备溶液：准确称取5～10 mg(精确至0.1 mg)农药及相关化学品各标准物分别于10 mL容量瓶中，根据标准物的溶解性和测定的需要选甲苯、甲苯-丙酮混合液、二氯甲烷或甲醇等溶剂溶解并定容至刻度，标准储备溶液避光0～4 ℃保存，可使用一年。

混合标准溶液：按照农药及相关化学品的性质和保留时间，将490种农药及相关化学品分成A、B、C、D、E、F六个组，并根据每种农药及相关化学品在仪器上的响应灵敏度，确定其在混合标准溶液中的浓度。依据每种农药及相关化学品的分组号、混合标准溶液浓度及其标准储备液的浓度，移取一定量的单个农药及相关化学品标准储备溶液于100 mL容量瓶中，用甲苯定容至刻度，混合标准溶液避光0～4 ℃保存，可使用一个月。

基质混合标准工作溶液：A、B、C、D、E、F组农药及相关化学品基质混合标准工作溶液是将

40 μL 内标溶液和一定体积的混合标准溶液分别加到 10 mL 的样品空白基质提取液中，混匀，配成基质混合标准工作溶液 A、B、C、D、E 和 F，基质混合标准工作溶液应现用现配。

固相萃取柱：Cleanert TPT，10 mL，20 g 或相当者。CleanertTPT 固相萃取柱是 Agela 公司生产，其他等效产品具有相同的效果，亦可使用。

(2)仪器设备

气相色谱－质谱仪，配有电子轰击源(EI)；分析天平：感量分别为 0.1 mg 和 0.01 g；均质器：转速不低于 20 000 r/min；旋转蒸发仪；鸡心瓶：200 mL；移液器：1 mL；离心机：转速不低于4 200 r/min。

(3)试样制备与保存

试样的制备：茶叶样品经粉碎机粉碎，过 20 目筛，混匀，密封，作为试样，标明标记。试样的保存：试样于常温下保存。

(4)提取

提取：称取 5 g 试样(精确至 0.01 g)，于 80 mL 离心管中，加入 15 mL 乙腈，15 000 r/min 均质提取 1 min，4 200 r/min 离心 5 min，取上清液于 200 mL 鸡心瓶中，残渣用 15 mL 乙腈重复提取一次，离心，合并二次提取液，40 ℃水浴旋转蒸发至 1 mL 左右，待净化。

净化：在 CleanertTPT 固相萃取柱中加入约 2 cm 高无水硫酸钠，用 10 mL 乙腈-甲苯预洗 CleanertTPT 固相萃取柱，弃去流出液，下接鸡心瓶，置于固定架上。将上述样品浓缩液转移至 Cleanert TPT 固相萃取柱中，用 2 mL 乙腈-甲苯洗涤样液瓶，重复三次，并将洗涤液移入柱中，在柱上加上 50 mL 贮液器，再用 25 mL 乙腈－甲苯洗涤小柱，收集上述所有流出液于鸡心瓶中，40 ℃水浴中旋转浓缩至约 0.5 mL，加入 5 mL 正己烷进行溶剂交换，重复两次，最后使样液体积约为 1 mL，加入 40 μL 内标溶液，混匀，用于气相色谱－质谱测定。

(5)气相色谱－质谱法测定

测定条件：色谱柱：DB-1701 石英毛细管柱[14%氰丙基-苯基-甲基聚硅氧烷；30 m×0.25 mm(内径)×0.25 μm]或相当者；色谱柱温度：40 ℃保持 1 min，然后以 30 ℃/min 程序升温至 130 ℃，再以 5 ℃/min 升温至 250 ℃，再以 10 ℃/min 升温至 300 ℃，保持 5 min；载气：氦气，纯度≥99.999%，流速 1.2 mL/min；进样口温度：290 ℃；进样量：1 μL；进样方式：无分流进样，15 min 后打开阀；电子轰击源：70 eV；离子源温度：230 ℃；GC-MS 接口温度：280 ℃；溶剂延迟：A 组 8.30 min，B 组 7.80 min，C 组 7.30 min，D 组 5.50 min，E 组 6.10 min，F 组 5.50 min；选择离子监测：每种化合物分别选择一个定量离子，2～3 个定性离子，每组所有需要检测的离子按照出峰顺序，分时段分别检测。每种化合物的保留时间、定量离子、定性离子及定量离子参见表 6-18。

**表 6-18　茶叶中 490 种农药及相关化学品和内标化合物的保留时间、定量离子、定性离子及定量离子与定性离子的丰度比值**

| 序号 | 中文名称 | 英文名称 | 保留时间/min | 定量离子 | 定性离子 1 | 定性离子 2 | 定性离子 3 |
|---|---|---|---|---|---|---|---|
| 内标 | 环氧七氯 | heptachlor-epoxide | 22.10 | 353(100) | 355(79) | 351(52) | |
| | | | A 组 | | | | |
| 1 | 二丙烯草胺 | allidochlor | 8.78 | 138(100) | 158(10) | 173(15) | |

续表

| 序号 | 中文名称 | 英文名称 | 保留时间/min | 定量离子 | 定性离子1 | 定性离子2 | 定性离子3 |
|---|---|---|---|---|---|---|---|
| 2 | 烯丙酰草胺 | dichlormid | 9.74 | 172(100) | 166(41) | 124(79) | |
| 3 | 土菌灵 | etridiazol | 10.42 | 211(100) | 183(73) | 140(19) | |
| 4 | 氯甲硫磷 | chlormephos | 10.53 | 121(100) | 234(70) | 154(70) | |
| 5 | 苯胺灵 | propham | 11.36 | 179(100) | 137(66) | 120(51) | |
| 6 | 环草敌 | cycloate | 13.56 | 154(100) | 186(5) | 215(12) | |
| 7 | 联苯二胺 | diphenylatnine | 14.55 | 169(100) | 168(58) | 167(29) | |
| 8 | 杀虫脒 | chlordimeform | 14.93 | 196(100) | 198(30) | 195(18) | 183(23) |
| 9 | 乙丁烯氟灵 | Ethalfluralin | 15.00 | 276(100) | 316(81) | 292(42) | |
| 10 | 甲拌磷 | phorate | 15.46 | 260(100) | 121(160) | 231(56) | 153(3) |
| 11 | 甲基乙拌磷 | thiometon | 16.20 | 88(100) | 125(55) | 246(9) | |
| 12 | 五氯硝基苯 | quintozene | 16.75 | 295(100) | 237(159) | 249(114) | |
| 13 | 脱乙基阿特拉津 | atrazine-desethyl | 16.76 | 172(100) | 187(32) | 145(17) | |
| 14 | 异噁草松 | clomazone | 17.00 | 204(100) | 138(4) | 205(13) | |
| 15 | 二嗪磷 | diazinon | 17.14 | 304(100) | 179(192) | 137(172) | |
| 16 | 地虫硫磷 | fonofos | 17.31 | 246(100) | 137(141) | 174(15) | 202(6) |
| 17 | 乙嘧硫磷 | etrimfos | 17.92 | 292(100) | 181(40) | 277(31) | |
| 18 | 胺丙畏 | propetamphos | 17.97 | 138(100) | 194(49) | 236(30) | |
| 19 | 密草通 | secbumeton | 18.36 | 196(100) | 210(38) | 225(39) | |
| 20 | 炔丙烯草胺 | pronamide | 18.72 | 173(100) | 175(62) | 255(22) | |
| 21 | 除线磷 | dichlofenthion | 18.80 | 279(100) | 223(78) | 251(38) | |
| 22 | 兹克威 | mexacarbate | 18.83 | 165(100) | 150(66) | 222(27) | |
| 23 | 乐果 | dimethoate | 19.25 | 125(100) | 143(16) | 229(11) | |
| 24 | 氨氟灵 | dinitramine | 19.35 | 305(100) | 307(38) | 261(29) | |
| 25 | 艾氏剂 | aldrin | 19.67 | 263(100) | 265(65) | 293(40) | 329(8) |
| 26 | 皮蝇磷 | ronnel | 19.80 | 285(100) | 287(67) | 125(32) | |
| 27 | 扑草净 | prometryne | 20.13 | 241(100) | 184(78) | 226(60) | |
| 28 | 环丙津 | cyprazine | 20.18 | 212(100) | 227(58) | 170(29) | |
| 29 | 乙烯菌核利 | Vinclozolin | 20.29 | 285(100) | 212(109) | 198(96) | |
| 30 | β-六六六 | beta-HCH | 20.31 | 219(100) | 217(78) | 181(94) | 254(12) |
| 31 | 甲霜灵 | metalaxyl | 20.67 | 206(100) | 249(53) | 234(38) | |
| 32 | 甲基对硫磷 | methyl-parathion | 20.82 | 263(100) | 233(66) | 246(8) | 200(6) |
| 33 | 毒死蜱 | chlorpyrifos (-ethyl) | 20.96 | 314(100) | 258(57) | 286(42) | |
| 34 | δ-六六六 | delta-HCH | 21.16 | 219(100) | 217(80) | 181(99) | 254(10) |

续表

| 序号 | 中文名称 | 英文名称 | 保留时间/min | 定量离子 | 定性离子 1 | 定性离子 2 | 定性离子 3 |
|---|---|---|---|---|---|---|---|
| 35 | 蒽醌 | anthraquinone | 21.49 | 208(100) | 180(84) | 152(69) | |
| 36 | 倍硫磷 | fenthion | 21.53 | 278(100) | 169(16) | 153(9) | |
| 37 | 马拉硫磷 | malathion | 21.54 | 173(100) | 158(36) | 143(15) | |
| 38 | 对氧磷 | paraoxon-ethyl | 21.57 | 275(100) | 220(60) | 247(58) | 263(11) |
| 39 | 杀螟硫磷 | fenitrothion | 21.62 | 277(100) | 260(52) | 247(60) | |
| 40 | 三唑酮 | triadimefon | 22.22 | 208(100) | 210(50) | 181(74) | |
| 41 | 利谷隆 | linuron | 22.44 | 61(100) | 248(30) | 160(12) | |
| 42 | 二甲戊灵 | pendimethalin | 22.59 | 252(100) | 220(22) | 162(12) | |
| 43 | 杀螨醚 | chlorbenside | 22.96 | 268(100) | 270(41) | 143(11) | |
| 44 | 乙基溴硫磷 | bromophos-ethyl | 23.06 | 359(100) | 303(77) | 357(74) | |
| 45 | 喹硫磷 | quinalphos | 23.10 | 146(100) | 2 * 98(28) | 157(66) | |
| 46 | 反式氯丹 | trans-chlordane | 23.29 | 373(100) | 375(96) | 377(51) | |
| 47 | 稻丰散 | phenthoate | 23.30 | 274(100) | 246(24) | 320(5) | |
| 48 | 吡唑草胺 | metazachlor | 23.32 | 209(100) | 133(120) | 211(32) | |
| 49 | 丙硫磷 | prothiophos | 24.04 | 309(100) | 267(88) | 162(55) | |
| 50 | 整形醇 | chlorfurenol | 24.15 | 215(100) | 152(40) | 274(11) | |
| 51 | 腐霉利 | procymidone | 24.36 | 283(100) | 285(70) | 255(15) | |
| 52 | 狄氏剂 | dieldrin | 24.43 | 263(100) | 277(82) | 380(30) | 345(35) |
| 53 | 杀扑磷 | methidathion | 24.49 | 145(100) | 157(2) | 302(4) | |
| 54 | 敌草胺 | napropamide | 24.84 | 271(100) | 128(111) | 171(34) | |
| 55 | 氰草津 | cyanazine | 24.94 | 225(100) | 240(56) | 198(61) | |
| 56 | 噁草酮 | oxadiazone | 25.06 | 175(100) | 258(62) | 302(37) | |
| 57 | 苯线磷 | fenamiphos | 25.29 | 303(100) | 154(56) | 288(31) | 217(22) |
| 58 | 杀螨氯硫 | tetrasul | 25.85 | 252(100) | 324(64) | 254(68) | |
| 59 | 乙嘧酚磺酸酯 | bupirimate | 26.00 | 273(100) | 316(41) | 208(83) | |
| 60 | 氟酰胺 | flutolanil | 26.23 | 173(100) | 145(25) | 323(14) | |
| 61 | 萎锈灵 | carboxin | 26.25 | 235(100) | 143(168) | 87(52) | |
| 62 | p,p′-滴滴滴 | p,p′-DDD | 26.59 | 235(100) | 237(64) | 199(12) | 165(46) |
| 63 | 乙硫磷 | ethion | 26.69 | 231(100) | 384(13) | 199(9) | |
| 64 | 乙环唑-1 | etaconazole-1 | 26.81 | 245(100) | 173(85) | 247(65) | |
| 65 | 硫丙磷 | sulprofos | 26.87 | 322(100) | 156(62) | 280(11) | |
| 66 | 乙环唑-2 | etaconazole-2 | 26.89 | 245(100) | 173(85) | 247(65) | |
| 67 | 腈菌唑 | myclobutanil | 27.19 | 179(100) | 288(14) | 150(45) | |

续表

| 序号 | 中文名称 | 英文名称 | 保留时间/min | 定量离子 | 定性离子1 | 定性离子2 | 定性离子3 |
|---|---|---|---|---|---|---|---|
| 68 | 丰索磷 | fensulfothion | 27.94 | 292(100) | 308(22) | 293(73) | |
| 69 | 禾草灵 | diclofop-methyl | 28.08 | 253(100) | 281(50) | 342(82) | |
| 70 | 丙环唑-1 | propiconazole-1 | 28.15 | 259(100) | 173(97) | 261(65) | |
| 71 | 丙环唑-2 | propiconazole-2 | 28.15 | 259(100) | 173(97) | 261(65) | |
| 72 | 联苯菊酯 | bifenthrin | 28.57 | 181(100) | 166(25) | 165(23) | |
| 73 | 灭蚁灵 | mirex | 28.72 | 272(100) | 237(49) | 274(80) | |
| 74 | 丁硫克百威 | carbosulfan | 28.80 | 160(100) | 118(95) | 323(30) | |
| 75 | 氟苯嘧啶醇 | nuarimol | 28.90 | 314(100) | 235(155) | 203(108) | |
| 76 | 麦锈灵 | benodanil | 29.14 | 231(100) | 323(38) | 203(22) | |
| 77 | 甲氧滴滴涕 | methoxychlor | 29.38 | 227(100) | 228(16) | 212(4) | |
| 78 | 噁霜灵 | oxadixyl | 29.50 | 163(100) | 233(18) | 278(11) | |
| 79 | 戊唑醇 | tebuconazole | 29.51 | 250(100) | 163(55) | 252(36) | |
| 80 | 胺菊酯 | tetramethirn | 29.59 | 164(100) | 135(3) | 232(1) | |
| 81 | 氟草敏 | norflurazon | 29.99 | 303(100) | 145(101) | 102(47) | |
| 82 | 哒嗪硫磷 | pyridaphenthion | 30.17 | 340(100) | 199(48) | 188(51) | |
| 83 | 三氯杀螨砜 | tetradifon | 30.70 | 227(100) | 356(70) | 159(196) | |
| 84 | 顺式-氯菊酯 | cis-permethrm | 31.42 | 183(100) | 184(15) | 255(2) | |
| 85 | 吡菌磷 | pyrazophos | 31.60 | 221(100) | 232(35) | 373(19) | |
| 86 | 反式-氯菊酯 | trans-permethrin | 31.68 | 183(100) | 184(15) | 255(2) | |
| 87 | 氯氰菊酯 | cypermethin | 33.19 | 181(100) | 152(23) | 180(16) | |
| 88 | 氰戊菊酯-1 | fenvalerate-1 | 34.45 | 167(100) | 225(53) | 419(37) | 181(41) |
| 89 | 氰戊菊酯-2 | fenvalerate-2 | 34.79 | 167(101) | 225(54) | 419(38) | 181(42) |
| 90 | 溴氰菊酯 | deltamethrin | 35.77 | 181(100) | 172(25) | 174(25) | |
| B组 | | | | | | | |
| 91 | 茵草敌 | EPTC | 8.54 | 128(100) | 189(30) | 132(32) | |
| 92 | 丁草敌 | butylate | 9.49 | 156(100) | 146(115) | 217(27) | |
| 93 | 敌草腈 | dichlobenil | 9.75 | 171(100) | 173(68) | 136(15) | |
| 94 | 克草敌 | pebulate | 10.18 | 128(100) | 161(21) | 203(20) | |
| 95 | 三氯甲基吡啶 | nitrapyrin | 10.89 | 194(100) | 196(97) | 198(23) | |
| 96 | 速灭磷 | mevinphos | 11.23 | 127(100) | 192(39) | 164(29) | |
| 97 | 氯苯甲醚 | chloroneb | 11.85 | 191(100) | 193(67) | 206(66) | |
| 98 | 四氯硝基苯 | tecnazene | 13.54 | 261(100) | 203(135) | 215(113) | |
| 99 | 庚烯磷 | heptanophos | 13.78 | 124(100) | 215(17) | 250(14) | |

续表

| 序号 | 中文名称 | 英文名称 | 保留时间/min | 定量离子 | 定性离子1 | 定性离子2 | 定性离子3 |
|---|---|---|---|---|---|---|---|
| 100 | 灭线磷 | ethoprophos | 14.40 | 158(100) | 200(40) | 242(23) | 168(15) |
| 101 | 六氯苯 | hexachlorobenzene | 14.69 | 284(100) | 286(81) | 282(51) | |
| 102 | 毒草胺 | propachlor | 14.73 | 120(100) | 176(45) | 211(11) | |
| 103 | 顺式-燕麦敌 | cis-diallate | 14.75 | 234(100) | 236(37) | 128(38) | |
| 104 | 氟乐灵 | trifluralin | 15.23 | 306(100) | 264(72) | 335(7) | |
| 105 | 反式-燕麦敌 | trans-diallate | 15.29 | 234(100) | 236(37) | 128(38) | |
| 106 | 氯苯胺灵 | chlorpropham | 15.49 | 213(100) | 171(59) | 153(24) | |
| 107 | 治螟磷 | sulfotep | 15.55 | 322(100) | 202(43) | 238(27) | 266(24) |
| 108 | 菜草畏 | sulfallate | 15.75 | 188(100) | 116(7) | 148(4) | |
| 109 | α-六六六 | alpha-HCH | 16.06 | 219(100) | 183(98) | 221(47) | 254(6) |
| 110 | 特丁硫磷 | terbufos | 16.83 | 231(100) | 153(25) | 288(10) | 186(13) |
| 111 | 环丙氟灵 | profluralin | 17.36 | 318(100) | 304(47) | 347(13) | |
| 112 | 敌噁磷 | dioxathion | 17.51 | 270(100) | 197(43) | 169(19) | |
| 113 | 扑灭津 | propazine | 17.67 | 214(100) | 229(67) | 172(51) | |
| 114 | 氯炔灵 | chlorbufam | 17.85 | 223(100) | 153(53) | 164(64) | |
| 115 | 氯硝胺 | dicloran | 17.89 | 206(100) | 176(128) | 160(52) | |
| 116 | 特丁津 | terbuthylazine | 18.07 | 214(100) | 229(33) | 173(35) | |
| 117 | 绿谷隆 | monolinuron | 18.15 | 61(100) | 126(45) | 214(51) | |
| 118 | 杀螟腈 | cyanophos | 18.73 | 243(100) | 180(8) | 148(3) | |
| 119 | 氟虫脲 | flufenoxuron | 18.83 | 305(100) | 126(67) | 307(32) | |
| 120 | 甲基毒死蜱 | chlorpyrifos-methyl | 19.38 | 286(100) | 288(70) | 197(5) | |
| 121 | 敌草净 | desmetryn | 19.64 | 213(100) | 198(60) | 171(30) | |
| 122 | 二甲草胺 | dimethachlor | 19.80 | 134(100) | 197(47) | 210(16) | |
| 123 | 甲草胺 | alachlor | 20.03 | 188(100) | 237(35) | 269(15) | |
| 124 | 甲基嘧啶磷 | pirimiphos-methyl | 20.30 | 290(100) | 276(86) | 305(74) | |
| 125 | 特丁净 | terbutryn | 20.61 | 226(100) | 241(64) | 185(73) | |
| 126 | 丙硫特普 | aspon | 20.62 | 211(100) | 253(52) | 378(14) | |
| 127 | 杀草丹 | thiobencarb | 20.63 | 100(100) | 257(25) | 259(9) | |
| 128 | 三氯杀螨醇 | dicofol | 21.33 | 139(100) | 141(72) | 250(23) | 251(4) |
| 129 | 异丙甲草胺 | metolachlor | 21.34 | 238(100) | 162(159) | 240(33) | |
| 130 | 嘧啶磷 | pirimiphos-ethyl | 21.59 | 333(100) | 318(93) | 304(69) | |
| 131 | 氧化氯丹 | oxy-chlordane | 21.63 | 387(100) | 237(50) | 185(68) | |
| 132 | 苯氟磺胺 | dichlofluanid | 21.68 | 224(100) | 226(74) | 167(120) | |

续表

| 序号 | 中文名称 | 英文名称 | 保留时间/min | 定量离子 | 定性离子 1 | 定性离子 2 | 定性离子 3 |
|---|---|---|---|---|---|---|---|
| 133 | 烯虫酯 | methoprene | 21.71 | 73(100) | 191(29) | 153(29) | |
| 134 | 溴硫磷 | bromofos | 21.75 | 331(100) | 329(75) | 213(7) | |
| 135 | 乙氧呋草黄 | ethofumesate | 21.84 | 207(100) | 161(54) | 286(27) | |
| 136 | 异丙乐灵 | isopropalin | 22.10 | 280(100) | 238(40) | 222(4) | |
| 137 | 敌稗 | propanil | 22.68 | 161(100) | 217(21) | 163(62) | |
| 138 | 育畜磷 | crufomate | 22.93 | 256(100) | 182(154) | 276(58) | |
| 139 | 异柳磷 | isofenphos | 22.99 | 213(100) | 255(44) | 185(45) | |
| 140 | 硫丹-1 | endosulfan-1 | 23.10 | 241(100) | 265(66) | 339(46) | |
| 141 | 毒虫畏 | chlorfenvinphos | 23.19 | 323(100) | 267(139) | 269(92) | |
| 142 | 甲苯氟磺胺 | tolylfluanide | 23.45 | 238(100) | 240(71) | 137(210) | |
| 143 | 顺式-氯丹 | cis-chlordane | 23.55 | 373(100) | 375(96) | 377(51) | |
| 144 | 丁草胺 | butachlor | 23.82 | 176(100) | 160(75) | 188(46) | |
| 145 | 乙菌利 | chlozolinate | 23.83 | 259(100) | 188(83) | 331(91) | |
| 146 | p,p′-滴滴伊 | p,p′-DDE | 23.92 | 318(100) | 316(80) | 246(139) | 248(70) |
| 147 | 碘硫磷 | iodofenphos | 24.33 | 377(100) | 379(37) | 250(6) | |
| 148 | 杀虫畏 | tetrachlorvinphos | 24.36 | 329(100) | 331(96) | 333(31) | |
| 149 | 丙溴磷 | profenofos | 24.65 | 339(100) | 374(39) | 297(37) | |
| 150 | 噻嗪酮 | buprofezin | 24.87 | 105(100) | 172(54) | 305(24) | |
| 151 | 己唑醇 | hexaconazole | 24.92 | 214(100) | 231(62) | 256(26) | |
| 152 | o,p′-滴滴滴 | o,p′-DDD | 24.94 | 235(100) | 237(65) | 165(39) | 199(14) |
| 153 | 杀螨酯 | chlorfenson | 25.05 | 302(100) | 175(282) | 177(103) | |
| 154 | 氟咯草酮 | fluorochloridone | 25.14 | 311(100) | 313(64) | 187(85) | |
| 155 | 异狄氏剂 | endrin | 25.15 | 263(100) | 317(30) | 345(26) | |
| 156 | 多效唑 | paclobutrazol | 25.21 | 236(100) | 238(37) | 167(39) | |
| 157 | o,p′-滴滴涕 | o,p′-DDT | 25.56 | 235(100) | 237(63) | 165(37) | 199(14) |
| 158 | 盖草津 | methoprotryne | 25.63 | 256(100) | 213(24) | 271(17) | |
| 159 | 丙酯杀螨醇 | chloropropylate | 25.85 | 251(100) | 253(64) | 141(18) | |
| 160 | 麦草氟甲酯 | flamprop-methyl | 25.90 | 105(100) | 77(26) | 276(11) | |
| 161 | 除草醚 | nitrofen | 26.12 | 283(100) | 253(90) | 202(48) | 139(15) |
| 162 | 乙氧氟草醚 | oxyfluorfen | 26.13 | 252(100) | 361(35) | 300(35) | |
| 163 | 虫螨磷 | chlorthiophos | 26.52 | 325(100) | 360(52) | 297(54) | |
| 164 | 麦草氟异丙酯 | Flamprop-isopropyl | 26.70 | 105(100) | 276(19) | 363(3) | |
| 165 | 三硫磷 | carbofenothion | 27.19 | 157(100) | 342(49) | 199(28) | |

续表

| 序号 | 中文名称 | 英文名称 | 保留时间/min | 定量离子 | 定性离子1 | 定性离子2 | 定性离子3 |
|---|---|---|---|---|---|---|---|
| 166 | p,p'-滴滴涕 | p,p'-DDT | 27.22 | 235(100) | 237(65) | 246(7) | 165(34) |
| 167 | 苯霜灵 | benalaxyl | 27.54 | 148(100) | 206(32) | 325(8) | |
| 168 | 敌瘟磷 | edifenphos | 27.94 | 173(100) | 310(76) | 201(37) | |
| 169 | 三唑磷 | triazophos | 28.23 | 161(100) | 172(47) | 257(38) | |
| 170 | 苯腈磷 | cyanofenphos | 28.43 | 157(100) | 169(56) | 303(20) | |
| 171 | 氯杀螨砜 | chlorbenside sulfone | 28.88 | 127(100) | 99(14) | 89(33) | |
| 172 | 硫丹硫酸盐 | endosulfan-sulfate | 29.05 | 387(100) | 272(165) | 389(64) | |
| 173 | 溴螨酯 | bromopropylate | 29.30 | 341(100) | 183(34) | 339(49) | |
| 174 | 新燕灵 | benzoylprop-ethyl | 29.40 | 292(100) | 365(36) | 260(37) | |
| 175 | 甲氰菊酯 | fenpropathrin | 29.56 | 265(100) | 181(237) | 349(25) | |
| 176 | 苯硫磷 | EPN | 30.06 | 157(100) | 169(53) | 323(14) | |
| 177 | 环嗪酮 | hexazinone | 30.14 | 171(100) | 252(3) | 128(12) | |
| 178 | 溴苯磷 | leptophos | 30.19 | 377(100) | 375(73) | 379(28) | |
| 179 | 治草醚 | bifenox | 30.81 | 341(100) | 189(30) | 310(27) | |
| 180 | 伏杀硫磷 | phosalone | 31.22 | 182(100) | 367(30) | 154(20) | |
| 181 | 保棉磷 | azinphos-methyl | 31.41 | 160(100) | 132(71) | 77(58) | |
| 182 | 氯苯嘧啶醇 | fenarimol | 31.65 | 139(100) | 219(70) | 330(42) | |
| 183 | 益棉磷 | azinphos-ethyl | 32.01 | 160(100) | 132(103) | 77(51) | |
| 184 | 氟氯氰菊酯 | cyfluthrin | 32.94 | 206(100) | 199(63) | 226(72) | |
| 185 | 咪鲜胺 | prochloraz | 33.07 | 180(100) | 308(59) | 266(18) | |
| 186 | 蝇毒磷 | coumaphos | 33.22 | 362(100) | 226(56) | 364(39) | |
| 187 | 氟胺氰菊酯 | fluvalinate | 34.94 | 250(100) | 252(38) | 181(18) | |
| C组 | | | | | | | |
| 188 | 敌敌畏 | dichlorvos | 7.80 | 109(100) | 185(34) | 220(7) | |
| 189 | 联苯 | biphenyl | 9.00 | 154(100) | 153(40) | 152(27) | |
| 190 | 霜霉威 | propamocarb | 9.40 | 58(100) | 129(6) | 188(5) | |
| 191 | 灭草敌 | vernolate | 9.82 | 128(100) | 146(17) | 203(9) | |
| 192 | 3,5-二氯苯胺 | 3,5-dichloroaniline | 11.20 | 161(100) | 163(62) | 126(10) | |
| 193 | 虫螨畏 | methacrifos | 11.86 | 125(100) | 208(74) | 240(44) | |
| 194 | 禾草敌 | molinate | 11.92 | 126(100) | 187(24) | 158(2) | |
| 195 | 邻苯基苯酚 | 2-phenylphenol | 12.47 | 170(100) | 169(72) | 141(31) | |
| 196 | 四氢邻苯二甲酰亚胺 | cis-1,2,3,6-tetrahydrophthalimide | 13.39 | 151(100) | 123(16) | 122(16) | |

续表

| 序号 | 中文名称 | 英文名称 | 保留时间/min | 定量离子 | 定性离子 1 | 定性离子 2 | 定性离子 3 |
|---|---|---|---|---|---|---|---|
| 197 | 仲丁威 | fenobucarb | 14.60 | 121(100) | 150(32) | 107(8) | |
| 198 | 乙丁氟灵 | benfluralin | 15.23 | 292(100) | 264(20) | 276(13) | |
| 199 | 氟铃脲 | hexaflumuron | 16.20 | 176(100) | 279(28) | 277(43) | |
| 200 | 扑灭通 | prometon | 16.66 | 210(100) | 225(91) | 168(67) | |
| 201 | 野麦威 | triallate | 17.12 | 268(100) | 270(73) | 143(19) | |
| 202 | 嘧霉胺 | pyrimethanil | 17.28 | 198(100) | 199(45) | 200(5) | |
| 203 | 林丹 | gamma-HCH | 17.48 | 183(100) | 219(93) | 254(13) | 221(40) |
| 204 | 乙拌磷 | disulfoton | 17.61 | 88(100) | 274(15) | 186(18) | |
| 205 | 莠去净 | atrizine | 17.64 | 200(100) | 215(62) | 173(29) | |
| 206 | 异稻瘟净 | iprobenfos | 18.44 | 204(100) | 246(18) | 288(17) | |
| 207 | 七氯 | heptachlor | 18.49 | 272(100) | 237(40) | 337(27) | |
| 208 | 氯唑磷 | isazofos | 18.54 | 161(100) | 257(53) | 285(39) | 313(15) |
| 209 | 三氯杀虫酯 | plifenate | 18.87 | 217(100) | 175(96) | 242(91) | |
| 210 | 氯乙氟灵 | fluchloralin | 18.89 | 306(100) | 326(87) | 264(54) | |
| 211 | 四氟苯菊酯 | transfluthrin | 19.04 | 163(100) | 165(23) | 335(7) | |
| 212 | 丁苯吗啉 | fenpropimorph | 19.22 | 128(100) | 303(5) | 129(9) | |
| 213 | 甲基立枯磷 | Tolclofos-methyl | 19.69 | 265(100) | 267(36) | 250(10) | |
| 214 | 异丙草胺 | propisochlor | 19.89 | 162(100) | 223(200) | 146(17) | |
| 215 | 溴谷隆 | metobromuron | 20.07 | 61(100) | 258(11) | 170(16) | |
| 216 | 莠灭净 | ametryn | 20.11 | 227(100) | 212(53) | 185(17) | |
| 217 | 嗪草酮 | metribuzin | 20.33 | 198(100) | 199(21) | 144(12) | |
| 218 | 异丙净 | dipropetryn | 20.82 | 255(100) | 240(42) | 222(20) | |
| 219 | 安硫磷 | formothion | 21.42 | 170(100) | 224(97) | 257(63) | |
| 220 | 乙霉威 | diethofencarb | 21.43 | 267(100) | 225(98) | 151(31) | |
| 221 | 哌草丹 | dimepiperate | 22.28 | 119(100) | 145(30) | 263(8) | |
| 222 | 生物烯丙菊酯-1 | bioallethrin-1 | 22.29 | 123(100) | 136(24) | 107(29) | |
| 223 | 生物烯丙菊酯-2 | bioallethrin-2 | 22.34 | 123(100) | 136(24) | 107(29) | |
| 224 | 芬螨酯 | fenson | 22.54 | 141(100) | 268(53) | 77(104) | |
| 225 | o,p'-滴滴伊 | o,p'-DDE | 22.64 | 246(100) | 318(34) | 176(26) | 248(70) |
| 226 | 双苯酰草胺 | diphenamid | 22.87 | 167(100) | 239(30) | 165(43) | |
| 227 | 戊菌唑 | penconazole | 23.17 | 248(100) | 250(33) | 161(50) | |
| 228 | 四氟醚唑 | tetraconazole | 23.35 | 336(100) | 338(33) | 171(10) | |
| 229 | 灭蚜磷 | mecarbam | 23.46 | 131(100) | 296(22) | 329(40) | |

续表

| 序号 | 中文名称 | 英文名称 | 保留时间 /min | 定量离子 | 定性离子 1 | 定性离子 2 | 定性离子 3 |
|---|---|---|---|---|---|---|---|
| 230 | 丙虫磷 | propaphos | 23.92 | 304(100) | 220(108) | 262(34) | |
| 231 | 氟节胺 | flumetralin | 24.10 | 143(100) | 157(25) | 404(10) | |
| 232 | 三唑醇-1 | triadimenol-1 | 24.22 | 112(100) | 168(81) | 130(15) | |
| 233 | 三唑醇-2 | triadimenol-2 | 24.94 | 112(100) | 168(71) | 130(10) | |
| 234 | 丙草胺 | pretdachlor | 24.67 | 162(100) | 238(26) | 262(8) | |
| 235 | 亚胺菌 | kresoxim-methyl | 25.04 | 116(100) | 206(25) | 131(66) | |
| 236 | 吡氟禾草灵 | fluazifop-butyl | 25.21 | 282(100) | 383(44) | 254(49) | |
| 237 | 氟啶脲 | chlorfluazuron | 25.27 | 321(100) | 323(71) | 356(8) | |
| 238 | 乙酯杀螨醇 | chlorobenzilate | 25.90 | 251(100) | 253(65) | 152(5) | |
| 239 | 氟哇唑 | flusilazole | 26.19 | 233(100) | 206(33) | 315(9) | |
| 240 | 三氟硝草醚 | fluorodifen | 26.59 | 190(100) | 328(35) | 162(34) | |
| 241 | 烯唑醇 | diniconazole | 27.03 | 268(100) | 270(65) | 232(13) | |
| 242 | 增效醚 | piperonyl butoxide | 27.46 | 176(100) | 177(33) | 149(14) | |
| 243 | 噁唑隆 | dimefuron | 27.82 | 140(100) | 105(75) | 267(36) | |
| 244 | 炔螨特 | propargite | 27.87 | 135(100) | 350(7) | 173(16) | |
| 245 | 灭锈胺 | mepronil | 27.91 | 119(100) | 269(26) | 120(9) | |
| 246 | 吡氟酰草胺 | diflufenican | 28.45 | 266(100) | 394(25) | 267(14) | |
| 247 | 咯菌腈 | fludioxonil | 28.93 | 248(100) | 127(24) | 154(21) | |
| 248 | 喹螨醚 | fenazaquin | 28.97 | 145(100) | 160(46) | 117(10) | |
| 249 | 苯醚菊酯 | phenothrin | 29.08 | 123(100) | 183(74) | 350(6) | |
| 250 | 双甲脒 | amitraz | 30.00 | 293(100) | 162(138) | 132(168) | |
| 251 | 莎稗磷 | anilofos | 30..68 | 226(100) | 184(52) | 334(10) | |
| 252 | 高效氯氟氰菊酯 | lambda-cyhalothrin | 31.11 | 181(100) | 197(100) | 141(20) | |
| 253 | 苯噻酰草胺 | mefenacet | 31.29 | 192(100) | 120(35) | 136(29) | |
| 254 | 氯菊酯 | permethrin | 31.57 | 183(100) | 184(14) | 255(1) | |
| 255 | 哒螨灵 | pyridaben | 31.86 | 147(100) | 117(11) | 364(7) | |
| 256 | 乙羟氟草醚 | fluoroglycofen-ethyl | 32.01 | 447(100) | 428(20) | 449(35) | |
| 257 | 联苯三唑醇 | bitertanol | 32.25 | 170(100) | 112(8) | 141(6) | |
| 258 | 醚菊酯 | etofenprox | 32.75 | 163(100) | 376(4) | 183(6) | |
| 259 | α-氯氰菊酯 | *alpha*-cypermethrin | 33.35 | 163(100) | 181(84) | 165(63) | |
| 260 | 氟氰戊菊酯 | flucythrinate-1 | 33.58 | 199(100) | 157(90) | 451(22) | |
| 261 | 氟氰戊菊酯 | flucythrinate-2 | 33.85 | 199(101) | 157(91) | 451(23) | |
| 262 | S-氰戊菊酯 | esfenvalerate | 34.65 | 419(100) | 225(158) | 181(189) | |

续表

| 序号 | 中文名称 | 英文名称 | 保留时间/min | 定量离子 | 定性离子 1 | 定性离子 2 | 定性离子 3 |
|---|---|---|---|---|---|---|---|
| 263 | 苯醚甲环唑-1 | difenconazole-1 | 35.40 | 323(100) | 325(66) | 265(83) | |
| 264 | 苯醚甲环唑-2 | difenconazole-2 | 35.49 | 323(100) | 325(69) | 265(70) | |
| 265 | 丙炔氟草胺 | flumioxazin | 35.50 | 354(100) | 287(24) | 259(15) | |
| 266 | 氟烯草酸 | flumiclorac-pentyl | 36.34 | 423(100) | 308(51) | 318(29) | |
| | | | D组 | | | | |
| 267 | 甲氟磷 | dimefox | 5.62 | 110(100) | 154(75) | 153(17) | |
| 268 | 乙拌磷亚砜 | disulfoton-sulfoxide | 8.41 | 212(100) | 153(61) | 184(20) | |
| 269 | 五氯苯 | pentachlorobenzene | 11.11 | 250(100) | 252(64) | 215(24) | |
| 270 | 鼠立死 | crimidine | 13.13 | 142(100) | 156(90) | 171(84) | |
| 271 | 4-溴-3,5-二甲苯基-N-甲基氨基甲酸酯-1 | BDMC-1 | 13.25 | 200(100) | 202(104) | 201(13) | |
| 272 | 燕麦酯 | chlorfenprop-methyl | 13.57 | 165(100) | 196(87) | 197(49) | |
| 273 | 虫线磷 | thionazin | 14.04 | 143(100) | 192(39) | 220(14) | |
| 274 | 2,3,5,6-四氯苯胺 | 2,3,5,6-tetrachloroan-iline | 14.22 | 231(100) | 229(76) | 158(25) | |
| 275 | 三正丁基磷酸盐 | TRI-N-butyl phos phate | 14.33 | 155(100) | 211(61) | 167(8) | |
| 276 | 2,3,4,5-四氯甲氧基苯 | 2,3,4,5-tetrachloro-anisole | 14.66 | 246(100) | 203(70) | 231(51) | |
| 277 | 五氯甲氧基苯 | pentachloroanisole | 15.19 | 280(100) | 265(100) | 237(85) | |
| 278 | 牧草胺 | tebutam | 15.30 | 190(100) | 106(38) | 142(24) | |
| 279 | 甲基苯噻隆 | methabenzthiazuron | 16.34 | 164(100) | 136(81) | 108(27) | |
| 280 | 脱异丙基莠去津 | Desisopropyl-atrazine | 16.69 | 173(100) | 158(84) | 145(73) | |
| 281 | 西玛通 | simetone | 16.69 | 197(100) | 196(40) | 182(38) | |
| 282 | 阿特拉通 | atratone | 16.70 | 196(100) | 211(68) | 197(105) | |
| 283 | 七氟菊酯 | tefluthrin | 17.24 | 177(100) | 197(26) | 161(5) | |
| 284 | 溴烯杀 | bromocylen | 17.43 | 359(100) | 357(99) | 394(14) | |
| 285 | 草达津 | trietazine | 17.53 | 200(100) | 229(51) | 214(45) | |
| 286 | 2,6-二氯苯甲酰胺 | 2,6-dichlorobenzamide | 17.93 | 173(100) | 189(36) | 175(62) | |
| 287 | 环莠隆 | cycluron | 17.95 | 89(100) | 198(36) | 114(9) | |
| 288 | 2,4,4′-三氯联苯 | de-PCB 28 | 18.15 | 256(100) | 186(53) | 258(97) | |
| 289 | 2,4,5-三氯联苯 | de-PCB31 | 18.19 | 256(100) | 186(53) | 258(97) | |
| 290 | 脱乙基另丁津 | desethyl-sebuthylazine | 18.32 | 172(100) | 174(32) | 186(11) | |

续表

| 序号 | 中文名称 | 英文名称 | 保留时间/min | 定量离子 | 定性离子1 | 定性离子2 | 定性离子3 |
|---|---|---|---|---|---|---|---|
| 291 | 2,3,4,5-四氯苯胺 | 2,3,4,5-tetrachloroan- iline | 18.55 | 231(100) | 229(76) | 233(48) | |
| 292 | 合成麝香 | musk ambrette | 18.62 | 253(100) | 268(35) | 223(18) | |
| 293 | 二甲苯麝香 | musk xylene | 18.66 | 282(100) | 297(10) | 128(20) | |
| 294 | 五氯苯胺 | pentachloroaniline | 18.91 | 265(100) | 263(63) | 230(8) | |
| 295 | 叠氮津 | aziprotryne | 19.11 | 199(100) | 184(83) | 157(31) | |
| 296 | 丁咪酰胺 | isocarbamid | 19.24 | 142(100) | 185(2) | 143(6) | |
| 297 | 另丁津 | sebutylazine | 19.26 | 200(100) | 214(14) | 229(13) | |
| 298 | 麝香 | musk moskene | 19.46 | 263(100) | 278(12) | 264(15) | |
| 299 | 2,2′,5,5′-四氯联苯 | de-PCB 52 | 19.48 | 292(100) | 220(88) | 255(32) | |
| 300 | 苄草丹 | prosulfocarb | 19.51 | 251(100) | 252(14) | 162(10) | |
| 301 | 二甲吩草胺 | dimethenamid | 19.55 | 154(100) | 230(43) | 203(21) | |
| 302 | 4-溴-3,5-二甲苯基-N-甲基氨基甲酸酯-2 | BDMC-2 | 19.74 | 200(100) | 202(101) | 201(12) | |
| 303 | 庚酰草胺 | monahde | 20.02 | 197(100) | 199(31) | 239(45) | |
| 304 | 西藏麝香 | musk tibeten | 20.40 | 251(100) | 266(25) | 252(14) | |
| 305 | 碳氯灵 | isobenzan | 20.55 | 311(100) | 375(31) | 412(7) | |
| 306 | 八氯苯乙烯 | octachlorostyrene | 20.60 | 380(100) | 343(94) | 308(120) | |
| 307 | 异艾氏剂 | isodrin | 21.01 | 193(100) | 263(46) | 195(83) | |
| 308 | 丁嗪草通 | isomethiozm | 21.06 | 225(100) | 198(86) | 184(13) | |
| 309 | 敌草索 | dacthal | 21.25 | 301(100) | 332(31) | 221(16) | |
| 310 | 4,4′二氯二苯甲酮 | 4,4′dichlorobenzophe-none | 21.29 | 250(100) | 252(62) | 215(26) | |
| 311 | 酞菌酯 | nitrothal-isopropyl | 21.69 | 236(100) | 254(54) | 212(74) | |
| 312 | 吡咪唑 | rabenzazole | 21.73 | 212(100) | 170(26) | 195(19) | |
| 313 | 嘧菌环胺 | cyprodinil | 21.94 | 224(100) | 225(62) | 210(9) | |
| 314 | 氧异柳磷 | isofenphos oxon | 22.04 | 229(100) | 201(2) | 314(12) | |
| 315 | 麦穗灵 | fubendazole | 22.10 | 184(100) | 155(21) | 129(12) | |
| 316 | 异氯磷 | dicapthon | 22.44 | 262(100) | 263(10) | 216(10) | |
| 317 | 2-甲-4-氯丁氧乙基酯 | mcpa-butoxyethyl ester | 22.61 | 300(100) | 200(71) | 182(41) | |
| 318 | 2,2′,4,5,5′-五氯联苯 | de-PCB 101 | 22.62 | 326(100) | 254(66) | 291(18) | |

续表

| 序号 | 中文名称 | 英文名称 | 保留时间/min | 定量离子 | 定性离子1 | 定性离子2 | 定性离子3 |
|---|---|---|---|---|---|---|---|
| 319 | 水胺硫磷 | isocarbophos | 22.87 | 136(100) | 230(26) | 289(22) | |
| 320 | 甲拌磷砜 | phorate sulfone | 23.15 | 199(100) | 171(30) | 215(11) | |
| 321 | 杀螨醇 | chlorfenethol | 23.29 | 251(100) | 253(66) | 266(12) | |
| 322 | 反式九氯 | trans-nonachlor | 23.62 | 409(100) | 407(89) | 411(63) | |
| 323 | 脱叶磷 | DEF | 24.08 | 202(100) | 226(51) | 258(55) | |
| 324 | 氟咯草酮 | flurochlondone | 24.31 | 311(100) | 187(74) | 313(66) | |
| 325 | 溴苯烯磷 | bromfenvmfos | 24.62 | 267(100) | 323(56) | 295(18) | |
| 326 | 乙滴涕 | perthane | 24.81 | 223(100) | 224(20) | 178(9) | |
| 327 | 2,3,4,4′,5-五氯联苯 | de-PCB 118 | 25.08 | 326(100) | 254(38) | 184(16) | |
| 328 | 地胺磷 | mephosfolan | 25.29 | 196(100) | 227(49) | 168(60) | |
| 329 | 4,4′-二溴二苯甲酮 | 4,4′-dibromobenzophenone | 25.30 | 340(100) | 259(30) | 185(179) | |
| 330 | 粉唑醇 | flutriafol | 25.31 | 219(100) | 164(96) | 201(7) | |
| 331 | 2,2′,4,4′,5,5′-六氯联苯 | de-PCB 153 | 25.64 | 360(100) | 290(62) | 218(24) | |
| 332 | 苄氯三唑醇 | diclobutrazole | 25.95 | 270(100) | 272(68) | 159(42) | |
| 333 | 乙拌磷砜 | disulfoton sulfone | 26.16 | 213(100) | 229(4) | 185(11) | |
| 334 | 噻螨酮 | hexythiazox | 26.48 | 227(100) | 156(158) | 184(93) | |
| 335 | 2,2′,3, 4, 4′,5-六氯联苯 | de-PCB 138 | 26.84 | 360(100) | 290(68) | 218(26) | |
| 336 | 环丙唑 | cyproconazole | 27.23 | 222(100) | 224(35) | 223(11) | |
| 337 | 苄呋菊酯-1 | resmethrin-1 | 27.26 | 171(100) | 143(83) | 338(7) | |
| 338 | 节呋菊酯-2 | resmethrin-2 | 27.43 | 171(100) | 143(80) | 338(7) | |
| 339 | 酞酸甲苯基丁酯 | phthalic acid, benzyl butyl ester | 27.56 | 206(100) | 312(4) | 230(1) | |
| 340 | 炔草酸 | clodmafop-propargyl | 27.74 | 349(100) | 238(96) | 266(83) | |
| 341 | 倍硫磷亚砜 | fenthion sulfoxide | 28.06 | 278(100) | 279(290) | 294(145) | |
| 342 | 三氟苯唑 | fluotrimazole | 28.39 | 311(100) | 379(60) | 233(36) | |
| 343 | 氟草烟-1-甲庚酯 | fluroxypr-l-methyl hep-tyl ester | 28.45 | 366(100) | 254(67) | 237(60) | |
| 344 | 倍硫磷砜 | fenthion sulfone | 28.55 | 310(100) | 136(25) | 231(10) | |
| 345 | 苯嗪草酮 | metamitron | 28.63 | 202(100) | 174(52) | 186(12) | |
| 346 | 三苯基磷酸盐 | tnphenyl phosphate | 28.65 | 326(100) | 233(16) | 215(20) | |

续表

| 序号 | 中文名称 | 英文名称 | 保留时间/min | 定量离子 | 定性离子1 | 定性离子2 | 定性离子3 |
|---|---|---|---|---|---|---|---|
| 347 | 2,2′,3,4,4′,5,5′-七氯联苯 | de-PCB 180 | 29.05 | 394(100) | 324(70) | 359(20) | |
| 348 | 吡螨胺 | tebufenpyrad | 29.06 | 318(100) | 333(78) | 276(44) | |
| 349 | 解草酯 | cloqumtocet-mexyl | 29.32 | 192(100) | 194(32) | 220(4) | |
| 350 | 环草定 | lenacil | 29.70 | 153(100) | 136(6) | 234(2) | |
| 351 | 糠菌唑-1 | bromuconazole-1 | 29.90 | 173(100) | 175(65) | 214(15) | |
| 352 | 糠菌唑-2 | bromuconazole-2 | 30.72 | 173(100) | 175(67) | 214(14) | |
| 353 | 甲磺乐灵 | nitralm | 30.92 | 316(100) | 274(58) | 300(15) | |
| 354 | 苯线磷亚砜 | fenamiphos sulfoxide | 31.03 | 304(100) | 319(29) | 196(22) | |
| 355 | 苯线磷砜 | fenamiphos sulfone | 31.34 | 320(100) | 292(57) | 335(7) | |
| 356 | 拌种咯 | fenpiclonil | 32.37 | 236(100) | 238(66) | 174(36) | |
| 357 | 氟喹唑 | fluquinconazole | 32.62 | 340(100) | 342(37) | 341(20) | |
| 358 | 腈苯唑 | fenbuconazole | 34.02 | 129(100) | 198(51) | 125(31) | |
| | | | E组 | | | | |
| 359 | 残杀威-1 | propoxur-1 | 6.58 | 110(100) | 152(16) | 111(9) | |
| 360 | 异丙威 T-1 | isoprocarb-1 | 7.56 | 121(100) | 136(34) | 103(20) | |
| 361 | 特草灵-1 | terbucarb-1 | 10.89 | 205(100) | 220(51) | 206(16) | |
| 362 | 驱虫特 | dibutyl succinate | 12.20 | 101(100) | 157(19) | 175(5) | |
| 363 | 氯氧磷 | chlorethoxyfos | 13.43 | 153(100) | 125(67) | 301(19) | |
| 364 | 异丙威-2 | isoprocarb-2 | 13.69 | 121(100) | 136(34) | 103(20) | |
| 365 | 丁噻隆 | tebuthiuron | 14.25 | 156(100) | 171(30) | 157(9) | |
| 366 | 戊菌隆 | pencycuron | 14.30 | 125(100) | 180(65) | 209(20) | |
| 367 | 甲基内吸磷 | demeton-s-methyl | 15.19 | 109(100) | 142(43) | 230(5) | |
| 368 | 残杀威-2 | propoxur-2 | 15.48 | 110(100) | 152(19) | 111(8) | |
| 369 | 菲 | phenanthrene | 16.97 | 188(100) | 160(9) | 189(16) | |
| 370 | 唑螨酯 | fenpyroximate | 17.49 | 213(100) | 142(21) | 198(9) | |
| 371 | 丁基嘧啶磷 | tebupirimfos | 17.61 | 318(100) | 261(107) | 234(100) | |
| 372 | 茉莉酮 | prohydrojasmon | 17.80 | 153(100)) | 184(41) | 254(7) | |
| 373 | 苯锈啶 | fenpropidin | 17.85 | 98(100) | 273(5) | 145(5) | |
| 374 | 氯硝胺 | dichloran | 18.10 | 176(100) | 206(87) | 124(101) | |
| 375 | 咯喹酮 | pyroquilon | 18.28 | 173(100) | 130(69) | 144(38) | |
| 376 | 炔苯酰草胺 | propyzamide | 19.01 | 173(100) | 255(23) | 240(9) | |
| 377 | 抗蚜威 | pirimicarb | 19.08 | 166(100) | 238(23) | 138(8) | |

续表

| 序号 | 中文名称 | 英文名称 | 保留时间 /min | 定量离子 | 定性离子 1 | 定性离子 2 | 定性离子 3 |
|---|---|---|---|---|---|---|---|
| 378 | 解草嗪 | benoxacor | 19.62 | 120(100) | 259(38) | 176(19) | |
| 379 | 磷胺-1 | phosphamidon-l | 19.66 | 264(100) | 138(62) | 227(25) | |
| 380 | 乙草胺 | acetochlor | 19.84 | 146(100) | 162(59) | 223(59) | |
| 381 | 灭草环 | tridiphane | 19.90 | 173(100) | 187(90) | 219(46) | |
| 382 | 戊草丹 | esprocarb | 20.01 | 222(100) | 265(10) | 162(61) | |
| 383 | 特草灵-2 | terbucarb-2 | 20.06 | 205(100) | 220(52) | 206(16) | |
| 384 | 活化酯 | acibenzolar-s-methyl | 20.42 | 182(100) | 135(64) | 153(34) | |
| 385 | 精甲霜灵 | mefenoxam | 20.91 | 206(100) | 249(46) | 279(11) | |
| 386 | 马拉氧磷 | malaoxon | 21.17 | 127(100) | 268(11) | 195(15) | |
| 387 | 氯酞酸甲酯 | Chlorthal-dimethyl | 21.39 | 301(100) | 332(27) | 221(17) | |
| 388 | 硅氟唑 | simeconazole | 21.41 | 121(100) | 278(14) | 211(34) | |
| 389 | 特草净 | terbacil | 21.50 | 161(100) | 160(70) | 117(39) | |
| 390 | 噻唑烟酸 | thiazopyr | 21.91 | 327(100) | 363(73) | 381(34) | |
| 391 | 甲基毒虫畏 | dimethylvinphos | 22.21 | 295(100) | 297(56) | 109(74) | |
| 392 | 苯酰草胺 | zoxamide | 22.30 | 187(100) | 242(68) | 299(9) | |
| 393 | 烯丙菊酯 | allethrin | 22.60 | 123(100) | 107(24) | 136(20) | |
| 394 | 灭藻醌 | quinoclamine | 22.89 | 207(100) | 172(259) | 144(64) | |
| 395 | 氟噻草胺 | flufenacet | 23.09 | 151(100) | 211(61) | 363(6) | |
| 396 | 氰菌胺 | fenoxanil | 23.58 | 140(100) | 189(14) | 301(6) | |
| 397 | 呋霜灵 | furalaxyl | 23.97 | 242(100) | 301(24) | 152(40) | |
| 398 | 除草定 | bromacil | 24.73 | 205(100) | 207(46) | 231(5) | |
| 399 | 啶氧菌酯 | picoxystrobin | 24.97 | 335(100) | 303(43) | 367(9) | |
| 400 | 抑草磷 | butamifos | 25.41 | 286(100) | 200(57) | 232(37) | |
| 401 | 咪草酸 | imazamethabenz-methyl | 25.50 | 144(100) | 187(117) | 256(95) | |
| 402 | 灭梭威砜 | methiocarb sulfone | 25.56 | 200(100) | 185(40) | 137(16) | |
| 403 | 苯氧菌胺 | metominostrobin | 25.61 | 191(100) | 238(56) | 196(75) | |
| 404 | 抑霉唑 | imazalil | 25.72 | 215(100) | 173(66) | 296(5) | |
| 405 | 稻瘟灵 | isoprothiolane | 25.87 | 290(100) | 231(82) | 204(88) | |
| 406 | 环氟菌胺 | cyflufenamid | 26.02 | 91(100) | 412(11) | 294(11) | |
| 407 | 噁唑磷 | isoxathion | 26.51 | 313(100) | 105(341) | 177(208) | |
| 408 | 苯氧喹啉 | quinoxyphen | 27.14 | 237(100) | 272(37) | 307(29) | |
| 409 | 肟菌酯 | trifloxystrobin | 27.71 | 116(100) | 131(40) | 222(30) | |

续表

| 序号 | 中文名称 | 英文名称 | 保留时间/min | 定量离子 | 定性离子1 | 定性离子2 | 定性离子3 |
|---|---|---|---|---|---|---|---|
| 410 | 脱苯甲基亚胺唑 | imibenconazole-des-benzyl | 27.86 | 235(100) | 270(35) | 272(35) | |
| 411 | 炔咪菊酯-1 | imiprothrin-1 | 28.31 | 123(100) | 151(55) | 107(54) | |
| 412 | 氟虫腈 | fipronil | 28.34 | 367(100) | 369(69) | 351(15) | |
| 413 | 炔咪菊酯-2 | imiprothrin-2 | 28.50 | 123(100) | 151(21) | 107(17) | |
| 414 | 氟环唑 | epoxiconazole-1 | 28.58 | 192(100) | 183(24) | 138(35) | |
| 415 | 稗草丹 | pyributicarb | 28.87 | 165(100) | 181(23) | 108(64) | |
| 416 | 吡草醚 | pyraflufen ethyl | 28.91 | 412(100) | 349(41) | 339(34) | |
| 417 | 噻吩草胺 | thenylchlor | 29.12 | 127(100) | 288(25) | 141(17) | |
| 418 | 吡唑解草酯 | mefenpyr-diethyl | 29.55 | 227(100) | 299(131) | 372(18) | |
| 419 | 乙螨唑 | etoxazole | 29.64 | 300(100) | 330(69) | 359(65) | |
| 420 | 氟环唑-2 | epoxiconazole-2 | 29.73 | 192(100) | 183(13) | 138(30) | |
| 421 | 吡丙醚 | pynproxyfen | 30.06 | 136(100) | 226(8) | 185(10) | |
| 422 | 异菌脲 | iprodione | 30.24 | 187(100) | 244(65) | 246(42) | |
| 423 | 呋酰胺 | ofurace | 30.36 | 160(100) | 232(83) | 204(35) | |
| 424 | 哌草磷 | piperophos | 30.42 | 320(100) | 140(123) | 122(114) | |
| 425 | 氯甲酰草胺 | clomeprop | 30.48 | 290(100) | 288(279) | 148(206) | |
| 426 | 咪唑菌酮 | fenamidone | 30.66 | 268(100) | 238(111) | 206(32) | |
| 427 | 吡唑醚菊酯 | pyraclostrobin | 31.98 | 132(100) | 325(14)— | 283(21) | |
| 428 | 乳氟禾草灵 | lactofen | 32.06 | 442(100) | 461(25) | 346(12) | |
| 429 | 吡唑硫磷 | pyraclofos | 32.18 | 360(100) | 194(79) | 362(38) | |
| 430 | 氯亚胺硫磷 | dialifos | 32.27 | 186(100) | 357(143) | 210(397) | |
| 431 | 螺螨酯 | spirodiclofen | 32.50 | 312(100) | 259(48) | 277(28) | |
| 432 | 呋草酮 | flurtamone | 32.78 | 333(100) | 199(63) | 247(25) | |
| 433 | 环酯草醚 | pyriftalid | 32.94 | 318(100) | 274(71) | 303(44) | |
| 434 | 氟硅菊酯 | silafluofen | 33.18 | 287(100) | 286(274) | 258(289) | |
| 435 | 嘧螨醚 | pyrimidifen | 33.63 | 184(100) | 186(32) | 185(10) | |
| 436 | 氟丙嘧草酯 | butafenacil | 33.85 | 331(100) | 333(34) | 180(35) | |
| 437 | 苯酮唑 | cafenstrole | 34.36 | 100(100) | 188(69) | 119(25) | |
| F组 | | | | | | | |
| 438 | 苯磺隆 | tribenuron-methyl | 9.34 | 154(100) | 124(45) | 110(18) | |
| 439 | 乙硫苯威 | ethiofencarb | 11.00 | 107(100) | 168(34) | 77(26) | |
| 440 | 二氧威 | dioxacarb | 11.10 | 121(100) | 166(44) | 165(36) | |

续表

| 序号 | 中文名称 | 英文名称 | 保留时间/min | 定量离子 | 定性离子 1 | 定性离子 2 | 定性离子 3 |
|---|---|---|---|---|---|---|---|
| 441 | 避蚊酯 | dimethyl phthalate | 11.54 | 163(100) | 194(7) | 133(5) | |
| 442 | 4-氯苯氧乙酸 | 4-chlorophenoxy acetic acid | 11.84 | 200(100) | 141(93) | 111(61) | |
| 443 | 邻苯二甲酰亚胺 | phthalimide | 13.21 | 147(100) | 104(61) | 103(35) | |
| 444 | 避蚊胺 | diethyltoluamide | 14.00 | 119(100) | 190(32) | 191(31) | |
| 445 | 2,4-滴 | 2,4-T | 14.35 | 199(100) | 234(63) | 175(61) | |
| 446 | 甲萘威 | carbaryl | 14.42 | 144(100) | 115(100) | 116(43) | |
| 447 | 硫线磷 | cadusafos | 15.14 | 159(100) | 213(14) | 270(13) | |
| 448 | 内吸磷 | demetom-s | 16.88 | 88(100) | 170(15) | 143(11) | |
| 449 | 螺菌环胺-1 | spiroxamine-1 | 17.26 | 100(100) | 126(7) | 198(5) | |
| 450 | 百治磷 | dicrotophos | 17.31 | 127(100) | 237(11) | 109(8) | |
| 451 | 混杀威 | 3,4,5-trimethacarb | 17.70 | 136(100) | 193(32) | 121(31) | |
| 452 | 2,4,5-涕 | 2,4,5-T | 17.75 | 233(100) | 268(49) | 209(36) | |
| 453 | 3-苯基苯酚 | 3-phenylphenol | 18.11 | 170(100) | 141(23) | 115(17) | |
| 454 | 茂谷乐 | furmecyclox | 18.22 | 123(100) | 251(6) | 94(10) | |
| 455 | 螺菌环胺-2 | spiroxamine-2 | 18.23 | 100(100) | 126(5) | 198(5) | |
| 456 | 丁酰肼 | DMSA | 18.45 | 200(100) | 92(123) | 121(8) | |
| 457 | —— | sobutylazine | 18.63 | 172(100) | 174(32) | 186(11) | |
| 458 | 环庚草醚 | cinmethylin | 18.96 | 105(100) | 169(16) | 154(14) | |
| 459 | 久效磷 | monocrotophos | 19.18 | 127(100) | 192(2) | 223(4) | 164(20) |
| 460 | 八氯二甲醚-1 | s421(octachlorodipropylether)-1 | 19.31 | 130(100) | 132(96) | 211(8) | |
| 461 | 八氯二甲醚-2 | s421( octachlorodipropyl ether)-2 | 19.57 | 130(100) | 132(97) | 211(7) | |
| 462 | 十二环吗啉 | dodemorph | 19.62 | 154(100) | 281(12) | 238(10) | |
| 463 | 氧皮蝇磷 | fenchlorphos | 19.84 | 285(100) | 287(69) | 270(6) | |
| 464 | 枯秀隆 | difenoxuron | 20.85 | 241(100) | 226(21) | 242(15) | |
| 465 | 仲丁灵 | butralin | 22.18 | 266(100) | 224(16) | 295(9) | |
| 466 | 啶斑肟-1 | pyrifenox-1 | 23.46 | 262(100) | 294(18) | 227(15) | |
| 467 | 噻菌灵 | thiabendazole | 24.97 | 201(100) | 174(87) | 175(9) | |
| 468 | 缬酶威-1 | iprovalicarb-1 | 26.13 | 119(100) | 134(126) | 158(62) | |
| 469 | 戊环唑 | azaconazole | 26.50 | 217(100) | 173(59) | 219(64) | |
| 470 | 缬酶威-2 | iprovalicarb-2 | 26.54 | 134(100) | 119(75) | 158(48) | |
| 471 | 苯虫醚-1 | diofenolan-l | 26.76 | 186(100) | 300(60) | 225(24) | |

续表

| 序号 | 中文名称 | 英文名称 | 保留时间/min | 定量离子 | 定性离子 1 | 定性离子 2 | 定性离子 3 |
|---|---|---|---|---|---|---|---|
| 472 | 苯虫醚-2 | diofenolan-2 | 27.09 | 186(100) | 300(60) | 225(29) | |
| 473 | 苯甲醚 | aclonifen | 27.24 | 264(100) | 212(65) | 194(57) | |
| 474 | 溴虫腈 | chlorfenapyr | 27.47 | 247(100) | 328(54) | 408(51) | |
| 475 | 生物苄呋菊酯 | bioresmethrin | 27.55 | 123(100) | 171(54) | 143(31) | |
| 476 | 双苯噁唑酸 | isoxadifen-ethyl | 27.90 | 204(100) | 222(76) | 294(44) | |
| 477 | 唑酮草酯 | carfentrazone- ethyl | 28.09 | 312(100) | 330(52) | 290(53) | |
| 478 | 环酰菌胺 | fenhexamid | 28.86 | 97(100) | 177(33) | 301(13) | |
| 479 | 螺甲螨酯 | spiromesifen | 29.56 | 272(100) | 254(27) | 370(14) | |
| 480 | 氟啶胺 | fluazinam | 30.04 | 387(100) | 417(44) | 371(29) | |
| 481 | 联苯肼酯 | bifenazate | 30.38 | 300(100) | 258(99) | 199(100) | |
| 482 | 异狄氏剂酮 | endrin ketone | 30.40 | 317(100) | 250(28) | 281(35) | |
| 483 | 氟草敏代谢物 | norflurazon-desmethyl | 30.80 | 145(100) | 289(76) | 88(35) | |
| 484 | 精高效氨氟氰菊酯-1 | gamma-cyhalothrin-1 | 31.10 | 181(100) | 197(84) | 141(28) | |
| 485 | —— | metoconazole | 31.12 | 125(100) | 319(14) | 250(17) | |
| 486 | 氰氟草酯 | cyhalofop-butyl | 31.40 | 256(100) | 357(74) | 229(79) | |
| 487 | 精高效氨氟氰菊酯-2 | gamma-cyhalothrin-2 | 31.40 | 181(100) | 197(77) | 141(20) | |
| 488 | 苄螨醚 | halfenprox | 32.81 | 263(100) | 237(5) | 476(5) | |
| 489 | 烟酰碱 | boscalid | 34.16 | 342(100) | 140(229) | 112(71) | |
| 490 | 烯酰吗啉 | dimethomorph | 37.40 | 301(100) | 387(32) | 165(28) | |

定性测定：进行样品测定时，如果检出的色谱峰的保留时间与标准样品相一致，并且在扣除背景后的样品质谱图中所选择的离子均出现，而且所选择的离子丰度比与标准样品的离子丰度比相一致（相对丰度＞50％，允许±10％偏差；相对丰度在20％～50％之间，允许±15％偏差，相对丰度在10％～20％之间，允许±20％偏差；相对丰度≤10％，允许±50％偏差），借此可判断样品中存在这种农药或相关化学品。如果不能确证，应重新进样，以扫描方式（有足够灵敏度）或采用增加其他确证离子的方式或用其他灵敏度更高的分析仪器来确证。

定量测定：本方法采用内标法单离子定量测定，内标物为环氧七氯，为减少基质的影响，定量用标准应采用基质混合标准工作溶液，标准溶液的浓度应与待测化合物的浓度相近。

准确性验证：样品测试需要做平行试验，按以上步骤对同一试样进行平行试验测定。同时需做空白试验，空白试验为，除不称取试样外，均按上述步骤进行。

（6）结果计算

气相色谱－质谱测定结果可由计算机按内标法自动计算，也可按式（1）计算。

$$X_i = c_s \times (A/A_s) \times (c_i/c_{si}) \times (A_{si}/A_i) \times (V/m) \times (1\,000/1\,000) \quad (1)$$

式中：$X_i$——试样中被测物残留量，单位为毫克每千克（mg/kg）；

$c_s$——基质标准工作溶液中被测物的浓度，单位为微克每毫升（μg/mL）；

$A$——试样溶液中被测物的色谱峰面积；

$A_s$——基质标准工作溶液中被测物的色谱峰面积；

$c_i$——试样溶液中内标物的浓度，单位为微克每毫升（μg/mL）；

$c_{si}$——基质标准工作溶液中内标物的浓度，单位为微克每毫升（μg/mL）；

$A_{si}$——基质标准工作溶液中内标物的色谱峰面积；

$A_i$——试样溶液中内标物的色谱峰面积；

$V$——样液最终定容体积，单位为毫升（mL）；

$m$——试样溶液所代表试样的质量，单位为克（g）。

计算结果应扣除空白值。

（7）精密度

本方法精密度数据是按照 GB/T 6379.1 和 GB/T 6379.2 的规定确定的，获得重复性和再现性的值是以 95%的可信度来计算。

**2. 茶叶中 29 种酸性除草剂残留量测定的气相色谱一质谱法**

该测定方法原理为，用乙腈超声振荡提取试样，石墨化炭黑固相萃取柱净化，三甲基硅烷化重氮甲烷衍生化，过弗罗里硅土固相萃取柱净化，用气相色谱一质谱仪测定，外标法定量。

（1）试剂和材料

除另有规定外，所有试剂均为分析纯。乙腈：色谱纯；丙酮：色谱纯；正己烷：优级纯；甲醇：色谱纯；苯；乙酸；甲苯：色谱纯；无水硫酸钠 650 ℃灼烧 4 h 后，贮于干燥器中，冷却后备用；三甲基硅烷化重氮甲烷正己烷溶液（2.0 mol/L）；乙腈-甲苯-乙酸溶液（75＋25＋1，体积比）：准确移取 75 mL 丙酮、25 mL 甲苯和 1 mL 乙酸混合均匀；丙酮一正己烷溶液（2＋8，体积比）：准确移取 20 mL 丙酮和 80 mL 正己烷混合均匀；甲醇一苯溶液（2＋8，体积比）：准确移取 20 mL 甲醇和 80 mL 苯混合均匀。

农药标准品：二氯皮考啉酸、调果酸、对氯苯氧乙酸、麦草畏、2-甲-4-氯、2，4-滴丙酸、溴苯腈、2，4-滴、三氯吡氧乙酸、1-萘乙酸、5-氯苯酚、2，4，5-滴丙酸、草灭平、2-甲-4-氯丁酸、2，4，5-涕、氟草烟、2，4-滴丁酸、苯达松、碘苯腈、毒锈定、二氯喹啉酸、吡氟禾草灵、吡氟氯禾灵、麦草氟、三氟羧草醚、嘧草硫醚、环酰菌胺、喹禾灵、双草醚标准品，纯度大于等于 95%。

农药标准储备液：准确称取适量（精确至 0.1 mg）各农药标准品，用丙酮溶解于 50 mL 棕色容量瓶，溶解定容，配制浓度为 500 μg/mL 单标储备液，此储备液在 0～4 ℃避光保存，有效期为 90 天。

中间浓度混合标准工作溶液：准确吸取 2.0 mL 单个农药的标准储备溶液于 100 mL 棕色容量瓶中，用丙酮定容，配制浓度为 10 μg/mL 混合标准中间溶液，标准中间液在 0～4 ℃避光保存，有效期为 30 天。

混合标准工作溶液：根据检测需要移取一定体积的混合标准中间溶液逐级稀释成适当浓度的混合标准工作溶液，现配现用。

石墨化炭黑固相萃取柱：1.0 g，12 mL，或相当者；弗罗里硅土固相萃取柱：250 mg，3 mL，或相当者。

(2)仪器设备

气相色谱—质谱仪:配有电子轰击源(EI);固相萃取装置;离心机:5 000 r/min;涡旋混匀器;旋转蒸发仪;氮气吹干仪;分析天平:感量分别为 0.1 mg 和 0.01 g;鸡心瓶:100 mL。

(3)试样制备与保存

取茶叶样品 500 g,用粉碎机粉碎并通过 40 目筛,混匀,均分成两份作为试样,分装入洁净的盛样容器内,密封并标明标记。将试样于 0~4 ℃保存,在存样过程中,应防止样品受到污染或发生残留物含量的变化。

(4)提取

称取 2.5 g(精确至 0.01 g)试样于 50 mL 具塞离心试管中,加入 20 mL 乙腈超声 30 min,加入无水硫酸钠 2 g,然后置于旋转振荡器上振荡提取 5 min,离心 3 min(5 000 r/min),吸取上层清液,转入 100 mL 鸡心瓶中,残渣用 20 mL 乙腈再提取 1 次,合并全部提取液,在 40 ℃水浴下旋转浓缩至约 1 mL,待净化。

试样净化步骤:将石墨化炭黑固相萃取柱置于固相萃取装置,在柱中加入 1 cm 高的无水硫酸钠,加样前用 10 mL 乙腈—甲苯乙酸溶液预淋洗萃取柱,弃去淋洗液,当液面到达无水硫酸钠顶部时,迅速将提取的试样浓缩液转入石墨化炭黑固相萃取柱中,用 2 mL 乙腈—甲苯—乙酸溶液洗涤鸡心瓶,重复三次,将全部洗涤液转入石墨化炭黑固相萃取柱中,然后用 25 mL 乙腈—甲苯—乙酸溶液洗脱,收集所有流出液于另一 100 mL 鸡心瓶中。

试样衍生化的步骤:将净化后收集的洗脱液在 40 ℃水浴中旋转浓缩至约 1 mL,用平缓氮气流吹至近干,用 2 mL 苯—甲醇溶液溶解,加入 0.2 mL 三甲基硅烷化重氮甲烷正己烷溶液,盖塞混匀,在 30 ℃水浴中放置 30 min,再用平缓氮气流吹至近干,用 5 mL 正己烷溶解残渣。

试样再净化的步骤:加样前先用 3 mL 丙酮、6 mL 正己烷依次预淋洗弗罗里硅土固相萃取柱,弃去淋洗液,将衍生化后得到的试样正己烷溶解液过弗罗里硅土固相萃取柱,弃去淋洗液;然后用 6 mL 丙酮—正己烷洗脱,收集全部洗脱液于 10 mL 刻度试管中,45 ℃下用平缓氮气流吹至近干,用丙酮溶解定容至 0.5 mL,供 GC-MS 测定。

(5)气相色谱—质谱测定

测定条件:色谱柱:DB1701 石英毛细管柱[14%氰丙基-苯基-甲基聚硅氧烷,30 m × 0.25 mm(内径)× 0.25 μm]或相当者;色谱柱温度:40 ℃保持 1 min,以 40 ℃/min 的速率升至 130 ℃不保持,以 5 ℃/min 的速率升至 250 ℃不保持,以 10 ℃/min 的速率升至300 ℃保持 5 min;进样口温度 290 ℃;色谱—质谱接口温度 280 ℃;载气:氦气,纯度大于等于 99.999%,流量为 1.2 mL/min;进样量:1 μL;进样方式:无分流进样,1 min 后开阀;电离方式:EI;电离能量:70 eV;测定方式:选择离子监测方式(SIM),根据各种农药的保留时间分组,每种农药选择一个定量离子,2~3 个定性离子,每种农药的保留时间、定量离子、定性离子及定量离子与定性离子的丰度比值参见表 6-19;溶剂延迟时间:9 min。

**表 6-19 茶叶中 29 种酸性除草剂的保留时间、定量离子、定性离子及定量离子和方法检出限**

| 序号 | 中文名称 | 英文名称 | 保留时间/mim | 定量离子 | 定性离子 1 | 定性离子 2 | 方法检出限/mg · kg$^{-1}$ |
|---|---|---|---|---|---|---|---|
| 1 | 调果酸 | cloprop | 11.59 | 155(100) | 157(32) | 214(37) | 0 01 |

续表

| 序号 | 中文名称 | 英文名称 | 保留时间/mim | 定量离子 | 定性离子1 | 定性离子2 | 方法检出限/mg·kg$^{-1}$ |
|---|---|---|---|---|---|---|---|
| 2 | 二氯皮考啉酸 | clopyralid | 10.93 | 147(100) | 149(57) | 146(65) | 0 01 |
| 3 | 对氯苯氧乙酸 | 4-CPA | 11.89 | 200(100) | 141(96) | 111(60) | 0 01 |
| 4 | 麦草畏 | dicamba | 12.01 | 203(100) | 205(64) | 234(25) | 0 01 |
| 5 | 2-甲-4-氯 | MCPA | 13.16 | 214(100) | 141(94) | 155(65) | 0 01 |
| 6 | 2,4-滴丙酸 | dichlorprop | 13.95 | 162(100) | 189(54) | 248(45) | 0 01 |
| 7 | 溴苯腈 | bromoxynil | 14.87 | 291(100) | 276(51) | 289(53) | 0 01 |
| 8 | 2,4-滴 | 2,4-D | 14.87 | 199(100) | 234(62) | 175(37) | 0 01 |
| 9 | 5-氯苯酚 | pentachlorphenol | 15.93 | 265(100) | 280(95) | 237(90) | 0 01 |
| 10 | 1-萘乙酸 | NAA | 15.41 | 141(100) | 200(40) | 210(18) | 0 01 |
| 11 | 三氯吡氧乙酸 | triclopyr | 15.04 | 210(100) | 269(31) | 212(45) | 0 01 |
| 12 | 2,4,5-滴丙酸 | fenoprop | 16.65 | 196(100) | 198(97) | 223(38) | 0 01 |
| 13 | 2-甲-4-氯丁酸 | MCPB | 17.77 | 101(100) | 101(100) | 59(68) | 0 01 |
| 14 | 2,4,5-涕 | 2,4,5-T | 18.78 | 233(100) | 235(66) | 268(50) | 0 01 |
| 15 | 2,4-滴丁酸 | 2,4-DB | 20.22 | 101(100) | 59(60) | 162(23) | 0 01 |
| 16 | 草灭平 | chloramben | 17.27 | 188(100) | 219(76) | 160(40) | 0 01 |
| 17 | 氟草烟 | fluroxypyr | 18.80 | 209(100) | 211(65) | 268(48) | 0 01 |
| 18 | 碘苯腈 | OH-ioxynil | 20.72 | 385(100) | 370(35) | 243(38) | 0 01 |
| 19 | 苯达松 | bentazone | 20.42 | 212(100) | 105(65) | 254(27) | 0 01 |
| 20 | 二氯喹啉酸 | quinclorac | 21.99 | 224(100) | 226(65) | 197(51) | 0 01 |
| 21 | 吡氟禾草灵 | fluazifop | 22.88 | 341(100) | 282(97) | 254(90) | 0 01 |
| 22 | 毒锈定 | picloram | 21.95 | 196(100) | 197(80) | 198(95) | 0 01 |
| 23 | 吡氟氯禾灵 | haloxyfop | 23.36 | 316(100) | 288(94) | 375(81) | 0 01 |
| 24 | 麦草氟 | flamprop acid | 26.18 | 105(100) | 106(90) | 77(36) | 0 01 |
| 25 | 嘧草硫醚 | pyntiobacsodium | 27.21 | 281(100) | 283(38) | 282(15) | 0 01 |
| 26 | 三氟羧草醚 | acifluorfen | 26.63 | 375(100) | 344(55) | 223(44) | 0 01 |
| 27 | 环酰菌胺 | fenhxamid | 29.17 | 97(100) | 55(38) | 191(27) | 0 01 |
| 28 | 喹禾灵 | quizalofop | 33.09 | 299(100) | 243(87) | 163(35) | 0 01 |
| 29 | 双草醚 | bispyribacsodium | 34.40 | 385(100) | 384(30) | 386(22) | 0 01 |

定性测定：进行样品测定时，如果检出的色谱峰的保留时间与标准样品相一致，并且在扣除背景后的样品质谱图中所选择的离子均出现，而且所选择的离子丰度比与标准样品的离子丰度比相一致（相对丰度≥50%，允许±10%偏差；相对丰度在20%～50%之间，允许±15%偏差；相对丰度在10%～20%之间，允许±20%偏差；相对丰度≤10%，允许±50%偏差），则可判断样品中存在这种农药或相关化学品。如果不能确证，应重新进样，以扫描方

式(有足够灵敏度)或采用增加其他确证离子的方式或用其他灵敏度更高的分析仪器来确证。

定量测定:根据样液中酸性除草剂的含量情况,选定峰面积相近的标准工作溶液,标准工作溶液和样液中农药的响应值均应在仪器检测的线性范围内,对混合标准工作液和样液等体积交替进样测定。

准确性验证:样品测试需要做平行试验,按以上步骤对同一试样进行平行试验测定。同时需做空白试验,空白试验为,除不加试样外,均按上述测定步骤进行。

(6)结果计算

用色谱工作站或按式(2)计算试样中各农药的含量。

$$X_i=(A\times c_s\times V)/(A_s\times m) \tag{2}$$

式中:$X_i$——试样中各农药的残留量,单位为毫克每千克(mg/kg);

$A$——样液中各农药的峰面积;

$c_s$——标准工作液中各农药的浓度,单位为微克每毫升(μg/mL);

$V$——样液最终定容体积,单位为毫升(mL);

$A_s$——标准工作液中各农药的峰面积;

$m$——最终样液所代表的试样量,单位为克(g)。

计算结果应扣除空白值。

## 6.14 茶叶448种农药及相关化学品含量的测定

本方法规定了绿茶、红茶、普洱茶、乌龙茶中448种农药及相关化学品残留量的液相色谱一质谱测定方法。本方法适用于绿茶、红茶、普洱茶、乌龙茶中448种农药及相关化学品残留的定性鉴别,也适用于418种农药及相关化学品残留的定量测定,其他茶叶可参照执行。

该方法的测定原理为,试样用乙腈匀浆提取,经固相萃取柱净化,用乙腈一甲苯溶液(3+1)洗脱农药及相关化学品,用液相色谱一串联质谱仪检测,外标法定量。

**1. 试剂和材料**

除另有规定外,所有试剂均为分析纯,水为符合GB/T 6682中规定的一级水。

(1)试剂

乙腈($CH_3CN$,75-05-8):色谱纯;甲苯($C_7H_8$,108-88-3):优级纯;丙酮($CH_3COCH_3$,67-64-1):色谱纯;异辛烷($C_8H_{18}$,540-84-1):色谱纯;甲醇($CH_3OH$,67-56-1/170082-17-4):色谱纯;乙酸($CH_3COOH$,64-19-7):优级纯;氯化钠(NaCl,7647-14-5):分析纯;无水硫酸钠($Na_2SO_4$,7757-82-6):分析纯,用前在650 ℃灼烧4 h,贮存于干燥器中,冷却后备用。

(2)溶液配制

0.1%甲酸溶液:取1 000 mL水,加入1 mL甲酸,摇匀备用;5 mmol/L乙酸铵溶液:称取0.385 g乙酸铵,加水稀释至1 000 mL;乙腈一甲苯溶液(3+1):取300 mL乙腈,加入100 mL甲苯,摇匀备用;乙腈+水溶液(3+2):取300 mL乙腈,加入200 mL水,摇匀备用。

(3)标准溶液配制

农药及相关化学品标准物质:纯度≥95%。

标准储备溶液:分别称取 5~10 mg(精确至 0.1mg)农药及相关化学品各标准物分别于 10 mL 容量瓶中,根据标准物的溶解度选甲醇、甲苯、丙酮、乙腈或异辛烷溶解并定容至刻度,标准溶液避光 4 ℃保存,保存期为一年。

混合标准溶液:按照农药及相关化学品的保留时间,将 448 种农药及相关化学品分成 A、B、C、D、E、F 和 G 七个组,并根据每种农药及相关化学品在仪器上的响应灵敏度,确定其在混合标准溶液中的浓度。依据每种农药及相关化学品的分组、混合标准溶液浓度及其标准储备液的浓度,移取一定量的单个农药及相关化学品标准储备溶液于 100 mL 容量瓶中,用甲醇定容至刻度。混合标准溶液避光 4 ℃保存,保存期为一个月。

基质混合标准工作溶液:农药及相关化学品基质混合标准工作溶液是用样品空白溶液配成不同浓度的基质混合标准工作溶液 A、B、C、D、E、F 和 G,用于做标准工作曲线,基质混合标准工作溶液应现用现配。

(4)材料

微孔过滤膜(尼龙):13 mm×0.2 μm;Cleanert TPT 固相萃取柱:10 mL,2.0 g,或相当者。Cleanert TPT 柱为 Agela 公司产品,与其等效产品,即具有相同效果,则可使用这些等效产品。

**2. 仪器和设备**

液相色谱一串联质谱仪:配有电喷雾离子源;分析天平:感量分别为 0.1 mg 和 0.01 g;鸡心瓶:200 mL;移液器:1 mL;样品瓶:2 mL,带聚四氟乙烯旋盖;具塞离心管:50 mL;氮气吹干仪;低速离心机:4 200 r/min;旋转蒸发仪;高速组织捣碎机。

**3. 试样制备**

将茶叶样品放入粉碎机中粉碎,样品全部过 425 μm 的标准网筛,混匀,制备好的试样均分成两份,装入洁净的盛样容器内,密封并标明标记,将试样于-18 ℃冷冻保存。

**4. 提取**

称取 10 g 试样(精确至 0.01 g)于 50 mL 具塞离心管中,加入 30 mL 乙腈溶液,在高速组织捣碎机上以 15 000 r/min 匀浆提取 1 min,4 200 r/min 离心 5 min,上清液移入鸡心瓶中,残渣加 30 mL 乙腈,匀浆 1 min,4 200 r/min 离心 5 min,上清液并入鸡心瓶中,残渣再加 20 mL 乙腈,重复提取一次,上清液并入鸡心瓶中,45 ℃水浴,旋转浓缩至近干,氮气吹至干,加入 5 mL 乙腈溶解残余物,取其中 1 mL 待净化。

**5. 净化**

在 Cleanet-TPT 柱中加入约 2 cm 高无水硫酸钠,并将柱子放入下接鸡心瓶的固定架上,加样前先用 5 mL 乙腈一甲苯溶液预洗柱,当液面到达硫酸钠的顶部时,迅速将样品提取液转移至净化柱上,并更换新鸡心瓶接收。在 Cleanert TPT 柱上加上 50 mL 贮液器,用 25 mL 乙腈-甲苯溶液洗脱农药及相关化学品,合并于鸡心瓶中,并在 45 ℃水浴中旋转浓缩至约 0.5 mL,于 35 ℃下氮气吹干,1 mL 乙腈一水溶液溶解残渣,经 0.2 μm 微孔滤膜过滤后,供液相色谱一串联质谱测定。

**6. 液相色谱一串联质谱测定**

(1)A、B、C、D、E、F 组农药及相关化学品 LC- MS-MS 测定条件

色谱柱:ZORBAX SB-C18,3.5 μm,100 mm × 2.1 mm(内径)或相当者;柱温:40 ℃;进样量:10 μL;电离源模式:电喷雾离子化;电离源极性:正模式;雾化气:氮气;雾化气压力:0.28 MPa;离子喷雾电压:4 000 V;干燥气温度:350 ℃;干燥气流速:10 L/min;监测离子对、碰撞气能量和源内碎裂电压流动相及梯度洗脱条件见表 6-20。

**表 6-20 流动相及梯度洗脱条件**

| 步骤 | 总时间/min | 流速/μL·min$^{-1}$ | 流动相 A 0.1%甲酸水/% | 流动相 B(乙腈)/% |
|---|---|---|---|---|
| 0 | 0.00 | 400 | 99.0 | 1.0 |
| 1 | 3.00 | 400 | 70.0 | 30.0 |
| 2 | 6.00 | 400 | 60.0 | 40.0 |
| 3 | 9.00 | 400 | 60.0 | 40.0 |
| 4 | 15.00 | 400 | 40.0 | 60.0 |
| 5 | 19.00 | 400 | 1.0 | 99.0 |
| 6 | 23.00 | 400 | 1.0 | 99.0 |
| 7 | 23.01 | 400 | 99.0 | 1.0 |

(2)G 组农药及相关化学品 LC-MS-MS 测定条件

色谱柱:ZORBAX SB-C18,3.5 μm,100 mm × 2.1 mm(内径)或相当者;柱温:40 ℃;进样量:10 μL。

电离源模式:电喷雾离子化;电离源极性:负模式;雾化气:氮气;雾化气压力:0.28 MPa;离子喷雾电压:4 000 V;干燥气温度:350 ℃;干燥气流速:10 L/min;流动相及梯度洗脱条件见表 6-21;监测离子对、碰撞气能量和源内碎裂电压参见表 6-22。

**表 6-21 流动相及梯度洗脱条件**

| 步骤 | 总时间/min | 流速/μL·min$^{-1}$ | 流动相 A 0.1%甲酸水/% | 流动相 B(乙腈)/% |
|---|---|---|---|---|
| 0 | 0.00 | 400 | 99.0 | 1.0 |
| 1 | 3.00 | 400 | 70.0 | 30.0 |
| 2 | 6.00 | 400 | 60.0 | 40.0 |
| 3 | 9.00 | 400 | 60.0 | 40.0 |
| 4 | 15.00 | 400 | 40.0 | 60.0 |
| 5 | 19.00 | 400 | 1.0 | 99.0 |
| 6 | 23.00 | 400 | 1.0 | 99.0 |
| 7 | 23.01 | 400 | 99.0 | 1.0 |

**7. 定性测定**

在相同实验条件下进行样品测定时,如果检出的色谱峰的保留时间与标准样品相一致,并且在扣除背景后的样品质谱图中所选择的离子均出现,而且所选择的离子丰度比与标准

样品的离子丰度比相一致(相对丰度>50%,允许±20%偏差;相对丰度>20%~50%,允许±25%偏差;相对丰度>10%~20%,允许±30%偏差;相对丰度≤10%,允许±50%偏差),则可判断样品中存在这种农药或相关化学品。

**8. 定量测定**

本方法中液相色谱一串联质谱采用外标一校准曲线法定量测定,为减少基质对定量测定的影响,定量用标准溶液应采用基质混合标准工作溶液绘制标准曲线,并且保证所测样品中农药及相关化学品的响应值均在仪器的线性范围内。

**9. 准确性验证**

样品测试需要做平行试验,按以上步骤对同一试样进行平行试验测定。同时需做空白试验,空白试验为,除不称取试样外,均按上述步骤进行。

**10. 结果计算和表述**

液相色谱一串联质谱测定采用标准曲线法定量,标准曲线法定量结果按式(1)计算。

$$X_i = c_i \times (V/m) \tag{1}$$

式中:$X_i$——试样中被测组分残留量,单位为毫克每千克(mg/kg);

$c_i$——从标准曲线上得到的被测组分溶液浓度,单位为微克每毫升(μg/mL);

$V$——样品溶液定容体积,单位为毫升(mL);

$m$——样品溶液所代表试样的重量,单位为克(g);

计算结果应扣除空白值,测定结果用平行测定的算术平均值表示,保留两位有效数字。

**表 6-22　448 种农药及相关化学品监测离子对、碰撞气能量、源内碎裂电压和保留时间表**

| 序号 | 中文名称 | 英文名称 | 保留时间/min | 定量离子 | 定性离子 | 源内碎裂电压/V | 碰撞气能量/eV |
|---|---|---|---|---|---|---|---|
| A组 | | | | | | | |
| 1 | 苯胺灵 | propham | 8.80 | 180.1/138.0 | 180.1/138.0;180.1/120.0 | 80 | 5;15 |
| 2 | 异丙威 | isoprocarb | 8.38 | 194.1/95.0 | 194.1/95.0;194.1/137.1 | 80 | 20;5 |
| 3 | 3,4,5-混杀威 | 3,4,5-trimethacarb | 8.38 | 194.2/137.2 | 194.2/137.2;194.2/122.2 | 80 | 5;20 |
| 4 | 环莠隆 | cycluron | 7.73 | 199.4/72.0 | 199.4/72.0;199.4/89.0 | 120 | 25;15 |
| 5 | 甲萘威 | carbaryl | 7.45 | 202.1/145.1 | 202.1/145.1;202.1/127.1 | 80 | 10;5 |
| 6 | 毒草胺 | propachlor | 8.75 | 212.1/170.1 | 212.1/170.1;212.1/94.1 | 100 | 10;30 |
| 7 | 吡咪唑 | rabenzazole | 7.54 | 213.2/172.0 | 213.2/172;213.2/118.0 | 120 | 25;25 |
| 8 | 西草净 | simetryn | 5.32 | 214.2/124.1 | 214.2/124.1;214.2/96.1 | 120 | 20;25 |
| 9 | 绿谷隆 | monolinuron | 7.82 | 215.1/126.0 | 215.1/126.0;215.1/148.1 | 100 | 15;10 |
| 10 | 速灭磷 | mevinphos | 5.17 | 225.0/127.0 | 225.0/127.0;225.0/193.0 | 80 | 15;1 |
| 11 | 叠氮津 | aziprotryne | 10.40 | 226.1/156.1 | 226.1/156.1;226.1/198.1 | 100 | 10;10 |
| 12 | 密草通 | secbumeton | 5.56 | 226.2/170.1 | 226.2/170.1;226.2/142.1 | 120 | 20;25 |
| 13 | 嘧菌磺胺 | cyprodinil | 9.24 | 226.0/93.0 | 226.0/93.0;226.0/108.0 | 120 | 40;30 |
| 14 | 播土隆 | buturon | 9.38 | 237.1/84.1 | 237.1/84.1;237.1/126.1 | 120 | 30;15 |

续表

| 序号 | 中文名称 | 英文名称 | 保留时间/min | 定量离子 | 定性离子 | 源内碎裂电压/V | 碰撞气能量/eV |
|---|---|---|---|---|---|---|---|
| 15 | 双酰草胺 | carbetamide | 5.80 | 237.1/192.1 | 237.1/192.1;237.1/118.1 | 80 | 5;10 |
| 16 | 抗蚜威 | pirimicarb | 4.20 | 239.2/72.0 | 239.2/72.0;239.2/182.2 | 120 | 20;15 |
| 17 | 异噁草松 | clomazone | 9.36 | 240.1/125.0 | 240.1/125.0;240.1/89.1 | 100 | 20;50 |
| 18 | 氰草津 | cyanazine | 6.38 | 241.1/214.1 | 241.1/214.1;241.1/174.0 | 120 | 15;15 |
| 19 | 扑草净 | prometryne | 7.66 | 242.2/158.1 | 242.2/158.1;242.2/200.2 | 120 | 20;20 |
| 20 | 甲基对氧磷 | paraoxon methyl | 6.20 | 248.0/202.1 | 248.0/202.1;248.0/90.0 | 120 | 20;30 |
| 21 | 4,4′-二氯二苯甲酮 | 4,4′-dichlorobenzophenone | 12.00 | 251.1/111.1 | 251.1/111.1;251.1/139.0 | 100 | 35;20 |
| 22 | 噻虫啉 | thiacloprid | 5.65 | 253.1/126.1 | 253.1/126.1;253.1/186.1 | 120 | 20;10 |
| 23 | 吡虫啉 | imidacloprid | 4.73 | 256.1/209.1 | 256.1/209.1;256.1/175.1 | 80 | 10;10 |
| 24 | 磺噻隆 | ethidimuron | 4.62 | 265.1/208.1 | 265.1/208.1;265.1/162.1 | 80 | 10;25 |
| 25 | 丁嗪草酮 | isomethiozin | 14.20 | 269.1/200.0 | 269.1/200.0;269.1/172.1 | 120 | 15;25 |
| 26 | 燕麦敌 | diallate | 17.40 | 270.0/86.0 | 270.0/86.0;270.0/109.0 | 100 | 15;35 |
| 27 | 乙草胺 | acetochlor | 13.70 | 270.2/224.0 | 270.2/224;270.2/148.2 | 80 | 5;20 |
| 28 | 烯啶虫胺 | nitenpyram | 3.87 | 271.1/224.1 | 271.1/224.1;271.1/237.1 | 100 | 15;15 |
| 29 | 甲氧丙净 | methoprotryne | 6.47 | 272.2/198.2 | 272.2/198.2;272.2/170.1 | 140 | 25;30 |
| 30 | 二甲酚草胺 | dimethenamid | 10.50 | 276.1/244.1 | 276.1/244.1;276.1/168.1 | 120 | 10;15 |
| 31 | 特草灵 | terrbucarb | 16.50 | 278.2/166.1 | 278.2/166.1;278.2/109.0 | 80 | 15;30 |
| 32 | 戊菌唑 | penconazole | 13.70 | 284.1/70.0 | 284.1/70.0;284.1/159.0 | 120 | 15;20 |
| 33 | 腈菌唑 | myclobutanil | 12.10 | 289.1/125.0 | 289.1/125.0;289.1/70.0 | 120 | 20;15 |
| 34 | 咪唑乙烟酸 | imazethapyr | 5.60 | 290.2/177.1 | 290.2/177.1;290.2/245.2 | 120 | 25;20 |
| 35 | 多效唑 | paclobutrazol | 10.32 | 294.2/70.0 | 294.2/70.0;294.2/125.0 | 100 | 15;25 |
| 36 | 倍硫磷亚砜 | fenthion sulfoxide | 7.31 | 295.1/109.0 | 295.1/109.0;295.1/280.0 | 140 | 35;20 |
| 37 | 三唑醇 | triadimenol | 10.15 | 296.1/70.0 | 296.1/70.0;296.1/99.1 | 80 | 10;10 |
| 38 | 仲丁灵 | butralin | 18.60 | 296.1/240.1 | 296.1/240.1;296.1/222.1 | 100 | 10;20 |
| 39 | 螺环菌胺 | spiroxamine | 9.90 | 298.2/144.2 | 298.2/144.2;298.2/100.1 | 120 | 20;35 |
| 40 | 甲基立枯磷 | tolclofos methyl | 16.60 | 301.2/269 | 301.2 /269.0;301.2/125.2 | 120 | 15;20 |
| 41 | 杀扑磷 | methidathion | 10.69 | 303.0/145.1 | 303.0/145.1;303.0/85.0 | 80 | 5;10 |
| 42 | 烯丙菊酯 | allethrin | 18.10 | 303.2/135.1 | 303.2/135.1;303.2/123.2 | 60 | 10;20 |
| 43 | 二嗪磷 | diazinon | 15.95 | 305.0/169.1 | 305.0/169.1;305.0/153.2 | 160 | 20;20 |
| 44 | 敌瘟磷 | edifenphos | 3.00 | 311.1/283.0 | 311.1/283.0;311.1/109.0 | 100 | 10;35 |
| 45 | 丙草胺 | pretilachlor | 17.15 | 312.1/252.1 | 312.1/252.1;312.1/176.2 | 100 | 15;30 |
| 46 | 氟硅唑 | flusilazole | 13.60 | 316.1/247.1 | 316.1/247.1;316.1/165.1 | 120 | 15;20 |

续表

| 序号 | 中文名称 | 英文名称 | 保留时间/min | 定量离子 | 定性离子 | 源内碎裂电压/V | 碰撞气能量/eV |
|---|---|---|---|---|---|---|---|
| 47 | 丙森锌 | iprovalicarb | 12.00 | 321.1/119.0 | 321.1/119.0;321.1/203.2 | 100 | 25;5 |
| 48 | 麦锈灵 | benodanil | 9.80 | 324.1/203.0 | 324.1/203;324.1/231.0 | 120 | 25;40 |
| 49 | 氟酰胺 | flutolanil | 14.00 | 324.2/262.1 | 324.2/262.1;324.2/282.1 | 120 | 20;10 |
| 50 | 氨磺磷 | famphur | 10.30 | 326.0/217.0 | 326.0/217;326.0/281.0 | 100 | 20;10 |
| 51 | 苯霜灵 | benalyxyl | 15.19 | 326.2/148.1 | 326.2/148.1;326.2/294.0 | 120 | 1;5 |
| 52 | 苄氯三唑醇 | diclobutrazole | 12.20 | 328.0/159.0 | 328.0/159.0;328.0/70.0 | 120 | 35;30 |
| 53 | 乙环唑 | etaconazole | 11.75 | 328.1/159.1 | 328.1/159.1;328.1/205.1 | 80 | 25;20 |
| 54 | 氯苯嘧啶醇 | fenarimol | 12.20 | 331.0/268.1 | 331.0/268.1;331.0/81.0 | 120 | 25;30 |
| 55 | 胺菊酯 | tetramethrin | 17.85 | 332.2/164.1 | 332.2/164.1;332.2/135.1 | 100 | 15;15 |
| 56 | 抑菌灵 | dichlofluanid | 15.16 | 333.0/123.0 | 333.0/123.0;333/224.0 | 80 | 20;10 |
| 57 | 解草酯 | cloquintocet mexyl | 17.36 | 336.1/238.1 | 336.1/238.1;336.1/192.1 | 120 | 15;20 |
| 58 | 联苯三唑醇 | bitertanol | 13.90 | 338.2/70.0 | 338.2/70.0;338.2/269.2 | 60 | 5;1 |
| 59 | 甲基毒死蜱 | chlorprifos methyl | 16.72 | 322.0/125.0 | 322.0/125.0;322.0/290.0 | 80 | 15;15 |
| 60 | 益棉磷 | azinphos ethyl | 14.00 | 346.0/233 | 346.0/233.0;346.0/261.1 | 120 | 10;5 |
| 61 | 炔草酸 | clodinafop propargyl | 16.09 | 350.1/266.1 | 350.1/266.1;350.1/238.1 | 120 | 15;20 |
| 62 | 杀铃脲 | triflumuron | 15.59 | 359.0/156.1 | 359.0/156.1;359.0/139.0 | 120 | 15;30 |
| 63 | 异噁唑草酮 | isoxaflutole | 12.00 | 360.0/251.1 | 360.0/251.1;360.0/220.1 | 120 | 10;45 |
| 64 | 莎稗磷 | anilofos | 17.35 | 367.9/145.2 | 367.9/145.2;367.9/205.0 | 120 | 20;5 |
| 65 | 喹禾灵 | quizalofop-ethyl | 17.40 | 373.0/299.1 | 373.0/299.1;373.0/91.0 | 140 | 15;30 |
| 66 | 精氟吡甲禾灵 | haloxyfop-methyl | 17.11 | 376.0/316.0 | 376.0/316.0;376.0/288.0 | 120 | 15;20 |
| 67 | 精吡磺草隆 | fluazifop butyl | 18.24 | 384.1/282.1 | 384.1/282.1;384.1/328.1 | 120 | 20;15 |
| 68 | 乙基溴硫磷 | bromophos-ethyl | 19.15 | 393.0/337.0 | 393.0/337.0;393.0/162.1 | 100 | 20;30 |
| 69 | 地散磷 | bensulide | 16.18 | 398.0/158.1 | 398.0/158.1;398.0/314.0 | 80 | 20;5 |
| 70 | 溴苯烯磷 | bromfenvinfos | 15.22 | 402.9/170.0 | 402.9/170.0;402.9/127.0 | 100 | 35;20 |
| 71 | 嘧菌酯 | azoxystrobin | 12.50 | 404.0/372.0 | 404.0/372.0;404.0/344.1 | 120 | 10;15 |
| 72 | 吡菌磷 | pyrazophos | 16.20 | 374.0/222.0 | 374.0/222.0;374.0/194.0 | 120 | 20;30 |
| 73 | 氟虫脲 | flufenoxuron | 18.30 | 489.0/158.1 | 489.0/158.1;489.0/141.1 | 80 | 10;15 |
| 74 | 茚虫威 | indoxacarb | 17.43 | 528.0/150.0 | 528.0/150.0;528.0/218.0 | 120 | 20;20 |
| B组 | | | | | | | |
| 75 | 乙撑硫脲 | ethylene thiourea | 0.74 | 103.0/60.0 | 103.0/60.0;103.0/86.0 | 100 | 35;10 |
| 76 | 丁酰肼 | daminozide | 0.74 | 161.1/143.1 | 161.1/143.1;161.1/102.2 | 80 | 15;15 |
| 77 | 棉隆 | dazomet | 3.80 | 163.1/120.0 | 163.1/120.0;163.1/77.0 | 80 | 10;35 |
| 78 | 烟碱 | nicotine | 0.74 | 163.2/130.1 | 163.2/130.1;163.2/117.1 | 100 | 25;30 |

续表

| 序号 | 中文名称 | 英文名称 | 保留时间/min | 定量离子 | 定性离子 | 源内碎裂电压/V | 碰撞气能量/eV |
|---|---|---|---|---|---|---|---|
| 79 | 非草隆 | fenuron | 4.50 | 165.1/72.0 | 165.1/72.0;165.1/120.0 | 120 | 15;15 |
| 80 | 鼠立死 | crimidine | 4.47 | 172.1/107.1 | 172.1/107.1;172.1/136.2 | 120 | 30;25 |
| 81 | 禾草敌 | molinate | 11.30 | 188.1/126.1 | 188.1/126.1;188.1/83.0 | 120 | 10;15 |
| 82 | 多菌灵 | carbendazim | 3.30 | 192.1/160.1 | 192.1/160.1;192.1/132.1 | 80 | 15;20 |
| 83 | 6-氯-4-羟基-3-苯基哒嗪 | 6-chloro-4-hydroxy-3-phenyl-pyridazin | 12.86 | 207.1/77.0 | 207.1/77;207.1/104.0 | 120 | 25;35 |
| 84 | 残杀威 | propoxur | 6.79 | 210.1/111.0 | 210.1/111.0;210.1/168.1 | 80 | 10;5 |
| 85 | 异唑隆 | isouron | 6.11 | 212.2/167.1 | 212.2/167.1;212.2/72.0 | 120 | 15;25 |
| 86 | 绿麦隆 | chlorotoluron | 7.23 | 213.1/72.0 | 213.1/72.0;213.1/140.1 | 80 | 25;25 |
| 87 | 久效威 | thiofanox | 1.00 | 241.0/184.0 | 241.0/184.0;241/57.1 | 120 | 15;5 |
| 88 | 氯草灵 | chlorbufam | 11.67 | 224.1/172.1 | 224.1/172.1;224.1/154.1 | 120 | 5;15 |
| 89 | 噁虫威 | bendiocarb | 6.87 | 224.1/109.0 | 224.1/109;224.1/167.1 | 80 | 5;10 |
| 90 | 扑灭津 | propazine | 9.37 | 229.9/146.1 | 229.9/146.1;229.9/188.1 | 120 | 20;15 |
| 91 | 特丁津 | terbuthylazine | 10.15 | 230.1/174.1 | 230.1/174.1;230.1/132.0 | 120 | 15;20 |
| 92 | 敌草隆 | diuron | 7.82 | 233.1/72.0 | 233.1/72.0;233.1/160.1 | 120 | 20;20 |
| 93 | 氯甲硫磷 | chlormephos | 13.70 | 235.0/125.0 | 235.0/125.0;235.0/75.0 | 100 | 10;10 |
| 94 | 萎锈灵 | carboxin | 7.67 | 236.1/143.1 | 236.1/143.1;236.1/87.0 | 120 | 15;20 |
| 95 | 噻虫胺 | clothianidin | 4.40 | 250.2/169.1 | 250.2/169.1;250.2/132.0 | 80 | 10;15 |
| 96 | 拿草特 | pronamide | 11.81 | 256.1/190.1 | 256.1/190.1;256.1/173.0 | 80 | 10;20 |
| 97 | 二甲草胺 | dimethachloro | 8.96 | 256.1/224.2 | 256.1/224.2;256.1/148.2 | 120 | 10;20 |
| 98 | 溴谷隆 | methobromuron | 8.25 | 259.0/170.1 | 259.0/170.1;259/148.0 | 80 | 15;15 |
| 99 | 甲拌磷 | phorate | 16.55 | 261.0/75.0 | 261.0/75.0;261/199.0 | 80 | 10;5 |
| 100 | 苯草醚 | aclonifen | 14.70 | 265.1/248.0 | 265.1/248.0;265.1/193.0 | 120 | 15;15 |
| 101 | 地安磷 | mephosfolan | 5.97 | 270.1/140.1 | 270.1/140.1;270.1/168.1 | 100 | 25;15 |
| 102 | 脱苯甲基亚胺唑 | imibenzonazole-des- benzyl | 5.96 | 271.0/174.0 | 271.0/174.0;271.0/70.0 | 120 | 25;25 |
| 103 | 草不隆 | neburon | 14.17 | 275.1/57.0 | 275.1/57;275.1/88.1 | 120 | 20;15 |
| 104 | 精甲霜灵 | mefenoxam | 7.92 | 280.1/192.1 | 280.1/192.1;280.1/220.0 | 100 | 15;10 |
| 105 | 发硫磷 | prothoate | 4.78 | 286.1/227.1 | 286.1/227.1;286.1/199.0 | 100 | 5;15 |
| 106 | 乙氧呋草黄 | ethofume sate | 12.86 | 287/121.0 | 287.0/121.0;287.0/161.0 | 80 | 10;20 |
| 107 | 异稻瘟净 | iprobenfos | 13.50 | 289.1/91.0 | 289.1/91.0;289.1/205.1 | 80 | 25;5 |
| 108 | 特普 | TEPP | 5.64 | 291.1/179.0 | 291.1/179.0;291.1/99.0 | 100 | 20;35 |
| 109 | 环丙唑醇 | cyproconazole | 10.59 | 292.1/70.0 | 292.1/70.0;292.1/125 | 120 | 15;15 |

续表

| 序号 | 中文名称 | 英文名称 | 保留时间/min | 定量离子 | 定性离子 | 源内碎裂电压/V | 碰撞气能量/eV |
|---|---|---|---|---|---|---|---|
| 110 | 噻虫嗪 | thiamethoxam | 4.05 | 292.1/211.2 | 292.1/211.2;292.1/181.1 | 80 | 10;20 |
| 111 | 育畜磷 | crufomate | 11.56 | 292.1/236.0 | 292.1/236.0;292.1/108.1 | 120 | 20;30 |
| 112 | 乙嘧硫磷 | etrimfos | 6.16 | 293.1/125.0 | 293.1/125.0;293.1/265.1 | 80 | 20;15 |
| 113 | 杀鼠醚 | coumatetralyl | 4.68 | 293.2/107.0 | 293.2/107;293.2/175.1 | 140 | 35;25 |
| 114 | 畜蜱磷 | cythioate | 6.59 | 298/217.1 | 298.0/217.1;298.0/125.0 | 100 | 15;25 |
| 115 | 磷胺 | phosphamidon | 5.77 | 300.1/174.1 | 300.1/174.1;300.1/127.0 | 120 | 10;20 |
| 116 | 甜菜宁 | phenmedipham | 10.69 | 301.1/168.1 | 301.1/168.1;301.1/136 | 80 | 5;20 |
| 117 | 联苯井酯 | bifenazate | 13.28 | 301.2/198.1 | 301.2/198.1;301.2/170.1 | 60 | 5;20 |
| 118 | 环酰菌胺 | fenhexamid | 12.33 | 302.0/97.1 | 302.0/97.1;302.0/55.0 | 80 | 30;25 |
| 119 | 粉唑醇 | flutriafol | 7.55 | 302.1/70.0 | 302.1/70;302.1/123.0 | 120 | 15;20 |
| 120 | 抑菌丙胺酯 | furalaxyl | 10.77 | 302.2/242.2 | 302.2/242.2;302.2/270.2 | 100 | 15;5 |
| 121 | 生物丙烯菊酯 | bioallethrin | 18.00 | 303.1/135.1 | 303.1/135.1;303.1/107.0 | 80 | 10;20 |
| 122 | 苯腈磷 | cyanofenphos | 16.44 | 304.0/157.0 | 304.0/157.0;304.0/276.0 | 100 | 20;10 |
| 123 | 甲基嘧啶磷 | pirimiphos methyl | 15.50 | 306.2/164.0 | 306.2/164.0;306.2/108.1 | 120 | 20;30 |
| 124 | 噻嗪酮 | buprofezin | 13.34 | 306.2/201.0 | 306.2/201.0;306.2/116.1 | 120 | 15;10 |
| 125 | 乙拌磷砜 | disulfoton sulfone | 9.79 | 307.0/97.0 | 307.0/97.0;307.0/125.0 | 100 | 30;10 |
| 126 | 喹螨醚 | fenazaquin | 18.80 | 307.2/57.1 | 307.2/57.1;307.2/161.2 | 120 | 20;15 |
| 127 | 三唑磷 | triazophos | 13.80 | 314.1/162.1 | 314.1/162.1;314.1/286 | 120 | 20;10 |
| 128 | 脱叶磷 | DEF | 19.21 | 315.1/169.0 | 315.1/169.0;315.1/113 | 100 | 10;20 |
| 129 | 环酯草醚 | pyriftalid | 12.00 | 319.0/139.1 | 319.0/139.1;319/179 | 140 | 35;35 |
| 130 | 叶菌唑 | metconazole | 13.77 | 320.2/70.0 | 320.2/70.0;320.2/125.0 | 140 | 35;55 |
| 131 | 蚊蝇醚 | pyriproxyfen | 18.00 | 322.1/96.0 | 322.1/96.0;322.1/227.1 | 120 | 15;10 |
| 132 | 异噁酰草胺 | isoxaben | 13.21 | 333.1/165.0 | 333.1/165.0;333.1/150.1 | 120 | 15;50 |
| 133 | 呋草酮 | flurtamone | 11.25 | 334.1/247.1 | 334.1/247.1;334.1/303.0 | 120 | 30;20 |
| 134 | 氟乐灵 | trifluralin | 12.86 | 336.0/138.9 | 336/138.9;336.0/103.0 | 120 | 20;45 |
| 135 | 甲基麦草氟异丙酯 | flamprop methyl | 13.20 | 336.1/105.1 | 336.1/105.1;336.1/304.0 | 80 | 20;5 |
| 136 | 生物苄呋菊酯 | bioresmethrin | 19.39 | 339.2/171.1 | 339.2/171.1;339.2/143.1 | 100 | 15;25 |
| 137 | 丙环唑 | propiconazole | 14.29 | 342.1/159.1 | 342.1/159.1;342.1/69.0 | 120 | 20;20 |
| 138 | 毒死蜱 | chlorpyrifos | 18.29 | 350.0/198.0 | 350.0/198.0;350.0/79.0 | 100 | 20;35 |
| 139 | 氯乙氟灵 | fluchloralin | 17.68 | 356.0/186.0 | 356.0 /314.1;356.0/63.0 | 80 | 15;30 |
| 140 | 氯磺隆 | chlorsulfuron | 6.96 | 358.0/141.1 | 358.0/141.1;358.0/167.0 | 120 | 15;15 |
| 141 | 麦草氟异丙酯 | flamprop isopropyl | 16.00 | 364.1/105.1 | 364.1/105.1;364.1/304.1 | 80 | 20;5 |

续表

| 序号 | 中文名称 | 英文名称 | 保留时间/min | 定量离子 | 定性离子 | 源内碎裂电压/V | 碰撞气能量/eV |
|---|---|---|---|---|---|---|---|
| 142 | 杀虫畏 | tetrachlorvinphos | 13.70 | 365.0/127.0 | 365.0/127.0;365.0/239.0 | 120 | 15;15 |
| 143 | 炔螨特 | propargite | 18.77 | 368.1/231.0 | 368.1/231;368.1/175.1 | 100 | 5;15 |
| 144 | 糠菌唑 | bromuconazole | 12.70 | 376.0/159.0 | 376.0/159.0;376.0/70.0 | 80 | 20;20 |
| 145 | 氟吡酰草胺 | picolinafen | 17.74 | 377.0/238.0 | 377.0/238.0;377.0/359.0 | 120 | 20;20 |
| 146 | 氟噻乙草酯 | fluthiacet methyl | 14.80 | 404.0/215.0 | 404.0/215.0;404.0/274.0 | 180 | 50;10 |
| 147 | 肟菌酯 | trifloxystrobin | 17.44 | 409.3/186.1 | 409.3/186.1;409.3/206.2 | 120 | 15;10 |
| 148 | 氟铃脲 | hexaflumuron | 16.90 | 461.0/141.1 | 461/141.1;461.0/158.1 | 120 | 35;35 |
| 149 | 氟酰脲 | novaluron | 17.39 | 493.0/158.0 | 493.0/158.0;493.0/141.1 | 80 | 15;55 |
| 150 | 啶蜱脲 | flurazuron | 18.10 | 506.0/158.1 | 506.0/158.1;506.0/141.1 | 120 | 15;50 |
| C组 | | | | | | | |
| 151 | 抑芽丹 | maleic hydrazide | 0.73 | 113.1/67.1 | 113.1/67.1;113.1/85.0 | 100 | 20;20 |
| 152 | 甲胺磷 | methamidophos | 0.74 | 142.1/94.0 | 142.1/94.0;142.1/125.0 | 80 | 15;10 |
| 153 | 茵草敌 | EPTC | 14.00 | 190.2/86.0 | 190.2/86.0;190.2/128.1 | 100 | 10;10 |
| 154 | 避蚊胺 | diethyltoluamide | 7.70 | 192.2/119.0 | 192.2/119.0;192.2/91.0 | 100 | 15;30 |
| 155 | 灭草隆 | monuron | 5.94 | 199.0/72.0 | 199.0/72.0;199.0/126.0 | 120 | 15;15 |
| 156 | 嘧霉胺 | pyrimethanil | 6.70 | 200.2/107.0 | 200.2/107.0;200.2/183.1 | 120 | 25;25 |
| 157 | 甲呋酰胺 | fenfuram | 7.48 | 202.1/109.0 | 202.1/109.0;202.1/83.0 | 120 | 20;20 |
| 158 | 灭藻醌 | quinoclamine | 6.09 | 208.1/105.0 | 208.1/105.0;208.1/154.1 | 120 | 30;20 |
| 159 | 仲丁威 | fenobucarb | 9.92 | 208.2/95.0 | 208.2/95.0;208.2/152.1 | 80 | 10;5 |
| 160 | 敌稗 | propanil | 9.09 | 218.0/162.1 | 218.0/162.1;218.0/127.0 | 120 | 15;20 |
| 161 | 克百威 | carbofuran | 6.81 | 222.3/165.1 | 222.3/165.1;222.3/123.1 | 120 | 5;20 |
| 162 | 啶虫脒 | acetamiprid | 4.86 | 223.2/126.0 | 223.2/126.0;223.2/56.0 | 120 | 15;15 |
| 163 | 嘧菌胺 | mepanipyrim | 12.23 | 224.2/77.0 | 224.2/77.0;224.2/106.0 | 120 | 30;25 |
| 164 | 扑灭通 | prometon | 5.40 | 226.2/142.0 | 226.2/142.0;226.2/184.1 | 120 | 20;20 |
| 165 | 甲硫威 | methiocarb | 4.51 | 226.2/121.1 | 226.2/121.1;226.2/169.1 | 80 | 10;5 |
| 166 | 甲氧隆 | metoxuron | 5.59 | 229.1/72.0 | 229.1/72.0;229.1/156.1 | 120 | 20;20 |
| 167 | 乐果 | dimethoate | 4.88 | 230.0/199.0 | 230.0/199.0;230.0/171.0 | 80 | 5;10 |
| 168 | 伏草隆 | fluometuron | 7.27 | 233.1/72.0 | 233.1/72.0;233.1/160.0 | 120 | 20;20 |
| 169 | 百治磷 | dicrotophos | 3.97 | 238.1/112.1 | 238.1/112.1;238.1/193.0 | 80 | 10;5 |
| 170 | 庚酰草胺 | monalide | 14.50 | 240.1/85.1 | 240.1/85.1;240.1/57.0 | 120 | 15;35 |
| 171 | 双苯酰草胺 | diphenamid | 9.00 | 240.1/134.1 | 240.1/134.1;240.1/167.1 | 120 | 20;25 |
| 172 | 灭线磷 | ethoprophos | 11.98 | 243.1/173.0 | 243.1/173.0;243.1 /215.0 | 120 | 10;10 |
| 173 | 地虫硫磷 | fonofos | 16.10 | 247.1/109.0 | 247.1/109.0;247.1/137.1 | 80 | 15;5 |

续表

| 序号 | 中文名称 | 英文名称 | 保留时间/min | 定量离子 | 定性离子 | 源内碎裂电压/V | 碰撞气能量/eV |
|---|---|---|---|---|---|---|---|
| 174 | 土菌灵 | etridiazol | 17.20 | 247.1/183.1 | 247.1/183.1;247.1/132.0 | 120 | 15;15 |
| 175 | 环嗪酮 | hexazinone | 5.66 | 253.2/171.1 | 253.2/171.1;253.2/71.0 | 120 | 15;20 |
| 176 | 阔草净 | dimethametryn | 8.79 | 256.2/186.1 | 256.2/186.1;256.2/96.1 | 140 | 20;35 |
| 177 | 敌百虫 | trichlorphon | 4.21 | 257.0/221.0 | 257.0/221.0;257.0/109.0 | 120 | 10;20 |
| 178 | 内吸磷 | demeton(o+s) | 8.59 | 259.1/89.0 | 259.1/89.0;259.1/61.0 | 60 | 10;35 |
| 179 | 解草酮 | benoxacor | 10.83 | 260.0/149.2 | 260.0/149.2;260.0/134.1 | 120 | 15;20 |
| 180 | 除草定 | bromacil | 5.78 | 261.0/205.0 | 261.0/205.0;261.0/188.0 | 80 | 10;20 |
| 181 | 甲拌磷亚砜 | phorate sulfoxide | 7.34 | 277.0/143.0 | 277.0/143.0;277.0/199.0 | 100 | 15;5 |
| 182 | 溴莠敏 | brompyrazon | 4.69 | 266.0/92.0 | 266.0/92.0;266.0/104.0 | 120 | 30;30 |
| 183 | 氧化萎锈灵 | oxycarboxin | 5.38 | 268.0/175.0 | 268.0/175.0;268.0/147.1 | 100 | 10;20 |
| 184 | 灭锈胺 | mepronil | 13.15 | 270.2/119.1 | 270.2/119.1;270.2/228.2 | 100 | 30;15 |
| 185 | 乙拌磷 | disulfoton | 16.80 | 275.0/89.0 | 275.0/89.0;275/61.0 | 80 | 5;20 |
| 186 | 倍硫磷 | fenthion | 15.54 | 279.0/169.1 | 279.0/169.1;279.0/247.0 | 120 | 15;10 |
| 187 | 甲霜灵 | metalaxyl | 7.75 | 280.1/192.2 | 280.1/192.2;280.1/220.2 | 120 | 15;20 |
| 188 | 甲呋酰胺 | ofurace | 7.65 | 282.1/160.2 | 282.1/160.2;282.1/254.2 | 120 | 20.1 |
| 189 | 噻唑硫磷 | fosthiazate | 4.38 | 284.1/228.1 | 284.1/228.1;284.1/104.0 | 80 | 5;20 |
| 190 | 甲基咪草酯 | imazamethabenz-met hyl | 5.33 | 289.1/229.0 | 289.1/229.0;289.1/86.0 | 120 | 15;25 |
| 191 | 乙拌磷亚砜 | disulfoton-sulfoxide | 7.38 | 291.0/185.0 | 291.0/185.0;291.0/157.0 | 80 | 10;20 |
| 192 | 稻瘟灵 | isoprothiolane | 13.17 | 291.1/189.1 | 291.1/189.1;291.1/231.1 | 80 | 20;5 |
| 193 | 抑霉唑 | imazalil | 6.86 | 297.0/159.0 | 297.0/159.0;297.0/255.0 | 120 | 20;20 |
| 194 | 辛硫磷 | phoxim | 16.80 | 299.0/77.0 | 299.0/77.0;299.0/129.0 | 80 | 20;10 |
| 195 | 喹硫磷 | quinalphos | 14.80 | 299.1/147.1 | 299.1/147.1;299.1/163.1 | 120 | 20;20 |
| 196 | 苯氧威 | fenoxycarb | 18.10 | 362.1 /288.0 | 362.1 /288.0;362.1/244.0 | 120 | 20;20 |
| 197 | 嘧啶磷 | pyrimitate | 14.00 | 306.1/170.2 | 306.1/170.2;306.1/154.2 | 120 | 20;20 |
| 198 | 丰索磷 | fensulfothin | 8.55 | 309.0/157.1 | 309.0/157.1;309.0/253.0 | 120 | 25;15 |
| 199 | 氯咯草酮 | fluorochloridone | 13.80 | 312.1/292.1 | 312.1/292.1;312.1/89.0 | 100 | 25;25 |
| 200 | 丁草胺 | butachlor | 18.00 | 312.2/238.1 | 312.2/238.1;312.2/162.0 | 80 | 10;20 |
| 201 | 醚菌酯 | kresoxim-methyl | 15.20 | 314.1/267 | 314.1/267.0;314.1/206.0 | 80 | 5;5 |
| 202 | 灭菌唑 | triticonazole | 10.55 | 318.2/70.0 | 318.2/70.0;318.2/125.1 | 120 | 15;35 |
| 203 | 苯线磷亚砜 | fenamiphos sulfoxide | 5.87 | 320.1/171.1 | 320.1/171.1;320.1/292.1 | 140 | 25;15 |
| 204 | 噻吩草胺 | thenylchlor | 14.00 | 324.1/127.0 | 324.1/127.0;324.1/59.0 | 80 | 10;45 |
| 205 | 稻瘟酰胺 | fenoxanil | 18.81 | 329.1/302.0 | 329.1/302.0;329.1/189.1 | 80 | 5;30 |

续表

| 序号 | 中文名称 | 英文名称 | 保留时间/min | 定量离子 | 定性离子 | 源内碎裂电压/V | 碰撞气能量/eV |
|---|---|---|---|---|---|---|---|
| 206 | 氟啶草酮 | fluridone | 10.30 | 330.1/309.1 | 330.1/309.1;330.1/259.2 | 160 | 40;55 |
| 207 | 氟环唑 | epoxiconazole | 18.81 | 330.1/141.1 | 330.1/141.1;330.1/121.1 | 120 | 20;20 |
| 208 | 氯辛硫磷 | chlorphoxim | 17.15 | 333.0/125.0 | 333.0/125.0;333.0/163.1 | 80 | 5;5 |
| 209 | 苯线磷砜 | fenamiphos sulfone | 6.63 | 336.1/188.2 | 336.1/188.2;336.1/266.2 | 120 | 30;20 |
| 210 | 腈苯唑 | fenbuconazole | 13.40 | 337.1/70.0 | 337.1/70.0;337.1/125.0 | 120 | 20;20 |
| 211 | 异柳磷 | isofenphos | 17.25 | 346.1/217.0 | 346.1/217.0;346.1/245.0 | 80 | 20;10 |
| 212 | 苯醚菊酯 | phenothrin | 19.70 | 351.1/183.2 | 351.1/183.2;351.1/237.0 | 100 | 15;5 |
| 213 | 哌草磷 | piperophos | 17.00 | 354.1/171.0 | 354.1/171.0;354.1/143.0 | 100 | 20;30 |
| 214 | 增效醚 | piperonyl butoxide | 17.75 | 356.2/177.1 | 356.2/177.1;356.2/119.0 | 100 | 10;35 |
| 215 | 乙氧氟草醚 | oxyflurofen | 18.00 | 362.0/316.1 | 362.0/316.1;362/237.1 | 120 | 10;25 |
| 216 | 氟噻草胺 | flufenacet | 14.00 | 364.0/194.0 | 364.0/194.0;364.0/152.0 | 80 | 5;10 |
| 217 | 伏杀硫磷 | phosalone | 16.79 | 368.1/182.0 | 368.1/182.0;368.1/322.0 | 80 | 10;5 |
| 218 | 甲氧虫酰肼 | methoxyfenozide | 13.41 | 313.0/149.0 | 313.0/149.0;313.0/91.0 | 100 | 10;35 |
| 219 | 丙硫特普 | aspon | 19.22 | 379.1/115.0 | 379.1/115.0;379.1/210.0 | 80 | 30;15 |
| 220 | 乙硫磷 | ethion | 18.46 | 385.0/199.1 | 385.0/199.1;385.0/171.0 | 80 | 5;15 |
| 221 | 丁醚脲 | diafenthiuron | 18.90 | 385.0/329.2 | 385.0/329.2;385.0/278.2 | 140 | 15;35 |
| 222 | 氟硫草定 | dithiopyr | 17.81 | 402.0/354.0 | 402.0/354.0;402.0/272.0 | 120 | 20;30 |
| 223 | 螺螨酯 | spirodiclofen | 19.28 | 411.1/71.0 | 411.1/71.0;411.1/313.1 | 100 | 10;5 |
| 224 | 唑螨酯 | fenpyroximate | 18.66 | 422.2/366.2 | 422.2/366.2;422.2/135.0 | 120 | 10;35 |
| 225 | 胺氟草酸 | flumiclorac-pentyl | 18.00 | 441.1/308.0 | 441.1/308.0;441.1/354.0 | 100 | 25;10 |
| 226 | 双硫磷 | temephos | 18.30 | 467.0/125.0 | 467.0/125.0;467.0/155.0 | 100 | 30;30 |
| 227 | 氟丙嘧草酯 | butafenacil | 15.00 | 492.0/180.0 | 492.0/180.0;492.0/331.0 | 120 | 35;25 |
| 228 | 多杀菌素 | spinosad | 14.30 | 732.4/142.2 | 732.4/142.2;732.4/98.1 | 180 | 30;75 |
| | | | | D组 | | | |
| 229 | 甲哌鎓 | mepiquat chloride | 0.71 | 114.1/98.1 | 114.1/98.1;114.1/58.0 | 140 | 30;30 |
| 230 | 二丙烯草胺 | allidochlor | 5.78 | 174.1/98.1 | 174.1/98.1;174.1/81.0 | 100 | 10;15 |
| 231 | 三环唑 | tricyclazole | 5.06 | 190.1/136.1 | 190.1/136.1;190.1/163.1 | 120 | 30;25 |
| 232 | 苯嗪草酮 | metamitron | 4.18 | 203.1/175.1 | 203.1/175.1;203.1/104.0 | 120 | 15;20 |
| 233 | 异丙隆 | isoproturon | 7.44 | 207.2/72.0 | 207.2/72.0;207.2/165.1 | 120 | 15;15 |
| 234 | 莠去通 | atratone | 4.46 | 212.2/170.2 | 212.2/170.2;212.2/100.1 | 120 | 15;30 |
| 235 | 敌草净 | oesmetryn | 4.92 | 214.1/172.1 | 214.1/172.1;214.1/82.1 | 120 | 15;25 |
| 236 | 嗪草酮 | metribuzin | 7.16 | 215.1/187.2 | 215.1/187.2;215.1/131.1 | 120 | 15;20 |

续表

| 序号 | 中文名称 | 英文名称 | 保留时间/min | 定量离子 | 定性离子 | 源内碎裂电压/V | 碰撞气能量/eV |
|---|---|---|---|---|---|---|---|
| 237 | N,N-二甲基氨基-N甲苯 | DMST | 7.06 | 215.3/106.1 | 215.3/106.1;215.3/151.2 | 80 | 10;5 |
| 238 | 环草敌 | cycloate | 15.95 | 216.2/83.0 | 216.2/83.0;216.2/154.1 | 120 | 15;10 |
| 239 | 莠去津 | atrazine | 7.20 | 216.0/174.2 | 216.0/174.2;216.0/132.0 | 120 | 15;20 |
| 240 | 丁草敌 | butylate | 17.20 | 218.1/57.0 | 218.1/57.0;218.1/156.2 | 80 | 10;5 |
| 241 | 吡蚜酮 | pymetrozin | 0.73 | 218.1/105.1 | 218.1/105.1;218.1/78.0 | 100 | 20;40 |
| 242 | 氯草敏 | chloridazon | 4.35 | 222.1/104.0 | 222.1/104.0;222.1/92.0 | 120 | 25;35 |
| 243 | 菜草畏 | sulfallate | 15.25 | 224.1/116.1 | 224.1/116.1;224.1/88.2 | 100 | 10;20 |
| 244 | 乙硫苯威 | ethiofencarb | 4.48 | 227.0/107.0 | 227.0/107.0;227/164.0 | 80 | 5;5 |
| 245 | 特丁通 | terbumeton | 5.25 | 226.2/170.1 | 226.2/170.1;226.2/114 | 120 | 15;20 |
| 246 | 环丙津 | cyprazine | 7.15 | 228.2/186.1 | 228.2/186.1;228.2/108.1 | 120 | 15;25 |
| 247 | 阔草净 | ametryn | 5.85 | 228.2/186.0 | 228.2/186.0;228.2/68.0 | 120 | 20;35 |
| 248 | 木草隆 | tebuthiuron | 5.30 | 229.2/172.2 | 229.2/172.2;229.2/116.0 | 120 | 15;20 |
| 249 | 草达津 | trietazine | 12.00 | 230.1/202.0 | 230.1/202.0;230.1/132.1 | 160 | 20;20 |
| 250 | 另丁津 | sebutylazine | 8.65 | 230.1/174.1 | 230.1/174.1;230.1/104.0 | 12 | 15;30 |
| 251 | 蓄虫避 | dibutyl succinate | 14.80 | 231.1/101.0 | 231.1/101;231.1/157.1 | 60 | 1;10 |
| 252 | 牧草胺 | tebutam | 13.04 | 234.2/91.1 | 234.2/91.1;234.2/192.2 | 120 | 20;15 |
| 253 | 久效威亚砜 | thiofanox-sulfoxide | 4.08 | 235.1/104.0 | 235.1/104.0;235.1/57.0 | 60 | 5;20 |
| 254 | 杀螟丹 | cartap hydrochloride | 5.90 | 238.0/73.0 | 238.0/73.0;238.0/150 | 100 | 30;10 |
| 255 | 虫螨畏 | methacrifos | 10.03 | 241.0/209.0 | 241.0/209.0;241.0/125.0 | 60 | 5;20 |
| 256 | 虫线磷 | thionazin | 8.84 | 249.1/97.0 | 249.1/97.0;249.1/193.0 | 80 | 30;10 |
| 257 | 利谷隆 | linuron | 9.84 | 249.0/160.1 | 249.0/160.1;249/182.1 | 100 | 15;15 |
| 258 | 庚虫磷 | heptanophos | 7.85 | 251.0/127.0 | 251.0/127.0;251.0/109.0 | 80 | 10;30 |
| 259 | 苄草丹 | prosulfocarb | 17.10 | 252.1/91.0 | 252.1/91.0;252.1/128.1 | 120 | 15;10 |
| 260 | 杀草净 | dipropetryn | 8.58 | 256.1/144.1 | 256.1/144.1;256.1/214.0 | 140 | 30;20 |
| 261 | 禾草丹 | thiobencarb | 15.80 | 258.1/125.0 | 258.1/125.0;258.1/89.0 | 80 | 20;55 |
| 262 | 三异丁基磷酸盐 | tri-iso-butylphosphate | 15.45 | 267.1/99.0 | 267.1/99.0;267.1/155.1 | 80 | 20;5 |
| 263 | 三丁基磷酸酯 | tri-n-butyl phosphate | 15.45 | 267.2/99.0 | 267.2/99.0;267.2/155.1 | 80 | 5;15 |
| 264 | 乙霉威 | diethofencarb | 10.40 | 268.1/226.2 | 268.1/226.2;268.1/152.1 | 80 | 5;20 |
| 265 | 硫线磷 | cadusafos | 15.27 | 271.1/159.1 | 271.1/159.1;271.1/131 | 80 | 10;20 |
| 266 | 吡唑草胺 | metazachlor | 8.36 | 278.1/134.1 | 278.1/134.1;278.1/210.1 | 80 | 20;5 |
| 267 | 胺丙畏 | propetamphos | 13.60 | 282.1/138.0 | 282.1/138.0;282.1/156.1 | 80 | 15;10 |

续表

| 序号 | 中文名称 | 英文名称 | 保留时间/min | 定量离子 | 定性离子 | 源内碎裂电压/V | 碰撞气能量/eV |
|---|---|---|---|---|---|---|---|
| 268 | 特丁硫磷 | terbufos | 13.70 | 289.0/57.0 | 289.0/57.0;289.0/103.1 | 80 | 20;5 |
| 269 | 硅氟唑 | simeconazole | 11.00 | 294.2/70.1 | 294.2/70.1;294.2/135.1 | 120 | 15;15 |
| 270 | 三唑酮 | triadimefon | 11.88 | 294.2/69.0 | 294.2/69.0;294.2/197.1 | 100 | 20;15 |
| 271 | 甲拌磷砜 | phorate sulfone | 9.34 | 293.0/171.0 | 293.0/171.0;293/143.1 | 60 | 5;15 |
| 272 | 十三吗啉 | tridemorph | 14.00 | 298.3/130.1 | 298.3/130.1;298.3/57.1 | 160 | 25;35 |
| 273 | 苯噻酰草胺 | mefenacet | 11.60 | 299.1/148.1 | 299.1/148.1;299.1/120.1 | 100 | 15;25 |
| 274 | 苯线磷 | fenamiphos | 8.97 | 304.0/216.9 | 304.0/216.9;304.0/202.0 | 100 | 20;35 |
| 275 | 丁苯吗琳 | fenpropimorph | 9.10 | 304.0/147.2 | 304.0/147.2;304.0/130.0 | 120 | 30;30 |
| 276 | 戊唑醇 | tebuconazole | 12.44 | 308.2/70.0 | 308.2/70.0;308.2/125.0 | 100 | 25;25 |
| 277 | 异丙乐灵 | isopropalin | 19.05 | 310.2/225.7 | 310.2/225.7;310.2/207.7 | 120 | 15;20 |
| 278 | 氟苯嘧啶醇 | nuarimol | 9.20 | 315.1/252.1 | 315.1/252.1;315.1/81.0 | 120 | 25;30 |
| 279 | 乙嘧酚磺酸酯 | bupirimate | 9.52 | 317.2/166.0 | 317.2/166;317.2/272.0 | 120 | 25;20 |
| 280 | 保棉磷 | azinphos-methyl | 10.45 | 318.1/125.0 | 318.1/125;318.1/160.0 | 80 | 15;10 |
| 281 | 丁基嘧啶磷 | tebupirimfos | 18.15 | 319.1/277.1 | 319.1/277.1;319.1/153.2 | 120 | 10;30 |
| 282 | 稻丰散 | phenthoate | 15.57 | 321.1/247.0 | 321.1/247;321.1/163.1 | 80 | 5;10 |
| 283 | 治螟磷 | sulfotep | 16.35 | 323.0/171.1 | 323.0/171.1;323.0/143.0 | 120 | 10;20 |
| 284 | 硫丙磷 | sulprofos | 18.40 | 323.0/219.1 | 323.0/219.1;323.0/247.0 | 120 | 15;10 |
| 285 | 苯硫磷 | EPN | 17.10 | 324.0/296.0 | 324.0/296.0;324.0/157.1 | 120 | 10;20 |
| 286 | 烯唑醇 | diniconazole | 13.67 | 326.1/70.0 | 326.1/70.0;326.1/159.0 | 120 | 25;30 |
| 287 | 稀禾啶 | sethoxydim | 5.36 | 328.2/282.2 | 328.2/282.2;328.2/178.1 | 100 | 10;15 |
| 288 | 纹枯脲 | pencycuron | 16.33 | 329.2/125.0 | 329.2/125.0;329.2/218.1 | 120 | 20;15 |
| 289 | 灭蚜磷 | mecarbam | 14.46 | 330.0/227.0 | 330.0/227.0;330.0/199.0 | 80 | 5;10 |
| 290 | 苯草酮 | tralkoxydim | 18.09 | 330.2 /284.2 | 330.2 /284.2;330.2/138.1 | 100 | 10;20 |
| 291 | 马拉硫磷 | malathion | 13.20 | 331.0/127.1 | 331.0/127.1;331.0/99.0 | 80 | 5;10 |
| 292 | 稗草丹 | pyributicarb | 18.26 | 331.1/181.1 | 331.1/181.1;331.1/108.0 | 120 | 10;20 |
| 293 | 哒嗪硫磷 | pyridaphenthion | 12.32 | 341.1/189.2 | 341.1/189.2;341.1/205.2 | 120 | 20;20 |
| 294 | 嘧啶磷 | pirimiphos-ethyl | 17.75 | 334.2/198.2 | 334.2/198.2;334.2/182.2 | 120 | 20;25 |
| 295 | 硫双威 | thiodicarb | 6.55 | 355.1/88.0 | 355.1/88.0;355.1/163.0 | 80 | 15;5 |
| 296 | 吡唑硫磷 | pyraclofos | 15.34 | 361.1/257.0 | 361.1/257.0;361.1/138.0 | 120 | 25;35 |
| 297 | 啶氧菌酯 | picoxystrobin | 15.40 | 368.1/145.0 | 368.1/145.0;368.1/205.0 | 80 | 20;5 |
| 298 | 四氟醚唑 | tetraconazole | 12.54 | 372.0/159.0 | 372.0/159.0;372.0/70.0 | 120 | 35;35 |
| 299 | 吡唑解草酯 | mefenpyr-diethyl | 16.80 | 373.0/327.0 | 373.0/327.0;373.0/160.0 | 80 | 15;35 |
| 300 | 丙溴磷 | profenefos | 16.74 | 373.0/302.9 | 373.0/302.9;373.0/345.0 | 120 | 15;10 |

续表

| 序号 | 中文名称 | 英文名称 | 保留时间/min | 定量离子 | 定性离子 | 源内碎裂电压/V | 碰撞气能量/eV |
|---|---|---|---|---|---|---|---|
| 301 | 吡唑醚菌酯 | pyraclostrobin | 16.04 | 388.0/163.0 | 388.0/163.0;388.0/194.0 | 120 | 20;10 |
| 302 | 烯酰吗啉 | dimethomorph | 16.04 | 388.1/165.1 | 388.1/165.1;388.1/301.1 | 120 | 25;20 |
| 303 | 噻恩菊酯 | kadethrin | 17.95 | 397.1/171.1 | 397.1/171.1;397.1/128.0 | 100 | 15;55 |
| 304 | 噻唑烟酸 | thiazopyr | 16.15 | 397.1/377.0 | 397.1/377;397.1/335.1 | 140 | 20;30 |
| 305 | 氟啶脲 | chlorfluazuron | 18.53 | 540.0/383.0 | 540.0/383.0;540/158.2 | 120 | 15;15 |
| | | | E组 | | | | |
| 306 | 4-氨基吡啶 | 4-aminopyridine | 0.72 | 95.1/52.1 | 95.1/52.1;95.1/78.1 | 120 | 25;5 |
| 307 | 灭多威 | methomyl | 3.76 | 163.2/88.1 | 163.2/88.1;163.2/106.1 | 80 | 5;10 |
| 308 | 咯喹酮 | pyroquilon | 5.87 | 174.1/117.1 | 174.1/117.1;174.1/132.2 | 140 | 35;25 |
| 309 | 麦穗灵 | fuberidazole | 3.66 | 185.2/157.2 | 185.2/157.2;185.2/92.1 | 120 | 20;25 |
| 310 | 丁脒酰胺 | isocarbamid | 4.35 | 186.2/87.1 | 186.2/87.1;186.2/130.1 | 80 | 20;5 |
| 311 | 丁酮威 | butocarboxim | 5.30 | 213.0/75.1 | 213.0/75.1;213.0/156.1 | 100 | 15;5 |
| 312 | 杀虫脒 | chlordimeform | 4.13 | 197.2/117.1 | 197.2/117.1;197.2/89.1 | 120 | 25;50 |
| 313 | 霜脲氰 | cymoxanil | 4.95 | 199.1/111.1 | 199.1/111.1;199.1/128.1 | 80 | 20;15 |
| 314 | 氯硫酰草胺 | chlorthiamid | 5.80 | 206.0/189.0 | 206.0/189.0;206.0/119.0 | 80 | 15;50 |
| 315 | 灭害威 | aminocarb | 0.75 | 209.3/137.1 | 209.3/137.1;209.3/152.1 | 100 | 20;10 |
| 316 | 氧乐果 | omethoate | 0.75 | 214.1/125.0 | 214.1/125.0;214.1/183.0 | 80 | 20;5 |
| 317 | 乙氧喹啉 | ethoxyquin | 7.19 | 218.2/174.2 | 218.2/174.2;218.2/160.1 | 120 | 30;35 |
| 318 | 涕灭威砜 | aldicarb sulfone | 3.50 | 223.1/76.0 | 223.1/76.0;223.1/148.0 | 80 | 5;5 |
| 319 | 二氧威 | dioxacarb | 4.70 | 224.1/123.1 | 224.1/123.1;224.1/167.1 | 80 | 15;5 |
| 320 | 甲基内吸磷 | demeton-s-methyl | 6.25 | 253.0/89.0 | 253.0/89.0;253.0/61.0 | 80 | 10;35 |
| 321 | 杀虫腈 | cyanohos | 6.89 | 244.2/180.0 | 244.2/180.0;244.2/125.0 | 120 | 20;15 |
| 322 | 甲基乙拌磷 | thiometon | 7.16 | 247.1/171.0 | 247.1/171.0;247.1/89.1 | 100 | 10;10 |
| 323 | 灭菌丹 | folpet | 12.82 | 260.0/130.0 | 260.0/130.0;260.0/102.3 | 100 | 10;40 |
| 324 | 甲基内吸磷砜 | demeton-s-methyl sulfone | 3.96 | 263.1/169.1 | 263.1/169.1;263.1/125.0 | 80 | 15;20 |
| 325 | 苯锈定 | fenpropidin | 8.96 | 274.0/147.1 | 274.0/147.1;274.0/86.1 | 160 | 25;25 |
| 326 | 赛硫磷 | amidithion | 14.25 | 274.1/97.0 | 274.1/97.0;274.1/122.0 | 140 | 20;15 |
| 327 | 甲咪唑烟酸 | imazapic | 4.80 | 276.2/163.2 | 276.2/163.2;276.2/216.2;276.2/86.1 | 120 | 20;20;25 |
| 328 | 对氧磷 | paraoxon-ethyl | 8.00 | 276.2/220.1 | 276.2/220.1;276.2/94.1 | 100 | 10;40 |
| 329 | 4-十二烷基-2,6-二甲基吗啉 | aldimorph | 14.10 | 284.4/57.2 | 284.4/57.2;284.4/98.1 | 160 | 30;30 |

续表

| 序号 | 中文名称 | 英文名称 | 保留时间/min | 定量离子 | 定性离子 | 源内碎裂电压/V | 碰撞气能量/eV |
|---|---|---|---|---|---|---|---|
| 330 | 乙烯菌核利 | vinclozolin | 14.66 | 286.1 /242.0 | 286.1 /242;286.1/145.1 | 100 | 5;45 |
| 331 | 烯效唑 | uniconazole | 11.69 | 292.1/70.1 | 292.1/70.1;292.1/125.1 | 120 | 30;30 |
| 332 | 啶斑肟 | pyrifenox | 7.42 | 295.0/93.1 | 295.0/93.1;295.0/163.0 | 120 | 15;15 |
| 333 | 氯硫磷 | chlorthion | 14.45 | 298.0/125.0 | 298.0/125.0;298.0/109.0 | 100 | 15;20 |
| 334 | 异氯磷 | dicapthon | 14.47 | 298.0/125.0 | 298.0/125.0;298.0/266.1 | 80 | 10;10 |
| 335 | 四螨嗪 | clofentezine | 16.18 | 303.0/138.0 | 303.0/138.0;303.0/156.0 | 100 | 25;25 |
| 336 | 氟草敏 | norflurazon | 8.08 | 304.0/284.0 | 304.0/284.0;304.0/160.1 | 140 | 25;35 |
| 337 | 野麦畏 | triallate | 18.52 | 304.0/143.0 | 304.0/143.0;304.0/86.1 | 120 | 25;15 |
| 338 | 苯氧喹啉 | quinoxyphen | 17.05 | 308.0/197.0 | 308.0/197.0;308.0/272.0 | 180 | 35;35 |
| 339 | 倍硫磷砜 | fenthion sulfone | 8.71 | 311.1/125.0 | 311.1/125.0;311.1/109.0 | 140 | 15;20 |
| 340 | 氟咯草酮 | flurochloridone | 13.34 | 312.2/292.2 | 312.2/292.2;312.2/53.1 | 140 | 25;30 |
| 341 | 酞酸苯甲基丁酯 | phthalic acid, benzyl butyl ester | 17.34 | 313.2/91.1 | 313.2/91.1;<br>313.2/149.0;313.2/205.1 | 80 | 10;10;5 |
| 342 | 氯唑磷 | isazofos | 13.67 | 314.1/162.1 | 314.1/162.1;314.1/120.0 | 100 | 10;35 |
| 343 | 除线磷 | dichlofenthion | 18.15 | 315.0/259.0 | 315.0/259.0;315.0/287.0 | 100 | 10;5 |
| 344 | 蚜灭多砜 | vamidothion sulfone | 2.45 | 178.0/87.0 | 178.0/87.0;178.0/60.0 | 100 | 15;10 |
| 345 | 特丁硫磷砜 | terbufos sulfone | 12.57 | 321.2/171.1 | 321.2/171.1;321.2/143.0 | 80 | 5;15 |
| 346 | 敌乐胺 | dinitramine | 15.80 | 323.1/305.0 | 323.1/305.0;323.1/247.0 | 120 | 10;15 |
| 347 | 氰霜唑 | cyazofamid | 5.10 | 325.2/261.3 | 325.2/261.3;325.2/108.0 | 80 | 5;15 |
| 348 | 毒壤磷 | trichloronat | 18.98 | 333.1/304.9 | 333.1/304.9;333.1/161.8 | 100 | 10;45 |
| 349 | 苄呋菊酯-2 | resmethrin-2 | 12.35 | 339.2/171.1 | 339.2/171.1;339.2/143.1 | 80 | 10;25 |
| 350 | 啶酰菌胺 | boscalid | 12.20 | 343.2/307.2 | 343.2/307.2;343.2/271.0 | 140 | 20;35 |
| 351 | 甲磺乐灵 | nitralin | 15.15 | 346.1/304.1 | 346.1/304.1;346.1/262.1 | 100 | 10;20 |
| 352 | 甲氰菊酯 | fenpropathrin | 19.00 | 350.2/125.2 | 350.2/125.2;350.2/97 | 120 | 5;20 |
| 353 | 噻螨酮 | hexythiazox | 18.23 | 353.1/168.1 | 353.1/168.1;353.1/228.1 | 120 | 20;10 |
| 354 | 苯满特 | benzoximate | 17.00 | 386.1/197.0 | 386.1/197;386.1/199.2 | 140 | 30;30 |
| 355 | 新燕灵 | benzoylprop-ethyl | 16.00 | 366.1/105.0 | 366.1/105.0;366.1/77.0 | 80 | 15;35 |
| 356 | 嘧螨醚 | pyrimidifen | 13.69 | 378.2/184.1 | 378.2/184.1;378.2/150.2 | 140 | 15;40 |
| 357 | 呋线威 | furathiocarb | 17.85 | 383.3/195.1 | 383.3/195.1;<br>383.3/252.1;383.3/167 | 100 | 10;5;25 |
| 358 | 反式氯菊酯 | trans-permethin | 21.00 | 391.3/149.1 | 391.3/149.1;391.3/167.1 | 100 | 10;10 |
| 359 | 醚菊酯 | etofenprox | 19.73 | 394.0/177.0 | 394.0/177.0;394/359.0 | 100 | 15;5 |
| 360 | 苄草唑 | pyrazoxyfen | 14.30 | 403.2/91.1 | 403.2/91.1;<br>403.2/105.1;403.2/139.1 | 140 | 25;20;20 |

续表

| 序号 | 中文名称 | 英文名称 | 保留时间/min | 定量离子 | 定性离子 | 源内碎裂电压/V | 碰撞气能量/eV |
|---|---|---|---|---|---|---|---|
| 361 | 嘧唑螨 | flubenzimine | 14.48 | 417.0/397.0 | 417.0/397;417.0/167.1 | 100 | 10;25 |
| 362 | Z-氯氰菊酯 | zetacypermethrin | 20.45 | 433.3/416.2 | 433.3/416.2;433.3/191.2 | 100 | 5;10 |
| 363 | 氟吡乙禾灵 | haloxyfop-2-ethoxyet hyl | 17.65 | 434.1/316.0 | 434.1/316.0;434.1/288.0;434.1/91.2 | 120 | 15;20;45 |
| 364 | S-氰戊菊酯 | esfenvalerate | 8.28 | 437.2/206.9 | 437.2/206.9;437.2/154.2 | 80 | 35;20 |
| 365 | 乙羧氟草醚 | fluoroglycofen-ethyl | 17.70 | 344.0/300.0 | 344.0/300.0;344.0/233.0 | 120 | 15;20 |
| 366 | 氟胺氰菊酯 | tau-fluvalinate | 19.58 | 503.2/181.2 | 503.2/181.2;503.2/208.1 | 80 | 25;15 |
| | | | | F组 | | | |
| 367 | 丙烯酰胺 | acrylamide | 0.73 | 72.0/55.0 | 72.0/55.0;72.0/27.0 | 100 | 10;10 |
| 368 | 叔丁基胺 | tert-butylamine | 0.65 | 74.1/46.0 | 74.1/46.0;74.1/56.8 | 120 | 5;5 |
| 369 | 噁霉灵 | hymexazol | 2.65 | 100.1/54.1 | 100.1/54.1;100.1/44.2;100.1/28 | 100 | 10;15;15 |
| 370 | 邻苯二甲酰亚胺 | phthalimide | 0.74 | 148.0/130.1 | 148.0/130.1;148.0/102.0 | 100 | 10;25 |
| 371 | 甲氟磷 | dimefox | 3.88 | 155.1/110.1 | 155.1/110.1;155.1/135.0 | 120 | 20;10 |
| 372 | 速灭威 | metolcarb | 6.50 | 166.2/109.0 | 166.2/109.0;166.2/97.1 | 80 | 15;50 |
| 373 | 二苯胺 | diphenylamin | 13.06 | 170.2/93.1 | 170.2/93.1;170.2/152 | 120 | 30;30 |
| 374 | 1-萘基乙酰胺 | 1-naphthy acetamide | 5.30 | 186.2/141.1 | 186.2/141.1;186.2/115.1 | 100 | 15;45 |
| 375 | 脱乙基莠去津 | atrazine-desethyl | 4.43 | 188.2/146.1 | 188.2/146.1;188.2/104.1 | 120 | 10;20 |
| 376 | 2,6-二氯苯甲酰胺 | 2,6-dichlorobenzami de | 3.85 | 190.1/173.0 | 190.1/173.0;190.1/145.0 | 100 | 20;30 |
| 377 | 涕灭威 | aldicarb | 5.42 | 213.0/89.0 | 213/89;213.0/116.0 | 100 | 30;10 |
| 378 | 邻苯二甲酸二甲酯 | dimethyl phthalate | 3.50 | 217.0/86.0 | 217.0/86.0;217.0/156.0 | 100 | 15;20 |
| 379 | 杀虫脒盐酸盐 | chlordimeform hydrochloride | 4.00 | 197.2/117.1 | 197.2/117.1;197.2/89.1 | 120 | 25;50 |
| 380 | 西玛通 | simeton | 3.94 | 198.2/100.1 | 198.2/100.1;198.2/128.2 | 120 | 25;20 |
| 381 | 呋草胺 | dinotefuran | 3.06 | 203.3/129.2 | 203.3/129.2;203.3/87.1 | 80 | 5;10 |
| 382 | 克草敌 | pebulate | 16.05 | 204.2/72.1 | 204.2/72.1;204.2/128.0 | 100 | 10;10 |
| 383 | 活化酯 | acibenzolar-s-methyl | 10.00 | 211.1/91.0 | 211.1/91.0;211.1/136.0 | 120 | 20;30 |
| 384 | 蔬果磷 | dioxabenzofos | 10.15 | 217.0/77.1 | 217.0/77.1;217.0/107.1 | 100 | 40;30 |
| 385 | 杀线威 | oxamyl | 3.46 | 241.0/72.0 | 241.0/72.0;242.0/121.0 | 120 | 15;10 |
| 386 | 甲基苯噻隆 | methabenzthiazuron | 6.80 | 222.2/165.1 | 222.2/165.1;222.2/149.9 | 100 | 15;35 |
| 387 | 丁酮砜威 | butoxycarboxim | 3.30 | 223.2/63.0 | 223.2/63;223.2/106.1 | 80 | 10;5 |
| 388 | 兹克威 | mexacarbate | 4.00 | 233.2/151.2 | 233.2/151.2;233.2/166.2 | 100 | 15;10 |

续表

| 序号 | 中文名称 | 英文名称 | 保留时间/min | 定量离子 | 定性离子 | 源内碎裂电压/V | 碰撞气能量/eV |
|---|---|---|---|---|---|---|---|
| 389 | 甲基内吸磷亚砜 | demeton-s-methyl sulfoxide | 3.42 | 247.1/109.0 | 247.1/109.0;247.1/169.1 | 80 | 20;10 |
| 390 | 久效威砜 | thiofanox sulfone | 7.30 | 251.1/57.2 | 251.1/57.2;251.1/76.1 | 80 | 5;5 |
| 391 | 硫环磷 | phosfolan | 4.95 | 256.2/140.0 | 256.2/140.0;256.2/228.0 | 100 | 25;10 |
| 392 | 硫赶内吸磷 | demeton-s | 5.44 | 259.1/89.1 | 259.1/89.1;259.1/61.0 | 60 | 10;35 |
| 393 | 氧倍硫磷 | fenthion oxon | 8.15 | 263.2/230.0 | 263.2/230.0;263.2/216.0 | 100 | 10;20 |
| 394 | 萘丙胺 | napropamide | 12.45 | 272.2/171.1 | 272.2/171.1;272.2/129.2 | 120 | 15;15 |
| 395 | 杀螟硫磷 | fenitrothion | 13.60 | 278.1/125.0 | 278.1/125.0;278.1/246.0 | 140 | 15;15 |
| 396 | 酞酸二丁酯 | phthalic acid, dibutyl ester | 17.50 | 279.2/149.0 | 279.2/149.0;279.2/121.1 | 80 | 10;45 |
| 397 | 丙草胺 | metolachlor | 13.15 | 284.1/252.2 | 284.1/252.2;284.1/176.2 | 120 | 10;15 |
| 398 | 腐霉利 | procymidone | 13.33 | 284.0/256.0 | 284.0/256.0;284.0/145.0 | 140 | 10;45 |
| 399 | 蚜灭磷 | vamidothion | 4.18 | 288.2/146.1 | 288.2/146.1;288.2/118.1 | 80 | 10;20 |
| 400 | 枯草隆 | chloroxuron | 9.00 | 291.2/72.1 | 291.2/72.1;291.2/218.1 | 120 | 20;30 |
| 401 | 威菌磷 | triamiphos | 6.58 | 295.2/135.1 | 295.2/135.1;295.2/92.0 | 100 | 25;35 |
| 402 | 右旋炔丙菊酯 | prallethrin | 7.25 | 301.0/105.0 | 301.0/105.0;301/169.0 | 80 | 5;20 |
| 403 | 二苯隆 | cumyluron | 11.70 | 303.3/185.1 | 303.3/185.1;303.3/125.0 | 100 | 5;45 |
| 404 | 甲氧咪草烟 | imazamox | 3.00 | 304.2/260.0 | 304.2/260.0;304.2/186.0 | 100 | 5;40 |
| 405 | 杀鼠灵 | warfarin | 10.30 | 309.2/163.1 | 309.2/163.1;309.2/251.2 | 100 | 20;15 |
| 406 | 亚胺硫磷 | phosmet | 11.14 | 318.0/160.1 | 318.0/160.1;318.0/133.0 | 80 | 10;35 |
| 407 | 皮蝇磷 | ronnel | 17.70 | 320.9/125.0 | 320.9/125.0;320.9/288.8 | 120 | 10;10 |
| 408 | 除虫菊酯 | pyrethrin | 18.78 | 329.2/161.1 | 329.2/161.1;329.2/133.1 | 100 | 5;15 |
| 409 | — | phthalic acid, biscyclohexyl ester | 19.10 | 331.3/149.1 | 331.3/149.1;331.3/167.1;331.3/249.0 | 80 | 10;5;5 |
| 410 | 环丙酰菌胺 | carpropamid | 15.36 | 334.2/196.1 | 334.2/196.1;334.2/139.1 | 120 | 10;15 |
| 411 | 吡螨胺 | tebufenpyrad | 17.32 | 334.3/147.0 | 334.3/147.0;334.3/117.1 | 160 | 25;40 |
| 412 | 虫螨磷 | chlorthiophos | 18.58 | 361.0/305.0 | 361.0/305.0;361/225.0 | 100 | 10;15 |
| 413 | 氯亚胺硫磷 | dialifos | 17.15 | 394.0/208.0 | 394.0/208.0;394.0/187.0 | 100 | 5;20 |
| 414 | 吲哚酮草酯 | cinidon-ethyl | 17.63 | 394.2/348.1 | 394.2/348.1;394.2/107.1 | 120 | 15;45 |
| 415 | 鱼滕酮 | rotenone | 14.00 | 395.3/213.2 | 395.3/213.2;395.3/192.2 | 160 | 20;20 |
| 416 | 亚胺唑 | imibenconazole | 17.16 | 411.0/125.1 | 411.0/125.1;411.0/171.1;411.0/342.0 | 120 | 25;15;10 |
| 417 | 噁草酸 | propaquizafop | 17.56 | 444.2/100.1 | 444.2/100.1;444.2/299.1 | 140 | 15;25 |
| 418 | 乳氟禾草灵 | lactofen | 18.23 | 479.1/344.0 | 479.1/344.0;479.1/223.0 | 120 | 15;35 |
| 419 | 吡草酮 | benzofenap | 16.95 | 431.0/105.0 | 431.0/105.0;431.0/119.0 | 140 | 30;20 |

续表

| 序号 | 中文名称 | 英文名称 | 保留时间/min | 定量离子 | 定性离子 | 源内碎裂电压/V | 碰撞气能量/eV |
|---|---|---|---|---|---|---|---|
| 420 | 地乐酯 | dinoseb acetate | 0.75 | 283.1/89.2 | 283.1/89.2;<br>283.1/133.1;283.1/177.2 | 120 | 10;10;10 |
| 421 | 异丙草胺 | propisochlor | 15.00 | 284.0/224.0 | 284.0/224.0;284.0/212.0 | 80 | 5;15 |
| 422 | 氟硅菊酯 | silafluofen | 20.80 | 412.0/91.0 | 412.0/91.0;412.0/72.1 | 100 | 40;30 |
| 423 | 乙氧苯草胺 | etobenzanid | 15.65 | 340.0/149.0 | 340.0/149.0;340.0/121.1 | 120 | 20;30 |
| 424 | 四唑酰草胺 | fentrazamide | 16.00 | 372.1/219.0 | 372.1/219.0;372.1/83.2 | 200 | 5;35 |
| 425 | 五氯苯胺 | pentachloroaniline | 14.30 | 285.0/99.1 | 285.0/99.1;285.0/127.0 | 100 | 15;5 |
| 426 | 丁硫克百威 | carbosulfan | 19.50 | 381.2/118.1 | 381.2/118.1;381.2/160.2 | 100 | 10;10 |
| 427 | 苯醚氰菊酯 | cyphenothrin | 19.40 | 376.2/151.2 | 376.2/151.2;376.2/123.2 | 100 | 5;15 |
| 428 | 噁唑隆 | dimefuron | 10.30 | 339.1/167.0 | 339.1/167.0;339.1/72.1 | 140 | 20;30 |
| 429 | 马拉氧磷 | malaoxon | 13.80 | 331.0/99.0 | 331.0/99.0;331.0/127.0 | 120 | 20;5 |
| 430 | 氯杀螨砜 | chlorbenside sulfone | 9.86 | 299.0/235.0 | 299.0/235.0;299.0/125.0 | 100 | 5;25 |
| 431 | 多果定 | dodine | 7.46 | 228.2/57.3 | 228.2/57.3;228.2/60.1 | 160 | 25;20 |
| 432 | 茅草枯 | dalapon | 0.60 | 140.8/58.8 | 140.8/58.8;140.8/62.9 | 100 | 10;15 |
| 433 | 2-苯基苯酚 | 2-phenylphenol | 9.78 | 169.0/115.0 | 169.0/115.0;169.0/93.0 | 140 | 35;20 |
| 434 | 3-苯基苯酚 | 3-phenylphenol | 9.78 | 169.0/115.0 | 169.0/115.0;169.0/141.1 | 140 | 35;35 |
| 435 | 氯硝胺 | dicloran | 8.82 | 205.1/169.3 | 205.1/169.3;205.1/123.2 | 120 | 15;30 |
| 436 | 氯苯胺灵 | chlorpropham | 12.55 | 212.0/152.0 | 212.0/152.0;212.0/57.0 | 80 | 5;20 |
| 437 | 特草定 | terbacil | 5.94 | 215.1/159.0 | 215.1/159.0;215.1/73.0 | 120 | 10;40 |
| 438 | 2,4-滴 | 2,4-D | 4.28 | 218.9/161.0 | 218.9/161.0;218.9/125.0 | 80 | 5;20 |
| 439 | 咯菌腈 | fludioxonil | 11.10 | 247.0/180.0 | 247.0/180;247.0/126.0 | 140 | 10;10 |
| 440 | 杀螨醇 | chlorfenethol | 11.81 | 265.0/96.7 | 265.0/96.7;265.0/152.7 | 120 | 15;5 |
| 441 | 萘草胺 | naptalam | 4.30 | 290.0/246.0 | 290.0/246.0;290.0/168.3 | 100 | 10;30 |
| 442 | 灭幼脲 | chlorobenzuron | 14.05 | 306.9/154.0 | 306.9/154.0;306.9/125.9 | 100 | 5;20 |
| 443 | 氯霉素 | chloramphenicolum | 5.07 | 321.0/152.0 | 321.0/152.0;321.0/257.0 | 100 | 15;10 |
| 444 | 噁唑菌酮 | famoxadone | 16.52 | 373.0/282.0 | 373.0/282.0;373.0/328.9 | 120 | 20;15 |
| 445 | 吡氟酰草胺 | diflufenican | 17.30 | 393.1/329.1 | 393.1/329.1;393.1/272.0 | 100 | 10;10 |
| 446 | 氟氰唑 | ethiprole | 10.74 | 394.9/331.0 | 394.9/331.0;394.9/250.0 | 100 | 5;25 |
| 447 | 氟啶胺 | fluazinam | 17.25 | 462.9/415.9 | 462.9/415.9;462.9/398.0 | 120 | 20;15 |
| 448 | 克来范 | kelevan | 19.50 | 628.1/169.0 | 628.1/169.0;628.1/422.6 | 120 | 24;22 |

# 第7章　茶叶中金属离子含量的检测方法

## 7.1　茶叶磁性金属物的测定

本方法规定了茶叶中磁性金属物的测定方法，适用于茶叶中磁性金属物的测定。该方法的测定原理为，样品经粉碎后通过磁性金属测定仪，利用磁场作用将具有磁性的金属物从试样中分离出来，用四氯化碳洗去茶粉，重量法测定。

**1. 测定试剂**

四氯化碳($CCl_4$)：分析纯。

**2. 测定仪器**

磁性金属物测定仪：磁感应强度应不少于120 mT(毫特斯拉)；天平：感量分别为0.1 g和0.000 1 g；粉碎机：转速24 000 r/min；恒温水浴锅；恒温干燥箱；瓷坩埚：50 mL；标准筛：孔径0.45 mm。

**3. 分析步骤**

(1)取样

参照GB/T 8302，“茶 取样”规定的方法取样。

(2)磁性金属物的测定

称取试样200 g(精确至0.1 g)，目测样品，如有可见的金属物应先取出，将样品粉碎，过0.45 mm标准筛后，倒入磁性金属物测定仪上部的容器内，打开通磁开关，调节流量控制板旋钮，打开运转开关，使试样在2～3 min全部匀速经淌样板流到盛样箱内，试样全部通过淌样板后，将干净的白纸接在测定仪的淌样板下面，关闭通磁开关，用毛刷将吸附在淌样板上的磁性物质刷到白纸上，然后，将白纸上的收集物倒入已恒重的坩埚(精确至0.000 1 g)，将盛样箱内样品按以上步骤重复两次，各次收集物均倒入坩埚中，用80 mL四氯化碳分4～5次漂洗坩埚内的收集物，弃去漂洗液，直至茶粉除净，将坩埚于80 ℃水浴挥发至干，放入恒温干燥箱，105±2 ℃烘至恒重，称量(精确至0.000 1 g)。

**4. 结果计算**

样品中磁性金属物含量(X)以质量分数计，数值以%表示，按式(1)计算：

$$X=[(m_1-m_2)/m]\times 100\% \tag{1}$$

式中：$m$——试样总质量，单位为克(g)；

$m_1$——坩埚质量，单位为克(g)；

$m_2$——磁性金属物和坩埚质量，单位为克(g)。

重复测定两次，结果取平均值，计算结果保留两位有效数字。

## 7.2　茶叶氟含量的测定

本方法规定了茶叶中氟含量测定的试验方法，适用于茶叶中氟含量的测定。该方法测定原理为，利用氟离子选择电极的氟化镧单晶膜对氟离子产生选择性的响应，在氟电极和饱和甘汞电极的电极对中，电位差可随溶液中氟离子活度的变化而改变，电位变化规律符合能斯特(Nernst)方程。

$$E = E^{\circ} - (2.303\ RT/F)\mathrm{Lg}C_{\mathrm{F}}^{-}$$

$E$ 与 $\mathrm{Lg}C_{\mathrm{F}}^{-}$ 呈线性关系。$2.303RT/F$ 为该直线的斜率(25 ℃时为 59.16)。

工作电池可表示如下：

Ag|AgCl,Cl(0.3 mol/L),$F^-$(0.001 mol/L)|$LaF_3$||试液||外参比电极

**1. 试剂和溶液**

本方法所有试剂除另有说明外，均按 GB/T 603，“化学试剂 试验方法中所用制剂及制品的制备”和 GB/T 6682，“分析实验室用水规格和试验方法”之规定制备。高氯酸($HClO_4$)：70%～72%；氟离子标准贮备液：1 000 μg/mL，称取于 120 ℃烘 4 h 的 NaF 2.210 g，溶解定容至 1 000 mL，摇匀，贮存于聚乙烯瓶中，此溶液每毫升含氟量 1 000 μg；高氯酸溶液：$c(HClO_4)$=0.1 mol/L，取 8.4 mL 高氯酸，用水稀释至 1 000 mL；TISAB 缓冲溶液：称取柠檬酸钠 114.0 g，乙酸钠 12.0 g，溶解定容至 1 000 mL。

**2. 仪器设备**

氟离子选择电极；饱和甘汞电极；离子活度计、毫伏计或 pH 计：精确到 0.1 mV；磁力搅拌器：具备覆盖聚乙烯或聚四氟乙烯等的磁力棒，并带有加热温控装置；聚乙烯烧杯：50 mL、100 mL、150 mL。

**3. 样品制备**

茶叶样品取样按 GB/T 8302，“茶 取样”规定执行。仪器的校正，按酸度计、电极的使用说明书以及需要测定的具体条件进行。试验室室温恒定在 25 ℃±2 ℃，测定前应使试样达到室温，并且试样和标准溶液的温度一致。

**4. 测定**

称取制备的茶样 0.500 0 g±0.020 0 g，转入聚乙烯烧杯中，然后加入 25 mL 制备的高氯酸溶液，开启磁力搅拌器搅拌 30 min(搅拌速度以没有试液溅出为准，注意保证每次测定的搅拌速度恒定)，然后继续加入 25 mL 制备的缓冲溶液，插入氟离子选择电极和参比饱和甘汞电极，再搅拌 30 min 后读取平衡电位 $E_x$，然后由校准曲线上查找氟含量，在每次测量之前，都要用蒸馏水充分冲洗电极，并用滤纸吸干，对同一个样品做 3 次平行测定。

**5. 校准(曲线法)**

把氟离子标准贮备液稀释至适当的浓度，用 50 mL 容量瓶配制成浓度分别为 0 μg/mL、2 μg/mL、4 μg/mL、6 μg/mL、8 μg/mL、10 μg/mL 的氟离子标准溶液，并在定容前分别加

入 25 mL TISAB 缓冲液,充分摇匀,再转入 100 mL 聚乙烯烧杯中,插入氟离子选择电极和参比饱和甘汞电极,开动磁力搅拌器,由低浓度到高浓度依次读取平衡电位,在半对数纸上绘制 E-$LgC_F^-$ 曲线。

**6. 结果计算**

茶样中氟含量按公式(1)计算:

$$X = c \times 50 \times 1\,000/(m \times 1\,000) \quad (1)$$

式中:$X$——样品氟的含量,单位为毫克每千克(mg/kg);

$c$——测定用样液中氟的浓度,单位为微克每毫升(μg/mL);

$m$——样品质量,单位为克(g)。

测定结果取小数点后一位,取三次平行测定结果的算术平均值为测定结果,任意两次平行测定结果相对偏差不得大于 10% 。

# 7.3 茶叶铅含量的测定

本方法规定了茶中铅含量测定的石墨炉原子吸收光谱法、火焰原子吸收光谱法和二硫腙比色法,适用于各类茶中铅含量的测定。

## (一)石墨炉原子吸收光谱法

该方法测定的原理为,试样消解处理后,经石墨炉原子化,在 283.3 nm 处测定吸光度,在一定浓度范围内铅的吸光度值与铅含量成正比,与标准系列比较定量。

**1. 试剂和材料**

除另有说明,本方法所用试剂均为优级纯,水为 GB/T 6682,“分析实验室用水规格和试验方法”规定的二级水。硝酸($HNO_3$);高氯酸($HClO_4$);磷酸二氢铵($NH_4H_2PO_4$);硝酸钯[$Pd(NO_3)_2$];标准品硝酸铅[$Pb(NO_3)_2$,CAS 号:10099-74-8]:纯度>99.99%,或经国家认证并授予标准物质证书的,一定浓度的铅标准溶液。

硝酸溶液(5+95):量取 50 mL 硝酸,缓慢加入到 950 mL 水中,混匀;

硝酸溶液(1+9):量取 50 mL 硝酸,缓慢加入到 450 mL 水中,混匀;

磷酸二氢铵-硝酸钯溶液:称取 0.02 g 硝酸钯,加少量硝酸溶液(1+9)溶解后,再加入 2 g磷酸二氢铵,溶解后用硝酸溶液(5+95)定容至 100 mL,混匀;

铅标准储备液(1 000 mg/L):准确称取 1.598 5 g(精确至 0.000 1 g)硝酸铅,用少量硝酸溶液(1+9)溶解,移入 1 000 mL 容量瓶,加水至刻度,混匀;

铅标准中间液(1.00 mg/L):准确吸取铅标准储备液(1 000 mg/L)1.00 mL 于 1 000 mL 容量瓶中,加硝酸溶液(5+95)至刻度,混匀;

铅标准系列溶液:分别吸取铅标准中间液(1.00 mg/L)0mL、0.50 mL、1.00 mL、2.00 mL、3.00 mL 和 4.00 mL 于 100 mL 容量瓶中,加硝酸溶液(5+95)至刻度,混匀,此铅标准系列溶液的质量浓度分别为 0 μg/L、5.0 μg/L、10.0 μg/L、20.0 μg/L、30.0 μg/L 和 40.0 μg/L。

**注:**可根据仪器的灵敏度及样品中铅的实际含量确定标准系列溶液中铅的质量浓度。

**2. 仪器和设备**

所有玻璃器皿及聚四氟乙烯消解内罐均需硝酸溶液(1+5)浸泡过夜,用自来水反复冲洗,最后用水冲洗干净。原子吸收光谱仪:配石墨炉原子化器,附铅空心阴极灯;分析天平:感量分别为0.1 mg和1 mg;可调式电热炉;可调式电热板;微波消解系统:配聚四氟乙烯消解内罐;恒温干燥箱;压力消解罐:配聚四氟乙烯消解内罐。

**3. 样品测定**

在采样和制备过程中,应避免试样污染。茶叶干样样品去除杂物后,粉碎,储于塑料瓶中。茶叶鲜叶样品用水洗净,晾干,制成匀浆,储于塑料瓶中。

(1)试样消解

湿法消解:称取固体试样0.2～3 g(精确至0.001 g)或准确移取液体试样0.50～5.00 mL于带刻度消化管中,加入10 mL硝酸和0.5 mL高氯酸,在可调式电热炉上消解(参考条件:120 ℃/0.5～1 h;升至180 ℃/2～4 h、升至200～220 ℃),若消化液呈棕褐色,再加少量硝酸,消解至冒白烟,消化液呈无色透明或略带黄色,取出消化管,冷却后用水定容至10 mL,混匀备用,同时做试剂空白试验,亦可采用锥形瓶,于可调式电热板上,按上述操作方法进行湿法消解。

微波消解:称取固体试样0.2～0.8 g(精确至0.001 g)或准确移取液体试样0.50～3.00 mL于微波消解罐中,加入5 mL硝酸,按照微波消解的操作步骤消解试样,消解条件为,5 min内升温至120 ℃,恒温5 min;5 min内升温至160 ℃,恒温10 min,5 min内升温至180 ℃,恒温10 min。消解完成,冷却后取出消解罐,在电热板上于140～160 ℃赶酸至1 mL左右。消解罐放冷后,将消化液转移至10 mL容量瓶中,用少量水洗涤消解罐2～3次,合并洗涤液于容量瓶中并用水定容至刻度,混匀备用,同时做试剂空白试验。

压力罐消解:称取固体试样0.2～1 g(精确至0.001 g)或准确移取液体试样0.50～5.00 mL于消解内罐中,加入5 mL硝酸,盖好内盖,旋紧不锈钢外套,放入恒温干燥箱,于140～160 ℃下保持4～5 h。冷却后缓慢旋松外罐,取出消解内罐,放在可调式电热板上于140～160 ℃赶酸至1 mL左右。冷却后将消化液转移至10 mL容量瓶中,用少量水洗涤内罐和内盖2～3次,合并洗涤液于容量瓶中并用水定容至刻度,混匀备用,同时做试剂空白试验。

(2)测定

根据各自仪器性能调至最佳状态,石墨炉原子吸收法测定时的参考条件:波长283.3 nm、狭缝0.5 nm、灯电流8～12 mA、干燥(85～120)/(40～50) ℃/s、灰化750/(20～30) ℃/s、原子化2 300/(4～5) ℃/s。

标准曲线的制作:按质量浓度由低到高的顺序分别将10 μL铅标准系列溶液和5 μL磷酸二氢铵－硝酸钯溶液(可根据所使用的仪器确定最佳进样量)同时注入石墨炉,原子化后测其吸光度值,以质量浓度为横坐标,吸光度值为纵坐标,制作标准曲线。

试样溶液的测定:在与测定标准溶液相同的实验条件下,将10 μL空白溶液或试样溶液与5 μL磷酸二氢铵-硝酸钯溶液(可根据所使用的仪器确定最佳进样量)同时注入石墨炉,原子化后测其吸光度值,与标准系列比较定量。

**4. 结果计算**

试样中铅的含量按式(1)计算:

$$X=(\rho-\rho_0)\times V/(m\times 1\ 000) \qquad (1)$$

式中：$X$ ——试样中铅的含量，单位为毫克每千克或毫克每升(mg/kg 或 mg/L)；

$\rho$ ——试样溶液中铅的质量浓度，单位为微克每升(μg/L)；

$\rho_0$ ——空白溶液中铅的质量浓度，单位为微克每升(μg/L)；

$V$ ——试样消化液的定容体积，单位为毫升(mL)；

$m$ ——试样称样量或移取体积，单位为克或毫升(g 或 mL)；

1 000——换算系数。

当铅含量≥1.00 mg/kg(或 mg/L)时，计算结果保留三位有效数字；当铅含量<1.00 mg/kg(或 mg/L)时，计算结果保留两位有效数字。在重复性条件下，获得的两次独立测定结果的绝对差值不得超过算术平均值的20%。当称样量为0.5 g(或0.5 mL)，定容体积为10 mL时，方法的检出限为0.02 mg/kg(或0.02 mg/L)，定量限为0.04 mg/kg(或0.04 mg/L)。

## (二)火焰原子吸收光谱法

该方法测定的原理为，试样经处理后，铅离子在一定pH条件下与二乙基二硫代氨基甲酸钠(DDTC)形成络合物，经4-甲基-2-戊酮(MIBK)萃取分离，导入原子吸收光谱仪中，经火焰原子化，在283.3 nm处测定吸光度，在一定浓度范围内铅的吸光度值与铅含量成正比，与标准系列比较定量。

**1. 试剂和材料**

除另有说明，本方法所用试剂均为分析纯，水为GB/T6682规定，"分析实验室用水规格和试验方法"的二级水。硝酸($HNO_3$)：优级纯；高氯酸($HClO_4$)：优级纯；硫酸铵[$(NH_4)_2SO_4$]；柠檬酸铵[$C_6H_5O_7(NH_4)_3$]；溴百里酚蓝($C_{27}H_{28}O_5SBr_2$)；二乙基二硫代氨基甲酸钠[DDTC，$(C_2H_5)_2NCSSNa\cdot 3H_2O$]；氨水($NH_3\cdot H_2O$)：优级纯；4-甲基-2-戊酮(MIBK，$C_6H_{12}O$)；盐酸(HCl)：优级纯；标准品硝酸铅[$Pb(NO_3)_2$，CAS号：10099-74-8]：纯度>99.99%，或经国家认证并授予标准物质证书的一定浓度的铅标准溶液。

硝酸溶液(5+95)：量取50 mL硝酸，加入到950 mL水中，混匀；

硝酸溶液(1+9)：量取50 mL硝酸，加入到450 mL水中，混匀；

硫酸铵溶液(300 g/L)：称取30 g硫酸铵，用水溶解并稀释至100 mL，混匀；

柠檬酸铵溶液(250 g/L)：称取25 g柠檬酸铵，用水溶解并稀释至100 mL，混匀；

溴百里酚蓝水溶液(1g/L)：称取0.1g溴百里酚蓝，用水溶解并稀释100 mL，混匀；

DDTC溶液(50 g/L)：称取5 g DDTC，用水溶解并稀释至100 mL，混匀；

氨水溶液(1+1)：吸取100 mL氨水，加入100 mL水，混匀；

盐酸溶液(1+11)：吸取10 mL盐酸，加入110 mL水，混匀；

铅标准储备液(1 000 mg/L)：准确称取1.598 5 g(精确至0.0001 g)硝酸铅，用少量硝酸溶液(1+9)溶解，移入1 000 mL容量瓶，加水至刻度，混匀；

铅标准使用液(10.0 mg/L)：准确吸取铅标准储备液(1 000 mg/L)1.00 mL于100 mL容量瓶中，加硝酸溶液(5+95)至刻度，混匀。

**2. 仪器和设备**

所有玻璃器皿均需硝酸(1+5)浸泡过夜，用自来水反复冲洗，最后用水冲洗干净。

原子吸收光谱仪:配火焰原子化器,附铅空心阴极灯;分析天平:感量分别为 0.1 mg 和 1 mg;

可调式电热炉;可调式电热板。

**3. 样品测定**

在采样和制备过程中,应避免试样污染。茶叶干样样品去除杂物后,粉碎,储于塑料瓶中。茶叶鲜叶样品用水洗净,晾干,制成匀浆,储于塑料瓶中。

(1)试样消解

湿法消解:称取固体试样 0.2～3 g(精确至 0.001 g)或准确移取液体试样 0.50～5.00 mL 于带刻度消化管中,加入 10 mL 硝酸和 0.5 mL 高氯酸,在可调式电热炉上消解(参考条件:120 ℃/0.5～1 h;升至 180 ℃/2～4 h、升至 200～220 ℃),若消化液呈棕褐色,再加少量硝酸,消解至冒白烟,消化液呈无色透明或略带黄色,取出消化管,冷却后用水定容至 10 mL,混匀备用,同时做试剂空白试验,亦可采用锥形瓶,于可调式电热板上,按上述操作方法进行湿法消解。

微波消解:称取固体试样 0.2～0.8 g(精确至 0.001 g)或准确移取液体试样 0.50～3.00 mL 于微波消解罐中,加入 5 mL 硝酸,按照微波消解的操作步骤消解试样,消解条件:5 min 内升温至 120 ℃,恒温 5 min;5 min 内升温至 160 ℃,恒温 10 min,5 min 内升温至 180 ℃,恒温 10 min。消解完成,冷却后取出消解罐,在电热板上于 140～160 ℃赶酸至 1 mL左右。消解罐放冷后,将消化液转移至 10 mL 容量瓶中,用少量水洗涤消解罐 2～3 次,合并洗涤液于容量瓶中并用水定容至刻度,混匀备用,同时做试剂空白试验。

压力罐消解:称取固体试样 0.2～1 g(精确至 0.001 g)或准确移取液体试样 0.50～5.00 mL 于消解内罐中,加入 5 mL 硝酸,盖好内盖,旋紧不锈钢外套,放入恒温干燥箱,于 140～160 ℃下保持 4～5 h。冷却后缓慢旋松外罐,取出消解内罐,放在可调式电热板上于 140～160 ℃赶酸至 1 mL 左右。冷却后将消化液转移至 10 mL 容量瓶中,用少量水洗涤内罐和内盖 2～3 次,合并洗涤液于容量瓶中并用水定容至刻度,混匀备用,同时做试剂空白试验。

(2)测定

根据各自仪器性能调至最佳状态,火焰原子吸收光谱法测定时的参考条件:波长 283.3 nm、狭缝 0.52 nm、灯电流 8～12 mA、燃烧头高度 6 mm、空气流量 8 L/min、乙炔流量 2 L/min。

标准曲线的制作:分别吸取铅标准使用液 0 mL、0.25 mL、0.50 mL、1.00 mL、1.50 mL 和 2.00 mL(相当 0 μg、2.50 μg、5.00 μg、10.0 μg、15.0 μg 和 20.0 μg 的铅)于 125 mL 分液漏斗中,补加水至 60 mL,加 2 mL 柠檬酸铵溶液(250 g/L),溴百里酚蓝水溶液(1 g/L)3～5 滴,用氨水溶液(1+1)调 pH 至溶液由黄变蓝,加硫酸铵溶液(300 g/L)10 mL,DDTC 溶液(1 g/L)10 mL,摇匀。放置 5 min 左右,加入 10 mL MIBK,剧烈振摇提取 1 min,静置分层后,弃去水层,将 MIBK 层放入 10 mL 带塞刻度管中,得到标准系列溶液。将标准系列溶液按质量由低到高的顺序分别导入火焰原子化器,原子化后测其吸光度值,以铅的质量为横坐标,吸光度值为纵坐标,制作标准曲线。

试样溶液的测定:将试样消化液及试剂空白溶液分别置于 125 mL 分液漏斗中,补加水至 60 mL,加 2 mL 柠檬酸铵溶液(250 g/L),溴百里酚蓝水溶液(1 g/L)3～5 滴,用氨水溶液(1+1)调 pH 至溶液由黄变蓝,加硫酸铵溶液(300 g/L)10 mL,DDTC 溶液(1 g/L)10 mL,摇匀。放置 5 min 左右,加入 10 mL MIBK,剧烈振摇提取 1 min,静置分层后,弃去水层,将 MIBK 层放入 10 mL 带塞刻度管中,得到试样溶液和空白溶液。将试样溶液和空白溶液分别导入火焰原子化器,原子化后测其吸光度值,与标准系列比较定量。

**4. 结果计算**

试样中铅的含量按式(2)计算:

$$X = (m^1 - m^0)/m^2 \tag{2}$$

式中:$X$ ——试样中铅的含量,单位为毫克每千克或毫克每升(mg/kg 或 mg/L);

$m^1$——试样溶液中铅的质量,单位为微克(μg);

$m^0$——空白溶液中铅的质量,单位为微克(μg);

$m^2$——试样称样量或移取体积,单位为克或毫升(g 或 mL)。

当铅含量≥10.0 mg/kg(或 mg/L)时,计算结果保留三位有效数字;当铅含量<10.0 mg/kg(或 mg/L)时,计算结果保留两位有效数字。在重复性条件下,获得的两次独立测定结果的绝对差值不得超过算术平均值的 20%。以称样量 0.5 g(或 0.5 mL)计算,方法的检出限为 0.4 mg/kg(或 0.4 mg/L),定量限为 1.2 mg/kg(或 1.2 mg/L)。

## (三)二硫腙比色法

该方法测定的原理为,试样经消化后,在 pH8.5~9.0 时,铅离子与二硫腙生成红色络合物,溶于三氯甲烷,加入柠檬酸铵、氰化钾和盐酸羟胺等,防止铁、铜、锌等离子干扰,于波长 510 nm 处测定吸光度,与标准系列比较定量。

**1. 试剂和材料**

除另有说明,本方法所用试剂均为分析纯,水为 GB/T 6682,“分析实验室用水规格和试验方法”规定的三级水。硝酸($HNO_3$):优级纯;高氯酸($HClO_4$):优级纯;氨水($NH_3 \cdot H_2O$):优级纯;盐酸(HCl):优级纯;酚红($C_{19}H_{14}O_5S$);盐酸羟胺($NH_2OH \cdot HCl$);柠檬酸铵[$C_6H_5O_7(NH_4)_3$];氰化钾(KCN);三氯甲烷($CH_3Cl$,不应含氧化物);二硫腙($C_6H_5NHNHCSN{=}NC_6H_5$);乙醇($C_2H_5OH$):优级纯;标准品硝酸铅[$Pb(NO_3)_2$,CAS 号:10099-74-8]:纯度>99.99%,或经国家认证并授予标准物质证书的一定浓度的铅标准溶液。

硝酸溶液(5+95):量取 50 mL 硝酸,缓慢加入到 950 mL 水中,混匀;

硝酸溶液(1+9):量取 50 mL 硝酸,缓慢加入到 450 mL 水中,混匀;

氨水溶液(1+1):量取 100 mL 氨水,加入 100 mL 水,混匀;

氨水溶液(1+99):量取 10 mL 氨水,加入 990 mL 水,混匀;

盐酸溶液(1+1):量取 100 mL 盐酸,加入 100 mL 水,混匀;

酚红指示液(1 g/L):称取 0.1 g 酚红,少量多次乙醇溶解后移入 100 mL 容量瓶中并定容至刻度,混匀;

二硫腙—三氯甲烷溶液(0.5 g/L):称取 0.5 g 二硫腙,用三氯甲烷溶解,并定容至 1 000 mL,混匀,保存于 0~5 ℃下,必要时用下述方法纯化。称取 0.5 g 研细的二硫腙,溶于 50 mL 三氯甲烷中,如不全溶,可用滤纸过滤于 250 mL 分液漏斗中,用氨水溶液(1+99)提取三次,每次 100 mL,将提取液用棉花过滤至 500 mL 分液漏斗中,用盐酸溶液(1+1)调至酸性,将沉淀出的二硫腙用三氯甲烷提取2～3次，每次20 mL，并三氯甲烷层，用等量水洗涤两次，弃去洗涤液，在50 ℃水浴上蒸去三氯甲烷。精制的二硫腙置于硫酸干燥器中，干燥备用，或将沉淀出的二硫腙用200 mL、200 mL、100 mL三氯甲烷提取三次，合并三氯甲烷层为二硫腙一三氯甲烷溶液；

盐酸羟胺溶液(200 g/L)：称取20 g盐酸羟胺，加水溶解至50 mL，加两滴酚红指示液(1 g/L)，加氨水溶液(1＋1)，调pH至8.5～9.0(由黄变红，再多加两滴)，用二硫腙-三氯甲烷溶液(0.5 g/L)提取至三氯甲烷层绿色不变为止，再用三氯甲烷洗二次，弃去三氯甲烷层，水层加盐酸溶液(1＋1)至呈酸性，加水至100 mL，混匀；

柠檬酸铵溶液(200 g/L)：称取50 g柠檬酸铵，溶于100 mL水中，加两滴酚红指示液(1 g/L)，加氨水溶液(1＋1)，调pH至8.5～9.0，用二硫腙一三氯甲烷溶液(0.5 g/L)提取数次，每次10～20 mL，至三氯甲烷层绿色不变为止，弃去三氯甲烷层，再用三氯甲烷洗两次，每次5 mL，弃去三氯甲烷层，加水稀释至250 mL，混匀；

氰化钾溶液(100 g/L)：称取10 g氰化钾，用水溶解后稀释至100 mL，混匀；

二硫腙使用液：吸取1.0 mL二硫腙一三氯甲烷溶液(0.5 g/L)，加三氯甲烷至10 mL，混匀，用1 cm比色杯，以三氯甲烷调节零点，于波长510 nm处测吸光度($A$)，用式(3)算出配制100 mL二硫腙使用液(70%透光率)所需二硫腙一三氯甲烷溶液(0.5 g/L)的体积($V$)。量取计算所得的二硫腙三氯甲烷溶液，用三氯甲烷稀释至100 mL。

$$V=10\times(2-\lg 70)/A=1.55/A \tag{3}$$

铅标准储备液(1 000 mg/L)：准确称取1.598 5 g(精确至0.000 1 g)硝酸铅，用少量硝酸溶液(1＋9)溶解，移入1 000 mL容量瓶，加水至刻度，混匀；

铅标准使用液(10.0 mg/L)：准确吸取铅标准储备液(1 000 mg/L)1.00 mL于100 mL容量瓶中，加硝酸溶液(5＋95)至刻度，混匀。

**2. 仪器和设备**

所有玻璃器皿均需硝酸(1＋5)浸泡过夜，用自来水反复冲洗，最后用水冲洗干净。

分光光度计；分析天平：感量分别为0.1 mg和1 mg；可调式电热炉；可调式电热板。

**3. 样品测定**

在采样和制备过程中，应避免试样污染。茶叶干样样品去除杂物，粉碎，储于塑料瓶中。茶叶鲜叶样品用水洗净，晾干，制成匀浆，储于塑料瓶中。

(1)试样消解

湿法消解：称取固体试样0.2～3 g(精确至0.001 g)或准确移取液体试样0.50～5.00 mL于带刻度消化管中，加入10 mL硝酸和0.5 mL高氯酸，在可调式电热炉上消解(参考条件：120 ℃/0.5～1 h；升至180 ℃/2～4 h、升至200～220 ℃)，若消化液呈棕褐色，再加少量硝酸，消解至冒白烟，消化液呈无色透明或略带黄色，取出消化管，冷却后用水定容至10 mL，混匀备用，同时做试剂空白试验，亦可采用锥形瓶，于可调式电热板上，按上述操作方法进行湿法消解。

微波消解：称取固体试样0.2～0.8 g(精确至0.001 g)或准确移取液体试样0.50～3.00 mL于微波消解罐中，加入5 mL硝酸，按照微波消解的操作步骤消解试样，消解条件：5 min内升温至120 ℃，恒温5 min；5 min内升温至160 ℃，恒温10 min，5 min内升温至

180 ℃,恒温 10 min。消解完成,冷却后取出消解罐,在电热板上于 140～160 ℃赶酸至 1 mL左右。消解罐放冷后,将消化液转移至 10 mL 容量瓶中,用少量水洗涤消解罐 2～3 次,合并洗涤液于容量瓶中并用水定容至刻度,混匀备用,同时做试剂空白试验。

压力罐消解:称取固体试样 0.2～1 g(精确至 0.001 g)或准确移取液体试样 0.50～5.00 mL 于消解内罐中,加入 5 mL 硝酸,盖好内盖,旋紧不锈钢外套,放入恒温干燥箱,于 140～160 ℃下保持 4～5 h。冷却后缓慢旋松外罐,取出消解内罐,放在可调式电热板上于 140～160 ℃赶酸至 1 mL 左右。冷却后将消化液转移至 10 mL 容量瓶中,用少量水洗涤内罐和内盖 2～3 次,合并洗涤液于容量瓶中并用水定容至刻度,混匀备用,同时做试剂空白试验。

(2)测定

根据各自仪器性能调至最佳状态,测定波长为 510 nm。

标准曲线的制作:吸取 0 mL、0.100 mL、0.200 mL、0.300 mL、0.400 mL 和 0.500 mL 铅标准使用液(相当于 0 μg、1.00 μg、2.00 μg、3.00 μg、4.00 μg 和 5.00 μg 的铅)分别置于 125 mL分液漏斗中,各加硝酸溶液(5+95)至 20 mL,再各加 2 mL 柠檬酸铵溶液(200 g/L),1 mL盐酸羟胺溶液(200 g/L)和两滴酚红指示液(1 g/L),用氨水溶液(1+1)调至红色,再各加2 mL氰化钾溶液(100 g/L),混匀。各加 5 mL 二硫腙使用液,剧烈振摇 1 min,静置分层后,三氯甲烷层经脱脂棉滤入 1 cm 比色杯中,以三氯甲烷调节零点于波长 510 nm 处测吸光度,以铅的质量为横坐标,吸光度值为纵坐标,制作标准曲线。

试样溶液的测定:将试样溶液及空白溶液分别置于 125 mL 分液漏斗中,各加硝酸溶液至 20 mL,于消解液及试剂空白液中各加 2 mL 柠檬酸铵溶液(200 g/L),1 mL 盐酸羟胺溶液(200 g/L)和两滴酚红指示液(1 g/L),用氨水溶液(1+1)调至红色,再各加 2 mL 氰化钾溶液(100 g/L),混匀。加 5 mL 二硫腙使用液,剧烈振摇 1 min,静置分层后,三氯甲烷层经脱脂棉滤入 1 cm 比色杯中,于波长 510 nm 处测吸光度,与标准系列比较定量。

**4. 结果计算**

试样中铅的含量按式(2)计算:

$$X = (m^1 - m^0)/m^2 \tag{2}$$

式中:$X$ ——试样中铅的含量,单位为毫克每千克或毫克每升(mg/kg 或 mg/L);

$m^1$——试样溶液中铅的质量,单位为微克(μg);

$m^0$——空白溶液中铅的质量,单位为微克(μg);

$m^2$——试样称样量或移取体积,单位为克或毫升(g 或 mL)。

当铅含量≥10.0 mg/kg(或 mg/L)时,计算结果保留三位有效数字;当铅含量<10.0 mg/kg(或 mg/L)时,计算结果保留两位有效数字。在重复性条件下,获得的两次独立测定结果的绝对差值不得超过算术平均值的 10%。以称样量 0.5 g(或 0.5 mL)计算,方法的检出限为 1 mg/kg(或 1 mg/L),定量限为 3 mg/kg(或 3 mg/L)。

## 7.4 茶叶铜含量的测定

本方法规定了茶叶中铜含量测定的石墨炉和火焰原子吸收光谱法,适用于各类食品中铜含量的测定。

## (一)墨炉原子吸收光谱法

该方法测定的原理为,试样消解处理后,经石墨炉原子化,在 324.8 nm 处测定吸光度,在一定浓度范围内铜的吸光度值与铜含量成正比,与标准系列比较定量。

### 1. 试剂和材料

除另有说明,本方法所用试剂均为优级纯,水为 GB/T6682,“分析实验室用水规格和试验方法”规定的二级水。硝酸($HNO_3$);高氯酸($HClO_4$);磷酸二氢铵($NH_4H_2PO_4$);硝酸钯[$Pd(NO_3)_2$];标准品五水硫酸铜($CuSO_4 \cdot 5H_2O$,CAS 号:7758-99-8):纯度>99.99%,或经国家认证并授予标准物质证书的一定浓度的铜标准溶液。

硝酸溶液(5+95):量取 50 mL 硝酸,缓慢加入到 950 mL 水中,混匀。

硝酸溶液(1+1):量取 250 mL 硝酸,缓慢加入到 250 mL 水中,混匀。

磷酸二氢铵-硝酸钯溶液:称取 0.02 g 硝酸钯,加少量硝酸溶液(1+1)溶解后,再加入 2 g磷酸二氢铵,溶解后用硝酸溶液(5+95)定容至 100 mL,混匀。

铜标准储备液(1 000 mg/L):准确称取 3.928 9 g(精确至 0.000 1 g)五水硫酸铜,用少量硝酸溶液(1+1)溶解,移入 1 000 mL 容量瓶,加水至刻度,混匀。

铜标准中间液(1.00 mg/L):准确吸取铜标准储备液(1 000 mg/L)1.00 mL 于 1 000 mL 容量瓶中,加硝酸溶液(5+95)至刻度,混匀。

铜标准系列溶液:分别吸取铜标准中间液(1.00 mg/L)0 mL、0.50 mL、1.00 mL、2.00 mL、3.00 mL 和 4.00 mL 于 100 mL 容量瓶中,加硝酸溶液(5+95)至刻度,混匀,此铜标准系列溶液的质量浓度分别为 0 μg/L、5.00 μg/L、10.0 μg/L、20.0 μg/L、30.0 μg/L 和 40.0 μg/L。

**注:**可根据仪器的灵敏度及样品中铜的实际含量确定标准系列溶液中铜元素的质量浓度。

### 2. 仪器和设备

所有玻璃器皿及聚四氟乙烯消解内罐均需硝酸(1+5)浸泡过夜 ,用蒸馏水反复冲洗,最后用蒸馏水冲洗干净。原子吸收光谱仪:配石墨炉原子化器,附铜空心阴极灯;分析天平:感量分别为 0.1 mg 和 1 mg;可调式电热炉;可调式电热板;微波消解系统:配聚四氟乙烯消解内罐;压力消解罐:配聚四氟乙烯消解内罐;恒温干燥箱;马弗炉。

### 3. 样品测定

在采样和制备过程中,应避免试样污染。茶叶干样样品去除杂物,粉碎,储于塑料瓶中。茶叶鲜叶样品用水洗净,晾干,制成匀浆,储于塑料瓶中。

(1)试样消解

湿法消解:称取固体试样 0.2~3 g(精确至 0.001 g)或准确移取液体试样 0.500~5.00 mL 于带刻度消化管中,加入 10 mL 硝酸、0.5 mL 高氯酸,在可调式电热炉上消解(参考条件:120 ℃/0.5~1 h、升至 180 ℃/2~4 h、升至 200~220 ℃)。若消化液呈棕褐色,再加少量硝酸,消解至冒白烟,消化液呈无色透明或略带黄色,取出消化管,冷却后用水定容至10 mL,混匀备用,同时做试剂空白试验,亦可采用锥形瓶,于可调式电热板上,按上述操作方法进行湿法消解。

微波消解:称取固体试样 0.2～0.8 g(精确至 0.001 g)或准确移取液体试样 0.500～3.00 mL 于微波消解罐中,加入 5 mL 硝酸,按照微波消解的操作步骤消解试样,消解条件:5 min 内升温至 120 ℃,恒温 5 min;5 min 内升温至 160 ℃,恒温 10 min,5 min 内升温至 180 ℃,恒温 10 min。冷却后取出消解罐,在电热板上于 140～160 ℃赶酸至 1 mL 左右,消解罐放冷后,将消化液转移至 10 mL 容量瓶中,用少量水洗涤消解罐 2～3 次,合并洗涤液于容量瓶中,用水定容至刻度,混匀备用,同时做试剂空白试验。

压力罐消解:称取固体试样 0.2～1 g(精确至 0.001 g)或准确移取液体试样 0.500～5.00 mL 于消解内罐中,加入 5 mL 硝酸,盖好内盖,旋紧不锈钢外套,放入恒温干燥箱,于 140～160 ℃下保持 4～5 h,冷却后缓慢旋松外罐,取出消解内罐,放在可调式电热板上于 140～160 ℃赶酸至 1 mL 左右,冷却后将消化液转移至 10 mL 容量瓶中,用少量水洗涤内罐和内盖 2～3 次,合并洗涤液于容量瓶中并用水定容至刻度,混匀备用,同时做试剂空白试验。

干法灰化:称取固体试样 0.5～5 g(精确至 0.001 g)或准确移取液体试样 0.500～10.0 mL 于坩埚中,小火加热,炭化至无烟,转移至马弗炉中,于 550 ℃灰化 3～4 h。冷却,取出,对于灰化不彻底的试样,加数滴硝酸,小火加热,小心蒸干,再转入 550 ℃马弗炉中,继续灰化1～2 h,至试样呈白灰状,冷却,取出,用适量硝酸溶液(1+1)溶解并用水定容至 10 mL,同时做试剂空白试验。

(2)测定

根据各自仪器性能调至最佳状态,石墨炉原子吸收法测定时的参考条件:波长 324.8 nm、狭缝 0.5 nm、灯电流 8～12 mA、干燥(85～120)/(40～50) ℃/s、灰化 800/(20～30) ℃/s、原子化 2 350/(4～5) ℃/s。

标准曲线的制作:按质量浓度由低到高的顺序分别将 10 μL 铜标准系列溶液和 5 μL 磷酸二氢铵-硝酸钯溶液(可根据所使用的仪器确定最佳进样量)同时注入石墨炉,原子化后测其吸光度值,以质量浓度为横坐标,吸光度值为纵坐标,制作标准曲线。

试样溶液的测定:与测定标准溶液相同的实验条件下,将 10 μL 空白溶液或试样溶液与 5 μL 磷酸二氢铵-硝酸钯溶液(可根据所使用的仪器确定最佳进样量)同时注入石墨炉,注入石墨管,原子化后测其吸光度值,与标准系列比较定量。

**4. 结果计算**

试样中铜的含量按式(1)计算。

$$X=(\rho-\rho_0)\times V/(m\times 1\,000) \tag{1}$$

式中:$X$——试样中铜的含量,单位为毫克每千克或毫克每升(mg/kg 或 mg/L);

$\rho$——试样溶液中铜的质量浓度,单位为微克每升(μg/L);

$\rho_0$——空白溶液中铜的质量浓度,单位为微克每升(μg/L);

$V$——试样消化液的定容体积,单位为毫升(mL);

$m$——试样称样量或移取体积,单位为克或毫升(g 或 mL);

1 000 ——换算系数。

当铜含量≥1.00 mg/kg(或 mg/L)时,计算结果保留三位有效数字;当铜含量<1.00 mg/kg(或 mg/L)时,计算结果保留两位有效数字。在重复性条件下,获得的两次独立测定结果的绝对差值不得超过算术平均值的 20%。当称样量为 0.5 g(或 0.5 mL),定容体积为 10 mL 时,方法的检出限为 0.02 mg/kg(或 0.02 mg/L),定量限为 0.05 mg/kg(或 0.05 mg/L)。

## (二)火焰原子吸收光谱法

该方法测定的原理为，试样消解处理后，经火焰原子化，在 324.8 nm 处测定吸光度，在一定浓度范围内铜的吸光度值与铜含量成正比，与标准系列比较定量。

**1. 试剂和材料**

除另有规定，本方法所用试剂均为优级纯，水为 GB/T 6682，“分析实验室用水规格和试验方法”规定的二级水。硝酸($HNO_3$)；高氯酸($HClO_4$)；标准品五水硫酸铜($CuSO_4 \cdot 5H_2O$，CAS 号：7758-99-8)：纯度＞99.99%，或经国家认证并授予标准物质证书的一定浓度的铜标准溶液。

硝酸溶液(5＋95)：量取 50 mL 硝酸，缓慢加入到 950 mL 水中，混匀；

硝酸溶液(1＋1)：量取 250 mL 硝酸，缓慢加入到 250 mL 水中，混匀；

铜标准储备液(1 000 mg/L)：准确称取 3.928 9g(精确至 0.000 1 g)五水硫酸铜，用少量硝酸溶液(1＋1)溶解，移入 1 000 mL 容量瓶，加水至刻度，混匀；

铜标准中间液(10.0 mg/L)：准确吸取铜标准储备液(1 000 mg/L)1.00 mL 于 100 mL 容量瓶中，加硝酸溶液(5＋95)至刻度，混匀；

铜标准系列溶液：分别吸取铜标准中间液(10.0 mg/L)0 mL、1.00 mL、2.00 mL、4.00 mL、8.00 mL 和 10.0 mL 于 100 mL 容量瓶中，加硝酸溶液(5＋95)至刻度，混匀。此铜标准系列溶液的质量浓度分别为 0 mg/L、0.100 mg/L、0.200 mg/L、0.400 mg/L、0.800 mg/L 和 1.00 mg/L。

**注**：可根据仪器的灵敏度及样品中铜的实际含量确定标准系列溶液中铜元素的质量浓度。

**2. 仪器设备**

所有玻璃器皿及聚四氟乙烯消解内罐均需硝酸(1＋5)浸泡过夜，用自来水反复冲洗，最后用水冲洗干净。原子吸收光谱仪：配火焰原子化器，附铜空心阴极灯；分析天平：感量分别为 0.1 mg 和 1 mg；可调式电热炉；可调式电热板；微波消解系统：配聚四氟乙烯消解内罐；压力消解罐：配聚四氟乙烯消解内罐；恒温干燥箱；马弗炉。

**3. 样品测定**

在采样和制备过程中，应避免试样污染。茶叶干样样品去除杂物后，粉碎，储于塑料瓶中。茶叶鲜叶样品用水洗净，晾干，制成匀浆，储于塑料瓶中。

(1)试样消解

湿法消解：称取固体试样 0.2～3 g(精确至 0.001 g)或准确移取液体试样 0.500～5.00 mL 于带刻度消化管中，加入 10 mL 硝酸、0.5 mL 高氯酸，在可调式电热炉上消解(参考条件：120 ℃/0.5～1 h，升至 180 ℃/2～4 h、升至 200 ℃～220 ℃)。若消化液呈棕褐色，再加少量硝酸，消解至冒白烟，消化液呈无色透明或略带黄色，取出消化管，冷却后用水定容至 10 mL，混匀备用，同时做试剂空白试验，亦可采用锥形瓶，于可调式电热板上，按上述操作方法进行湿法消解。

微波消解：称取固体试样 0.2～0.8 g(精确至 0.001 g)或准确移取液体试样 0.500～3.00 mL 于微波消解罐中，加入 5 mL 硝酸，按照微波消解的操作步骤消解试样，消解条件为，5 min 内升温至 120 ℃，恒温 5 min；5 min 内升温至 160 ℃，恒温 10 min，5 min 内升温至 180 ℃，恒温 10 min。冷却后取出消解罐，在电热板上于 140～160 ℃赶酸至 1 mL 左右，消解罐放冷后，将消化液转移至 10 mL 容量瓶中，用少量水洗涤消解罐 2～3 次，合并洗涤液于容量瓶中，用水定容至刻度，混匀备用，同时做试剂空白试验。

压力罐消解：称取固体试样 0.2～1 g（精确至 0.001 g）或准确移取液体试样 0.500～5.00 mL 于消解内罐中，加入 5 mL 硝酸，盖好内盖，旋紧不锈钢外套，放入恒温干燥箱，于 140～160 ℃下保持 4～5 h，冷却后缓慢旋松外罐，取出消解内罐，放在可调式电热板上于 140～160 ℃赶酸至 1 mL 左右，冷却后将消化液转移至 10 mL 容量瓶中，用少量水洗涤内罐和内盖 2～3 次，合并洗涤液于容量瓶中并用水定容至刻度，混匀备用，同时做试剂空白试验。

干法灰化：称取固体试样 0.5～5 g（精确至 0.001 g）或准确移取液体试样 0.500～10.0 mL 于坩埚中，小火加热，炭化至无烟，转移至马弗炉中，于 550 ℃灰化 3～4 h。冷却，取出，对于灰化不彻底的试样，加数滴硝酸，小火加热，小心蒸干，再转入 550 ℃马弗炉中，继续灰化1～2 h，至试样呈白灰状，冷却，取出，用适量硝酸溶液（1＋1）溶解并用水定容至 10 mL，同时做试剂空白试验。

（2）测定

根据各自仪器性能调至最佳状态，火焰原子吸收光谱法测定时的参考条件：波长 324.8 nm、狭缝 0.5 nm、灯电流 8～12 mA、燃烧头高度 6 mm、空气流量 9 L/min、乙炔流量 2 L/min。

标准曲线的制作：将铜标准系列溶液按质量浓度由低到高的顺序分别导入火焰原子化器，原子化后测其吸光度值，以质量浓度为横坐标、吸光度值为纵坐标，制作标准曲线。

试样测定：在与测定标准溶液相同的实验条件下，将空白溶液和试样溶液分别导入火焰原子化器，原子化后测其吸光度值，与标准系列比较定量。

**4. 结果计算**

试样中铜的含量按式（2）计算。

$$X=(\rho-\rho_0)\times V/m \tag{2}$$

式中：$X$ ——试样中铜的含量，单位为毫克每千克或毫克每升（mg/kg 或 mg/L）；

$\rho$——试样溶液中铜的质量浓度，单位为毫克每升（mg/L）；

$\rho_0$——空白溶液中铜的质量浓度，单位为毫克每升（mg/L）；

$V$ ——试样消化液的定容体积，单位为毫升（mL）；

$m$ ——试样称样量或移取体积，单位为克或毫升（g 或 mL）；

当铜含量≥10.0 mg/kg（或 mg/L）时，计算结果保留三位有效数字，当铜含量＜10.0 mg/kg（或 mg/L）时，计算结果保留两位有效数字。在重复性条件下，获得的两次独立测定结果的绝对差值不得超过算术平均值的 10％。当称样量为 0.5 g（或 0.5 mL）、定容体积为 10 mL 时，方法的检出限为 0.2 mg/kg（或 0.2 mg/L），定量限为 0.5 mg/kg（或 0.5 mg/L）。

## 7.5 茶叶锌含量的测定

本方法规定了食品中锌含量测定的火焰原子吸收光谱法和二硫腙比色法，适用于茶叶中锌含量的测定。

## (一)火焰原子吸收光谱法

该方法测定的原理为,试样消解处理后,经火焰原子化,在 213.9 nm 处测定吸光度,在一定浓度范围内锌的吸光度值与锌含量成正比,与标准系列比较定量。

**1. 试剂和材料**

除另有说明,本方法所用试剂均为优级纯,水为 GB/T 6682,“分析实验室用水规格和试验方法”规定的二级水。硝酸($HNO_3$);高氯酸($HClO_4$);标准品氧化锌(ZnO,CAS 号:1314-13-2):纯度>99.99%,或经国家认证并授予标准物质证书的一定浓度的锌标准溶液。

硝酸溶液(5+95):量取 50 mL 硝酸,缓慢加入到 950 mL 水中,混匀;

硝酸溶液(1+1):量取 250 mL 硝酸,缓慢加入到 250 mL 水中,混匀;

锌标准储备液(1 000 mg/L):准确称取 1.244 7 g(精确至 0.0001 g)氧化锌,加少量硝酸溶液(1+1),加热溶解,冷却后移入 1 000 mL 容量瓶,加水至刻度,混匀;

锌标准中间液(10.0 mg/L):准确吸取锌标准储备液(1 000 mg/L)1.00 mL 于 100 mL 容量瓶中,加硝酸溶液(5+95)至刻度,混匀;

锌标准系列溶液:分别准确吸取锌标准中间液 0 mL、1.00 mL、2.00 mL、4.00 mL、8.00 mL 和 10.0 mL 于 100 mL 容量瓶中,加硝酸溶液(5+95)至刻度,混匀,此锌标准系列溶液的质量浓度分别为 0 mg/L、0.100 mg/L、0.200 mg/L、0.400 mg/L、0.800 mg/L 和 1.00 mg/L。

**注**:可根据仪器的灵敏度及样品中锌的实际含量确定标准系列溶液中锌元素的质量浓度。

**2. 仪器和设备**

所有玻璃器皿及聚四氟乙烯消解内罐均需硝酸(1+5)浸泡过夜,用自来水反复冲洗,最后用水冲洗干净。原子吸收光谱仪:配火焰原子化器,附锌空心阴极灯;分析天平:感量分别为 0.1 mg 和 1 mg;可调式电热炉;可调式电热板;微波消解系统:配聚四氟乙烯消解内罐;压力消解罐:配聚四氟乙烯消解内罐;恒温干燥箱;马弗炉。

**3. 样品测定**

在采样和制备过程中,应避免试样污染。茶叶干样样品去除杂物,粉碎,储于塑料瓶中。茶叶鲜叶样品用水洗净,晾干,制成匀浆,储于塑料瓶中。

(1)试样消解

湿法消解:准确称取固体试样 0.2~3 g (精确至 0.001 g)或准确移取液体试样 0.50~5.00 mL 于带刻度消化管中,加入 10 mL 硝酸、0.5 mL 高氯酸,在可调式电热炉上消解(参考条件:120 ℃/0.5~1 h,升至 180 ℃/2~4 h、升至 200~220 ℃)。若消化液呈棕褐色,再加少量硝酸,消解至冒白烟,消化液呈无色透明或略带黄色,取出消化管,冷却后用水定容至 25 mL 或 50 mL,混匀备用,同时做试剂空白试验,亦可采用锥形瓶,于可调式电热板上,按上述操作方法进行湿法消解。

微波消解:准确称取固体试样 0.2~0.8 g(精确至 0.001 g)或准确移取液体试样 0.50~3.00 mL 于微波消解罐中,加入 5 mL 硝酸,按照微波消解的操作步骤消解试样,消解条件为,5 min 内升温至 120 ℃,恒温 5 min;5 min 内升温至 160 ℃,恒温 10 min,5 min 内升温至 180 ℃,恒温 10 min。消解完成,冷却后取出消解罐,在电热板上于 140～160 ℃赶酸至 1 mL左右。消解罐放冷后,将消化液转移至 25 mL 或 50 mL 容量瓶中,用少量水洗涤消解罐 2～3 次,合并洗涤液于容量瓶中,用水定容至刻度,混匀备用,同时做试剂空白试验。

压力罐消解:准确称取固体试样 0.2～1 g(精确至 0.001 g)或准确移取液体试样 0.50～5.00 mL 于消解内罐中,加入 5 mL 硝酸,盖好内盖,旋紧不锈钢外套,放入恒温干燥箱,于 140～160 ℃下保持 4～5 h。冷却后缓慢旋松外罐,取出消解内罐,放在可调式电热板上于 140～160 ℃赶酸至 1 mL 左右,冷却后将消化液转移至 25～50 mL 容量瓶中,用少量水洗涤内罐和内盖 2～3 次,合并洗涤液于容量瓶中并用水定容至刻度,混匀备用,同时做试剂空白试验。

干法灰化:准确称取固体试样 0.5～5 g(精确至 0.001 g)或准确移取液体试样 0.50～10.0 mL 于坩埚中,小火加热,炭化至无烟,转移至马弗炉中,于 550 ℃灰化 3～4 h。冷却,取出,对于灰化不彻底的试样,加数滴硝酸,小火加热,小心蒸干,再转入 550 ℃马弗炉中,继续灰化 1～2 h,至试样呈白灰状,冷却,取出,用适量硝酸溶液(1+1)溶解并用水定容至 25 mL或 50 mL,同时做试剂空白试验。

(2)测定

根据各自仪器性能调至最佳状态,火焰原子吸收光谱法测定时的参考条件:波长 213.9 nm、狭缝 0.2 nm、灯电流 3～5 mA、燃烧头高度 3 mm、空气流量 9 L/min、乙炔流量2 L/min。

标准曲线的制作:将锌标准系列溶液按质量浓度由低到高的顺序分别导入火焰原子化器,原子化后测其吸光度值,以质量浓度为横坐标,吸光度值为纵坐标,制作标准曲线。

试样测定:在与测定标准溶液相同的实验条件下,将空白溶液和试样溶液分别导入火焰原子化器,原子化后测其吸光度值,与标准系列比较定量。

**4. 结果计算**

试样中锌的含量按式(1)计算:

$$X=(\rho-\rho_0)\times V/m \tag{1}$$

式中:$X$——试样中锌的含量,单位为毫克每千克或毫克每升(mg/kg 或 mg/L);

$\rho$——试样溶液中锌的质量浓度,单位为毫克每升(mg/L);

$\rho_0$——空白溶液中锌的质量浓度,单位为毫克每升(mg/L);

$V$——试样消化液的定容体积,单位为毫升(mL);

$m$——试样称样量或移取体积,单位为克或毫升(g 或 mL)。

当锌含量≥10.0 mg/kg(或 mg/L)时,计算结果保留三位有效数字;当锌含量<10.0 mg/kg(或 mg/L)时,计算结果保留两位有效数字。在重复性条件下,获得的两次独立测定结果的绝对差值不得超过算术平均值的 10%。当称样量为 0.5 g(或 0.5 mL)、定容体积为 25 mL 时,方法的检出限为 1 mg/kg(或 1 mg/L),定量限为 3 mg/kg(或 3 mg/L)。

### (二)二硫腙比色法

该方法测定的原理为,试样经消化后,在 pH4.0～5.5 时,锌离子与二硫腙形成紫红色络合物,溶于四氯化碳,加入硫代硫酸钠,防止铜、汞、铅、铋、银和镉等离子干扰,于 530 nm

处测定吸光度与标准系列比较定量。

**1. 试剂和材料**

除另有说明，本方法所用试剂均为分析纯，水为 GB/T 6682，“分析实验室用水规格和试验方法”规定的二级水。硝酸（$HNO_3$）：优级纯；氯酸（$HClO_4$）：优级纯；三水合乙酸钠（$CH_3COONa \cdot 3H_2O$）；冰乙酸（$CH_3COOH$）：优级纯；氨水（$NH_3 \cdot H_2O$）：优级纯；盐酸（HCl）：优级纯；二硫腙（$C_6H_5NHNHCSN{=}NC_6H_5$）；盐酸羟胺（$NH_2OH \cdot HCl$）；硫代硫酸钠（$Na_2S_2O_3$）；酚红（$C_{19}H_{14}O_5S$）；乙醇（$C_2H_5OH$）：优级纯；标准品氧化锌（ZnO，CAS 号：1314-13-2）：纯度＞99.99％，或经国家认证并授予标准物质证书的一定浓度的锌标准溶液。

硝酸溶液（5＋95）：量取 50 mL 硝酸，缓慢加入到 950 mL 水中，混匀；

硝酸溶液（1＋9）：量取 50 mL 硝酸，缓慢加入到 450 mL 水中，混匀；

氨水溶液（1＋1）：量取 100 mL 氨水，加入 100 mL 水中，混匀；

氨水溶液（1＋99）：量取 10 mL 氨水，加入 990 mL 水中，混匀；

盐酸溶液（2 mol/L）：量取 10 mL 盐酸，加水稀释至 60 mL ，混匀；

盐酸溶液（0.02 mol/L）：吸取 1 mL 盐酸溶液（2mol/L），加水稀释至 100 mL，混匀；

盐酸溶液（1＋1）：量取 100 mL 盐酸，加入 100 mL 水中，混匀；

乙酸钠溶液（2 mol/L）：称取 68 g 三水合乙酸钠，加水溶解后稀释至 250 mL，混匀；

乙酸溶液（2 mol/L）：量取 10 mL 冰乙酸，加水稀释至 85 mL，混匀；

二硫腙－四氯化碳溶液（0.1 g/L）：称取 0.1 g 二硫腙，用四氯化碳溶解，定容至 1 000 mL，混匀，保存于 0～5 ℃下。必要时用下述方法纯化，称取 0.1 g 研细的二硫腙，溶于 50 mL 四氯化碳中，如不全溶，可用滤纸过滤于 250 mL 分液漏斗中，用氨水溶液（1＋99）提取三次，每次 100 mL，将提取液用棉花过滤至 500 mL 分液漏斗中，用盐酸溶液（1＋1）调至酸性，将沉淀出的二硫腙用四氯化碳提取 2～3 次，每次 20 mL，合并四氯化碳层，用等量水洗涤两次，弃去洗涤液，在 50 ℃水浴上蒸去四氯化碳，精制的二硫腙置硫酸干燥器中，干燥备用或将沉淀出的二硫腙用 200 mL、200 mL、100 mL 四氯化碳提取三次，合并四氯化碳层为二硫腙－四氯化碳溶液；

乙酸－乙酸盐缓冲液：乙酸钠溶液（2 mol/L）与乙酸溶液（2 mol/L）等体积混合，此溶液 pH 为 4.7 左右，用二硫腙－四氯化碳溶液（0.1 g/L）提取数次，每次 10 mL，除去其中的锌，至四氯化碳层绿色不变为止，弃去四氯化碳层，再用四氯化碳提取乙酸－乙酸盐缓冲液中过剩的二硫腙，至四氯化碳无色，弃去四氯化碳层；

盐酸羟胺溶液（200 g/L）：称取 20 g 盐酸羟胺，加 60 mL 水，滴加氨水溶液（1＋1），调节 pH 至 4.0～5.5，加水至 100 mL，用二硫腙－四氯化碳溶液（0.1 g/L）提取数次，每次 10 mL，除去其中的锌，至四氯化碳层绿色不变为止，弃去四氯化碳层，再用四氯化碳提取乙酸－乙酸盐缓冲液中过剩的二硫腙，至四氯化碳无色，弃去四氯化碳层；

硫代硫酸钠溶液（250 g/L）：称取 25 g 硫代硫酸钠，加 60 mL 水，用乙酸溶液（2 mol/L）调节 pH 至 4.0～5.5，加水至 100 mL，用二硫腙－四氯化碳溶液（0.1 g/L）提取数次，每次 10 mL，除去其中的锌，至四氯化碳层绿色不变为止，弃去四氯化碳层，再用四氯化碳提取乙酸－乙酸盐缓冲液中过剩的二硫腙，至四氯化碳无色，弃去四氯化碳层；

二硫腙使用液：吸取 1.0 mL 二硫腙－四氯化碳溶液（0.1g/L），加四氯化碳至 10.0 mL，混匀，用 1 cm 比色杯，以四氯化碳调节零点，于波长 530 nm 处测吸光度（$A$）。用式(2)计算出配制 100 mL 二硫腙使用液(57%透光率)所需的二硫腙－四氯化碳溶液(0.1 g/L)体积($V$)。量取计算所得体积的二硫腙－四氯化碳溶液(0.1 g/L),用四氯化碳稀释至 100 mL;

$$V=10\times(2-\lg 57)/A=2.44/A \quad (2)$$

酚红指示液(1 g/L):称取 0.1 g 酚红,用乙醇溶解并定容至 100 mL,混匀。

锌标准储备液(1 000 mg/L):准确称取 1.244 7 g(精确至 0.000 1 g)氧化锌,加少量硝酸溶液(1+1),加热溶解,冷却后移入 1 000 mL 容量瓶,加水至刻度,混匀。

锌标准使用液(1.00 mg/L):准确吸取锌标准储备液(1 000 mg/L)1.00 mL 于 1 000 mL 容量瓶中,加硝酸溶液(5+95)至刻度,混匀。

**2. 仪器和设备**

所有玻璃器皿均需硝酸(1+5)浸泡过夜,用自来水反复冲洗,最后用水冲洗干净。分光光度计;分析天平:感量分别为 0.1 mg 和 1 mg;可调式电热炉;可调式电热板;马弗炉。

**3. 样品测定**

在采样和制备过程中,应避免试样污染。茶叶干样样品去除杂物后,粉碎,储于塑料瓶中。茶叶鲜叶样品用水洗净,晾干,制成匀浆,储于塑料瓶中。

(1)试样消解

湿法消解:准确称取固体试样 0.2～3 g (精确至 0.001 g)或准确移取液体试样 0.50～5.00 mL 于带刻度消化管中,加入 10 mL 硝酸、0.5 mL 高氯酸,在可调式电热炉上消解(参考条件:120 ℃/0.5～1 h,升至 180 ℃/2～4 h、升至 200～220 ℃)。若消化液呈棕褐色,再加少量硝酸,消解至冒白烟,消化液呈无色透明或略带黄色,取出消化管,冷却后用水定容至 25 mL 或 50 mL,混匀备用,同时做试剂空白试验,亦可采用锥形瓶,于可调式电热板上,按上述操作方法进行湿法消解。

微波消解:准确称取固体试样 0.2～0.8 g(精确至 0.001 g)或准确移取液体试样 0.50～3.00 mL 于微波消解罐中,加入 5 mL 硝酸,按照微波消解的操作步骤消解试样,消解条件为,5 min 内升温至 120 ℃,恒温 5 min;5 min 内升温至 160 ℃,恒温 10 min,5 min 内升温至 180 ℃,恒温 10 min。消解完成,冷却后取出消解罐,在电热板上于 140～160 ℃赶酸至 1 mL左右。消解罐放冷后,将消化液转移至 25 mL 或 50 mL 容量瓶中,用少量水洗涤消解罐 2～3 次,合并洗涤液于容量瓶中,用水定容至刻度,混匀备用,同时做试剂空白试验。

压力罐消解:准确称取固体试样 0.2～1 g(精确至 0.001 g)或准确移取液体试样 0.50～5.00 mL 于消解内罐中,加入 5 mL 硝酸,盖好内盖,旋紧不锈钢外套,放入恒温干燥箱,于 140～160 ℃下保持 4～5 h。冷却后缓慢旋松外罐,取出消解内罐,放在可调式电热板上于 140～160 ℃赶酸至 1 mL 左右,冷却后将消化液转移至 25～50 mL 容量瓶中,用少量水洗涤内罐和内盖 2～3 次,合并洗涤液于容量瓶中并用水定容至刻度,混匀备用,同时做试剂空白试验。

干法灰化:准确称取固体试样 0.5～5 g(精确至 0.001 g)或准确移取液体试样 0.50～10.0 mL 于坩埚中,小火加热,炭化至无烟,转移至马弗炉中,于 550 ℃灰化 3～4 h。冷却,取出,对于灰化不彻底的试样,加数滴硝酸,小火加热,小心蒸干,再转入 550 ℃马弗炉中,继续灰化 1～2 h,至试样呈白灰状,冷却,取出,用适量硝酸溶液(1+1)溶解并用水定容至

25 mL或 50 mL，同时做试剂空白试验。

(2)测定

根据各自仪器性能调至最佳状态，测定波长为 530 nm。

标准曲线的制作：准确吸取 0 mL、1.00 mL、2.00 mL、3.00 mL、4.00 mL 和 5.00 mL 锌标准使用液（相当于 0 μg、1.00 μg、2.00 μg、3.00 μg、4.00 μg 和 5.00 μg 的锌），分别置于 125 mL分液漏斗中，各加盐酸溶液（0.02 mol/L）至 20 mL。于各分液漏斗中，各加 10 mL 乙酸－乙酸盐缓冲液、1 mL 硫代硫酸钠溶液（250 g/L），摇匀，再各加入 10 mL 二硫腙使用液，剧烈振摇 2 min，静置分层后，经脱脂棉将四氯化碳层滤入 1 cm 比色杯中，以四氯化碳调节零点，于波长 530 nm 处测吸光度，以质量为横坐标，吸光度值为纵坐标，制作标准曲线。

试样测定：准确吸取 5.00～10.0 mL 试样消化液和相同体积的空白消化液，分别置于 125 mL 分液漏斗中，加 5 mL 水、0.5 mL 盐酸羟胺溶液（200 g/L），摇匀，再加两滴酚红指示液（1 g/L），用氨水溶液（1＋1）调节至红色，再多加两滴，再加 5 mL 二硫腙－四氯化碳溶液（0.1 g/L），剧烈振摇 2 min，静置分层。将四氯化碳层移入另一分液漏斗中，水层再用少量二硫腙－四氯化碳溶液（0.1 g/L）振摇提取，每次 2～3 mL ，直至二硫腙－四氯化碳溶液（0.1 g/L）绿色不变为止。合并提取液用 5 mL 水洗涤，四氯化碳层用盐酸溶液（0.02 mol/L）提取两次，每次 10 mL，提取时剧烈振摇 2 min，合并盐酸溶液（0.02 mol/L）提取液，并用少量四氯化碳洗去残留的二硫腙。将上述试样提取液和空白提取液移入 125 mL 分液漏斗中，各加 10 mL 乙酸－乙酸盐缓冲液、1 mL 硫代硫酸钠溶液（250 g/L），摇匀，再各加入 10 mL二硫腙使用液，剧烈振摇 2 min。静置分层后，经脱脂棉将四氯化碳层滤入 1 cm 比色杯中，以四氯化碳调节零点，于波长 530 nm 处测定吸光度，与标准曲线比较定量。

**4. 结果计算**

试样中锌的含量按式(3)计算：

$$X=(m_1-m_0)\times V_1/(m_2\times V_2) \tag{3}$$

式中：$X$——试品中锌的含量，单位为毫克每千克(mg/kg)或毫克每升(mg/L)；

$m_1$——测定用试样溶液中锌的质量，单位为微克(μg)；

$m_0$——空白溶液中锌的质量，单位为微克(μg)；

$m_2$——试样称样量或移取体积，单位为克或毫升(g 或 mL)；

$V_1$——试样消化液的定容体积，单位为毫升(mL)；

$V_2$——测定用试样消化液的体积，单位为毫升(mL)。

计算结果保留三位有效数字，在重复性条件下，获得的两次独立测定结果的绝对差不得超过算术平均值的 10%。当称样量为 1 g(或 1 mL)、定容体积为 25 mL 时，方法的检出限为 7 mg/kg(或 7 mg/L)，定量限为 21 mg/kg(或 21 mg/L)。

## 7.6 茶叶镉含量的测定

本方法规定了各茶叶中镉的石墨炉原子吸收光谱测定方法，适用于各类食品中镉的测定。该方法测定的原理为，试样经灰化或酸消解后，注入一定量样品消化液于原子吸收分光光度计石墨炉中，电热原子化后吸收 228.8 nm 共振线，在一定浓度范围内，其吸光度值与镉含量成正比，采用标准曲线法定量。

**1. 试剂和材料**

除另有说明、本方法所用试剂均为分析纯，水为 GB/T6682，“分析实验室用水规格和试验方法”规定的二级水。所用玻璃仪器均需以硝酸溶液（1＋4）浸泡 24 h 以上，用水反复冲洗，最后用去离子水冲洗干净。硝酸（$HNO_3$）：优级纯；盐酸（HCI）：优级纯；高氯酸（$HClO_4$）：优级纯；过氧化氢（$H_2O_2$，30％）；磷酸二氢铵（$NH_4H_2PO_4$）；标准品金属镉（Cd），纯度为 99.99％，或经国家认证并授予标准物质证书的标准物质。

硝酸溶液（1％）：取 10.0 mL 硝酸加入 100 mL 水中，稀释至 1 000 mL；

盐酸溶液（1＋1）：取 50 mL 盐酸慢慢加入 50 mL 水中；

硝酸－高氯酸混合溶液（9＋1）：取九份硝酸与一份高氯酸混合；

磷酸二氢铵溶液（10 g/L）：称取 10.0 g 磷酸二氢铵，用 100 mL 硝酸溶液（1％）溶解后定量移入 1 000 mL 容量瓶，用硝酸溶液（1％）定容至刻度；

镉标准储备液（1 000 mg/L）：准确称取 1 g 金属标准品（精确至 0.000 1 g）于小烧杯中分次加 20 mL 盐酸溶液（1＋1）溶解，加两滴硝酸，移入 1 000 mL 容呈瓶中，用水定容至刻度，混匀，或购买经国家认证并授予标准物质证书的标准物质；

镉标准使用液（100 ng/mL）：吸取镉标准储备液 10.0 mL 于 100 mL 容量瓶中，用硝酸溶液（1％）定容至刻度，如此经多次稀释成每毫升含 100.0 ng 镉的标准使用液；

镉标准曲线工作液：准确吸取镉标准使用液 0 mL、0.5 mL、1.0 mL、1.5 mL、2.0 mL、3.0 mL 于 100 mL 容量瓶中，用硝酸溶液（1％）定容至刻度，即得到含镉量分别为 0 ng/mL、0.50 ng/mL、1.0 ng/mL、1.5 ng/mL、2.0 ng/mL、3.0 ng/mL 的标准系列溶液。

**2. 仪器和设备**

原子吸收分光光度计：附石墨炉；镉空心阴极灯；电子天平：感量分别为 0.1 mg 和 1 mg；可调漏式电热板：可调湿式电炉；马弗炉；恒温干燥箱；压力消解器：压力消解罐；微波消解系统：配聚四氟乙烯或其他合适的压力罐。

**3. 样品测定**

在采样和制备过程中，应避免试样污染。茶叶干样样品去除杂物后，粉碎，颗粒度不大于 0.425 mm，储于塑料瓶中，并标明标记，于室温下或按样品保存条件下保存备用。茶叶鲜叶样品用水洗净，晾干，制成匀浆，储于塑料瓶中，并标明标记，于－16～18 ℃冰箱中保存备用。

（1）试样消解

压力消解罐消解法：称取干试样 0.3～0.5 g（精确至 0.000 1 g）、鲜（湿）试样 1～2 g（精确到 0.001 g）于聚四氟乙烯内罐，加硝酸 5 mL 浸泡过夜，再加过氧化氢溶液（30％）2～3 mL（总量不能超过容积的 1/3），盖好内盖，旋紧不锈钢外套，放人恒温干燥箱，120～160 ℃保持 4～6 h，在箱内自然冷却至室温，打开后加热赶酸至近干，将消化液放入 10 mL 或 25 mL 容量瓶中，用少量硝酸溶液（1％）洗涤内罐和内盖三次，洗液合并于容量瓶中并用硝酸溶液（1％）定容至刻度，混匀备用，同时做试剂空白试验。

微波消解：称取干试样 0.3～0.5 g（精确至 0.000 1 g）、鲜（湿）试样 1～2 g（精确到

0.001 g)置于微波消解罐中，加 5 mL 硝酸和 2 mL 过氧化氢，微波消化程序可以根据仪器型号调至最佳条件，参考消解条件为，5 min 内升温至 120 ℃，恒温 5 min；5 min 内升温至 160 ℃，恒温 10 min，5 min 内升温至 180 ℃，恒温 10 min。消解完成，待消解罐冷却后打开，消化液呈无色或淡黄色，加热赶酸至近干，用少量硝酸溶液(1%)冲洗消解罐三次，将溶液转移至 10 mL 或 25 mL 容量瓶中，并用硝酸溶液(1%)定容至刻度，混匀备用，同时做试剂空白试验。

湿式消解法：称取干试样 0.3～0.5 g(精确至 0.000 1 g)、鲜(湿)试样 1～2 g(精确到 0.001 g)于锥形瓶中，放数粒玻璃珠，加 10 mL 硝酸－高氯酸混合溶液(9＋1)，加盖浸泡过夜，加一小漏斗在电热板上消化，若变棕黑色，再加硝酸，直至冒白烟，消化液呈无色透明或略带微黄色，放冷后将消化液放入 10～25 mL 容量瓶中，用少量硝酸溶液(1%)洗涤锥形瓶三次，洗液合并于容量瓶中并用硝酸溶液(1%)定容至刻度，混匀备用，同时做试剂空白试验。

干法灰化：称取 0.3～0.5 g 干试样(精确至 0.000 1 g)、鲜(湿)试样 1～2 g(精确到 0.001 g)、液态试样 1～2 g(精确到 0.001 g)于瓷坩埚中，先小火在可调式电炉上炭化至无烟，移入马弗炉 500 ℃灰化 6～8 h，冷却。若个别试样灰化不彻底，加 1 mL 混合酸在可调式电炉上小火加热，将混合酸蒸干后，再转入马弗炉中 500 ℃继续灰化 1～2 h，直至试样消化完全，呈灰白色或浅灰色，放冷，用硝酸溶液(1%)将灰分溶解，将试样消化液移入 10 mL 或 25 mL 容量瓶中，用少量硝酸溶液(1%)洗涤瓷坩埚三次，洗液合并于容量瓶中并用硝酸溶液(1%)定容至刻度，混匀备用，同时做试剂空白试验。

**注**：实验要在通风良好的通风橱内进行。

(2)测定

根据所用仪器型号将仪器调至最佳状态，原子吸收分光光度计(附石墨炉及镉空心阴极灯)测定参考条件如下：波长 228.8 nm，狭缝 0.2～1.0 nm，灯电流 2～10 mA，干燥温度105 ℃，干燥时间 20 s，灰化温度 400～700 ℃，灰化时间 20～40 s，原子化温度 1 300～2 300 ℃，原子化时间 3～5 s，背景校正为氘灯或塞曼效应。

标准曲线的制作：将标准曲线工作液按浓度由低到高的顺序各取 20 μL 注入石墨炉，测其吸光度值，以标准曲线工作液的浓度为横坐标，相应的吸光度值为纵坐标，绘制标准曲线并求出吸光度值与浓度关系的一元线性回归方程。标准系列溶液应不少于五个点的不同浓度的镉标准溶液，相关系数不应小于 0.995，如果有自动进样装置，也可用程序稀释来配制标准系列。

试样溶液的测定：于测定标准曲线工作液相同的实验条件下，吸取样品消化液 20 μL(可根据使用仪器选择最佳进样量)，注入石墨炉，测其吸光度值，代入标准系列的一元线性回归方程中求样品消化液中镉的含量，平行测定次数不少于两次，若测定结果超出标准曲线范围，用硝酸溶液(1%)稀释后再行测定。

基体改进剂的使用：对有干扰的试样和样品消化液一起注入石墨炉 5 μL 基体改进剂、磷酸二氢铵溶液(10 g/L)，绘制标准曲线时也要加入与试样测定时等量的基体改进剂。

**4. 结果分析**

试样中镉含量按式(1)进行计算：

$$X=(c_1-c_0)\times V/(m\times 1\,000) \quad (1)$$

式中：$X$ ——试样中镉含量，单位为毫克每千克或毫克每升(mg/kg 或 mg/L)；

$c_1$——试样消化液中镉含量，单位为纳克每毫升(ng/mL)；

$c_0$—— 空白液中镉含量，单位为纳克每毫升(ng/mL)；

$V$——试样消化液定容总体积，单位为毫升(mL)；

1 000——换算系数。

以重复性条件下获得的两次独立测定结果的算术平均值表示，结果保留两位有效数字。在重复性条件下，获得的两次独立测定结果的绝对差值不得超过算术平均值的 20%。该方法的检出限为 0.001 mg/kg 定量限为 0.003 mg/kg。

# 7.7 茶叶铁含量的测定

本方法规定了食品中铁含量测定的火焰原子吸收光谱法，适用于食品(包含茶叶)中铁含量的测定。该方法测定的原理为，试样消解后，经原子吸收火焰原子化，在 248.3 nm 处测定吸光度值，在一定浓度范围内铁的吸光度值与铁含量成正比，与标准系列比较定量。

**1. 试剂和材料**

除另有说明，本方法所用试剂均为优级纯，水为 GB/T 6682，“分析实验室用水规格和试验方法”规定的二级水。硝酸($HNO_3$)；高氯酸($HClO_4$)；硫酸($H_2SO_4$)；标准品硫酸铁铵[$NH_4Fe(SO_4)_2\cdot 12H_2O$，CAS 号：7783－83－7]：纯度＞99.99%，或一定浓度经国家认证并授予标准物质证书的铁标准溶液。

硝酸溶液(5＋95)：量取 50 mL 硝酸，倒入 950 mL 水中，混匀；

硝酸溶液(1＋1)：量取 250 mL 硝酸，倒入 250 mL 水中，混匀；

硫酸溶液(1＋3)：量取 50 mL 硫酸，缓慢倒入 150 mL 水中，混匀；

铁标准储备液(1 000 mg/L)：准确称取 0.863 1 g(精确至 0.000 1 g)硫酸铁铵，加水溶解，加 1.00 mL 硫酸溶液(1＋3)，移入 100 mL 容量瓶，加水定容至刻度，混匀，此铁溶液质量浓度为 1 000 mg/L；

铁标准中间液(100 mg/L)：准确吸取铁标准储备液(1 000 mg/L)10 mL 于 100 mL 容量瓶中，加硝酸溶液(5＋95)定容至刻度，混匀，此铁溶液质量浓度为 100 mg/L；

铁标准系列溶液：分别准确吸取铁标准中间液(100 mg/L)0 mL、0.50 mL、1.00 mL、2.00 mL、4.00 mL、6.00 mL 于 100 mL 容量瓶中，加硝酸溶液(5＋95)定容至刻度，混匀。此铁标准系列溶液中铁的质量浓度分别为 0 mg/L、0.50 mg/L、1.00 mg/L、2.00 mg/L、4.00 mg/L、6.00 mg/L。

**注**：可根据仪器的灵敏度及样品中铁的实际含量确定标准溶液系列中铁的具体浓度。

**2. 仪器设备**

所有玻璃器皿及聚四氟乙烯消解内罐均需硝酸溶液(1＋5)浸泡过夜，用自来水反复冲洗，最后用水冲洗干净。原子吸收光谱仪：配火焰原子化器，铁空心阴极灯；分析天平：感量分别为 0.1 mg 和 1 mg；微波消解仪：配聚四氟乙烯消解内罐；可调式电热炉；可调式电热板;压力消解罐:配聚四氟乙烯消解内罐;恒温干燥箱;马弗炉。

**3. 样品测定**

在采样和制备过程中,应避免试样污染。茶叶干样样品去除杂物后,粉碎,储于塑料瓶中。茶叶鲜叶样品用水洗净,晾干,制成匀浆,储于塑料瓶中。

(1)试样消解

湿法消解:准确称取固体试样 0.5～3 g(精确至 0.001 g)或准确移取液体试样 1.00～5.00 mL 于带刻度消化管中,加入 10 mL 硝酸和 0.5 mL 高氯酸,在可调式电热炉上消解(参考条件:120 ℃/0.5～1 h 升至 180 ℃/2～4 h、升至 200～220 ℃)。若消化液呈棕褐色,再加硝酸,消解至冒白烟,消化液呈无色透明或略带黄色,取出消化管,冷却后将消化液转移至 25 mL 容量瓶中,用少量水洗涤 2～3 次,合并洗涤液于容量瓶中并用水定容至刻度,混匀备用。同时做试样空白试验,亦可采用锥形瓶,于可调式电热板上,按上述操作方法进行湿法消解。

微波消解:准确称取固体试样 0.2～0.8 g(精确至 0.001 g)或准确移取液体试样 1.00～3.00 mL 于微波消解罐中,加入 5 mL 硝酸,按照微波消解的操作步骤消解试样,消解条件:5 min 内升温至 120 ℃,恒温 5 min;5 min 内升温至 160 ℃,恒温 10 min,5 min 内升温至 180 ℃,恒温 10 min。消解完成,冷却后取出消解罐,在电热板上于 140～160 ℃赶酸至 1.0 mL左右。冷却后将消化液转移至 25 mL 容量瓶中,用少量水洗涤内罐和内盖 2～3 次,合并洗涤液于容量瓶中并用水定容至刻度,混匀备用,同时做试样空白试验。

压力罐消解:准确称取固体试样 0.3～2 g(精确至 0.001 g)或准确移取液体试样 2.00～5.00 mL 于消解内罐中,加入 5 mL 硝酸,盖好内盖,旋紧不锈钢外套,放入恒温干燥箱,于 140～160 ℃下保持 4～5 h,冷却后缓慢旋松外罐,取出消解内罐,放在可调式电热板上于 140～160 ℃赶酸至 1.0 mL 左右。冷却后将消化液转移至 25 mL 容量瓶中,用少量水洗涤内罐和内盖 2～3 次,合并洗涤液于容量瓶中并用水定容至刻度,混匀备用,同时做试样空白试验。

干法消解:准确称取固体试样 0.5～3 g(精确至 0.001 g)或准确移取液体试样 2.00～5.00 mL 于坩埚中,小火加热,炭化至无烟,转移至马弗炉中,于 550 ℃灰化 3～4 h,冷却,取出,对于灰化不彻底的试样,加数滴硝酸,小火加热,小心蒸干,再转入 550 ℃马弗炉中,继续灰化 1～2 h,至试样呈白灰状,冷却,取出,用适量硝酸溶液(1+1)溶解,转移至 25 mL 容量瓶中,用少量水洗涤内罐和内盖 2～3 次,合并洗涤液于容量瓶中并用水定容至刻度,同时做试样空白试验。

(2)测定

根据各自仪器性能调至最佳状态,火焰原子吸收光谱法测定时的参考条件:波长 248.3 nm、狭缝 0.2 nm、灯电流 5～15 mA、燃烧头高度 3 mm、空气流量 9 L/min、乙炔流量 2 L/min。

标准曲线的制作:将标准系列工作液按质量浓度由低到高的顺序分别导入火焰原子化器,测定其吸光度值,以铁标准系列溶液中铁的质量浓度为横坐标,以相应的吸光度值为纵坐标,制作标准曲线。

试样测定:在与测定标准溶液相同的实验条件下,将空白溶液和样品溶液分别导入原子化器,测定吸光度值,与标准系列比较定量。

**4. 结果计算**

试样中铁的含量按式(1)计算：

$$X=(\rho-\rho_0)\times V/m \tag{1}$$

式中：$X$——试样中铁的含量，单位为毫克每千克或毫克每升(mg/kg 或 mg/L)；

$\rho$——测定样液中铁的质量浓度，单位为毫克每升(mg/L)；

$\rho_0$——空白液中铁的质量浓度，单位为毫克每升(mg/L)；

$V$——试样消化液的定容体积，单位为毫升(mL)；

$m$——试样称样量或移取体积，单位为克或毫升(g 或 mL)。

当铁含量≥10.0 mg/kg 或 10.0 mg/L 时，计算结果保留三位有效数字；当铁含量<10.0 mg/kg或 10.0 mg/L 时，计算结果保留两位有效数字。在重复性条件下获得的两次独立测定结果的绝对差值不得超过算术平均值的 10%。当称样量为 0.5 g(或 0.5 mL)，定容体积为 25 mL 时，方法检出限为 0.75 mg/kg(或 0.75 mg/L)，定量限为 2.5 mg/kg(或 2.5 mg/L)。

# 7.8 茶叶铬含量的测定

本方法规定了茶叶中铬的石墨炉原子吸收光谱测定方法，适用于茶叶中铬含量测定。该方法测定的原理为，试样经消解处理后，采用石墨炉原子吸收光谱法，在 357.9 nm 处测定吸收值，在一定浓度范围内其吸收值与标准系列溶液比较定量。

**1. 试剂和材料**

除另有规定，本方法所用试剂均为优级纯，水为 GB/T 6682，“分析实验室用水规格和试验方法”规定的二级水。硝酸($HNO_3$)；高氯酸($HClO_4$)；磷酸二氢铵($NH_4H_2PO_4$)；标准品重铬酸钾($K_2Cr_2O_7$)：纯度>99.5%或经国家认证并授予标准物质证书的标准物质。

硝酸溶液(5+95)：量取 50 mL 硝酸慢慢倒入 950 mL 水中，混匀；

硝酸溶液(1+1)：量取 250 mL 硝酸慢慢倒入 250 mL 水中，混匀；

磷酸二氢铵溶液(20 g/L)：称取 2.0 g 磷酸二氢铵，溶于水中，并定容至 100 mL，混匀；

铬标准储备液：准确称取基准物质重铬酸钾(110 ℃，烘 2 h)1.431 5 g(精确至 0.000 1 g)，溶于水中，移入 500 mL 容量瓶中，用硝酸溶液(5+95)稀释至刻度，混匀。此溶液每毫升含 1.000 mg 铬，或购置经国家认证并授予标准物质证书的铬标准储备液；

铬标准使用液：将铬标准储备液用硝酸溶液(5+95)逐级稀释至每毫升含 100 ng 铬；

标准系列溶液的配制：分别吸取铬标准使用液(100 ng/mL)0 mL、0.500 mL、1.00 mL、2.00 mL、3.00 mL、4.00 mL 于 25 mL 容量瓶中，用硝酸溶液(5+95)稀释至刻度，混匀。各容量瓶中每毫升分别含铬 0 ng、2.00 ng、4.00 ng、8.00 ng、12.0 ng、16.0 ng，或采用石墨炉自动进样器自动配制。

**2. 仪器设备**

所用玻璃仪器均需以硝酸溶液(1+4)浸泡 24 h 以上，用水反复冲洗，最后用去离子水冲洗干净。原子吸收光谱仪，配石墨炉原子化器，附铬空心阴极灯；微波消解系统，配有消解内罐;可调式电热炉;可调式电热板;压力消解器:配有消解内罐;马弗炉;恒温干燥箱;电子天平:感量分别为 0.1 mg 和 1 mg。

**3. 样品测定**

在采样和制备过程中,应避免试样污染。茶叶干样样品去除杂物后,粉碎,装入洁净的容器内,作为试样,密封,并标明标记,试样应于室温下保存。茶叶鲜叶样品用水洗净,晾干,制成匀浆,装入洁净的容器内,作为试样,密封,并标明标记,试样应于冰箱冷藏室保存。

(1)试样消解

微波消解:准确称取试样 0.2~0.6 g(精确至 0.001 g)于微波消解罐中,加入 5 mL 硝酸,按照微波消解的操作步骤消解试样,消解条件为,5 min 内升温至 120 ℃,恒温 5 min;5 min内升温至 160 ℃,恒温 10 min,5 min 内升温至 180 ℃,恒温 10 min。冷却后取出消解罐,在电热板上于 140~160 ℃赶酸至 0.5~1.0 mL。消解罐放冷后,将消化液转移至 10 mL容量瓶中,用少量水洗涤消解罐 2~3 次,合并洗涤液,用水定容至刻度。同时做试剂空白试验。

湿法消解:准确称取试样 0.5~3 g(精确至 0.001 g)于消化管中,加入 10 mL 硝酸、0.5 mL高氯酸,在可调式电热炉上消解(参考条件:120 ℃保持 0.5~1 h,升温至 180 ℃ 保持 2~4 h、升温至 200~220 ℃)。若消化液呈棕褐色,再加硝酸,消解至冒白烟,消化液呈无色透明或略带黄色,取出消化管,冷却后用水定容至 10 mL,同时做试剂空白试验。

高压消解:准确称取试样 0.3~1 g(精确至 0.001 g)于消解内罐中,加入 5 mL 硝酸,盖好内盖,旋紧不锈钢外套,放入恒温干燥箱,于 140~160 ℃下保持 4~5 h,在箱内自然冷却至室温,缓慢旋松外罐,取出消解内罐,放在可调式电热板上于 140~160 ℃赶酸至0.5~1.0 mL,冷却后将消化液转移至 10 mL 容量瓶中,用少量水洗涤内罐和内盖 2~3 次,合并洗涤液于容量瓶中并用水定容至刻度,同时做试剂空白试验。

干法灰化:准确称取试样 0.5~3 g(精确至 0.001 g)于坩埚中,小火加热,炭化至无烟,转移至马弗炉中,于 50 ℃恒温 3~4 h,取出冷却,对于灰化不彻底的试样,加数滴硝酸,小火加热,小心蒸干,再转入 550 ℃高温炉中,继续灰化 1~2 h,至试样呈白灰状,从高温炉取出冷却,用硝酸溶液(1+1)溶解并用水定容至 10 mL,同时做试剂空白试验。

(2)测定

根据各自仪器性能调至最佳状态,石墨炉原子吸收法测定时的参考条件:波长 357.9 nm、狭缝 0.2 nm、灯电流 5~7 mA、干燥(85~120)/(40~50) ℃/s、灰化 900/(20~30) ℃/s、原子化 2 700/(4~5) ℃/s。

标准曲线的制作:将标准系列溶液工作液按浓度由低到高的顺序分别取 10 μL(可根据使用仪器选择最佳进样量),注入石墨管,原子化后测其吸光度值,以浓度为横坐标,吸光度值为纵坐标,绘制标准曲线。

试样测定:在与测定标准溶液相同的实验条件下,将空白溶液和样品溶液分别取 10 μL(可根据使用仪器选择最佳进样量),注入石墨管,原子化后测其吸光度值,与标准系列溶液比较定量。对有干扰的试样应注入 5 μL(可根据使用仪器选择最佳进样量)的磷酸二氢铵溶液(20.0 g/L)。

**4. 结果计算**

试样中铬含量的计算见式(1)。

$$X=\frac{(c-c_0)\times V}{m\times 1\ 000} \tag{1}$$

式中：$X$——试样中铬的含量，单位为毫克每千克(mg/kg)；

$c$——测定样液中铬的含量，单位为纳克每毫升(ng/mL)；

$c_0$——空白液中铬的含量，单位为纳克每毫升(ng/mL)；

$V$——样品消化液的定容总体积，单位为毫升(mL)；

$m$——样品称样量，单位为克(g)；

1 000——换算系数。

当分析结果≥1 mg/kg 时，保留三位有效数字；当分析结果<1 mg/kg 时，保留两位有效数字。在重复性条件下，获得的两次独立测定结果的绝对差值不得超过算术平均值的20%。以称样量 0.5 g、定容至 10 mL 计算，方法检出限为 0.01 mg/kg，定量限为 0.03 mg/kg。

# 7.9 茶叶铝含量的测定

本方法规定了茶叶中铝含量测定的石墨炉原子吸收光谱法，适用于茶叶中铝的检测。该方法的检测原理为，试样消解处理后，经石墨炉原子化，在 257.4 nm 处测定吸光度，在一定浓度范围内铝含量与吸光度值成正比，与标准系列比较定量。

**1. 试剂和材料**

除另有说明，所用试剂为优级纯，试验用水为 GB/T6682，“分析实验室用水规格和试验方法”规定的二级水。硝酸($HNO_3$)；硫酸($H_2SO_4$)；

硝酸溶液(1+99)：吸取 1 mL 硝酸加入 99 mL 水中，混匀；

硝酸溶液(5+95)：量取 5 mL 硝酸加入 95 mL 水中，混匀；

标准品铝标准溶液：1 000 mg/L，或经国家认证并授予标准物质证书的一定浓度的铝标准溶液；

铝标准中间液(100 mg/L)：准确吸取 1.00 mL 铝标准溶液(1 000 mg/L)于 10 mL 容量瓶中，加硝酸溶液(5+95)定容至刻度，混匀；

铝标准使用液(1.00 mg/L)：准确吸取 1.00 mL 铝标准中间液(100 mg/L)，置于 100 mL 容量瓶中，用硝酸溶液(5+95)稀释至刻度，混匀后再从中准确吸取 1.00 mL 于 100 mL 容量瓶中，用水稀释至刻度，混匀；

铝标准系列溶液：分别吸取铝标准使用液(1.00 mg/L)0 mL、2.50 mL、5.00 mL、10.0 mL、15.0 mL 和 20.0 mL 于 100 mL 容量瓶中，加硝酸溶液(1+99)至刻度，混匀，此铝标准系列溶液的质量浓度分别为 0 μg/L、25.0 μg/L、50.0 μg/L、100 μg/L、150 μg/L 和 200 μg/L。

**2. 仪器和设备**

所有玻璃仪器、消解罐均需以硝酸(1+5)浸泡 24 h 以上，用自来水反复冲洗，最后用水冲洗晾干后方可使用。石墨炉原子吸收光谱仪：附铝空心阴极灯；天平：感量 1 mg；可调式控温电热炉；可调式电热板；微波消解仪：配聚四氟乙烯消解内罐；压力消解罐：配聚四氟乙烯消解内罐；恒温干燥箱。

**3. 样品测定**

在采样和试样制备过程中，应避免污染和使用含铝器具。茶叶干样样品去除杂物后，粉碎，储于塑料瓶中。茶叶鲜叶样品用水洗净，晾干，制成匀浆，储于塑料瓶中。

(1)试样消解

湿法消解：称取固体试样 0.2～3 g(精确至 0.001 g)或准确移取液体试样 0.500～5.00 mL，置于硬质玻璃消化管中，加入 10 mL 硝酸、0.5 mL 硫酸，在可调式控温电热炉上加热，推荐条件：100 ℃加热 1 h，升至 150 ℃加热 1 h，再升至 180 ℃加热 2 h，然后升至 200 ℃，若变棕黑色，再补加硝酸消化，直至管口冒白烟，消化液呈无色透明或略带黄色。取出冷却，用水转移定容至 25 mL 容量瓶，混匀备用，同时做试剂空白试验，亦可采用锥形瓶，于可调式电热板上，按上述操作方法进行湿式消解。

微波消解：称取固体试样 0.2～0.8 g(精确至 0.001 g)或准确移取液体试样 0.500～3.00 mL，置于微波消解内罐中，加入硝酸 5～8 mL，盖上内罐盖，然后旋紧外盖置于微波消解仪中，根据不同种类的试样设置微波炉消解系统的消解条件，具体为：5 min 内升温至 120 ℃，恒温 5 min；5 min 内升温至 160 ℃，恒温 8 min，5 min 内升温至 180 ℃，恒温 15 min；消解完毕待消解罐冷却至室温后，打开消解罐，于电热板上赶酸至近干，待降至室温后用少许水洗涤消化罐 3～4 次，洗液合并于 25 mL 容量瓶中，用水定容至刻度，混匀备用，同时做试剂空白试验。

压力罐消解：称取固体试样 0.2～1 g(精确至 0.001 g)或准确移取液体试样 0.500～5.00 mL，置于压力消解内罐中，加入硝酸 5～8 mL，盖上内盖，旋紧外套，置于恒温干燥箱中，消解完毕待消解罐冷却至室温后，打开压力消解罐，取出内罐，在电热板上赶酸至近干，待降至室温后用少许水洗涤消化罐 3～4 次，洗液合并于 25 mL 容量瓶中，用水定容至刻度，混匀备用，同时做试剂空白试验。压力罐消解条件：80 ℃保持 1 h，120 ℃保持 1 h，160 ℃保持 3 h。

(2)测定

测定过程中，根据各自仪器性能调至最佳状态，仪器参数的参考条件：波长 257.4 nm，狭缝 0.5nm，灯电流 10～15 mA，干燥温度 85～120 ℃，30 s；灰化温度 1 000～1200 ℃，持续 15～20 s，原子化温度 2 750 ℃，持续 4～5 s；进气流量 0.3 L/min，进样量 10 μL，原子化时停气。

标准曲线制作：按质量浓度由低到高的顺序将 10 μL 标准系列溶液(可根据使用仪器选择最佳进样量)注入石墨管，原子化后测其吸光度值，以质量浓度为横坐标，吸光度值为纵坐标，制作标准曲线。

试样溶液的测定：按仪器最佳进样量将适当体积的试样消化液、空白溶液分别注入石墨炉中，测定其吸光度值，由标准曲线得到试样消化液中铝的质量浓度。

**4. 结果计算**

试样中铝的含量按式(2)计算：

$$X=\frac{(\rho-\rho_0)\times V}{m\times 1\ 000} \tag{2}$$

式中：$X$ ——试样中铝的含量，单位为毫克每千克或毫克每升(mg/kg 或 mg/L)；

$\rho$ ———试样溶液中铝的质量浓度，单位为微克每升（μg/L）；

$\rho_0$———空白溶液中铝的质量浓度，单位为微克每升（μg/L）；

$m$ ———试样称样量或移取体积，单位为克或毫升（g 或 mL）；

$V$ ———试样消化液的定容体积，单位为毫升（mL）；

1 000———换算系数。

计算结果保留三位有效数字，当铝含量≥10 mg/kg(mg/L)时，计算结果保留三位有效数字；当铝含量<10 mg/kg(mg/L)时，计算结果保留两位有效数字。在重复性条件下，获得的两次独立测定结果的绝对差值不得超过算术平均值的 20%。当称样量为 0.5 g（或 0.5 mL）、定容体积为 25 mL 时，方法的检出限为 0.3 mg/kg（或 0.3 mg/L），定量限为 0.8 mg/kg（或 0.8 mg/L）。

# 7.10 茶叶硒含量的测定

本方法规定了茶叶中硒含量测定的氢化物原子荧光光谱法和荧光分光光度法，适用于各类食品中硒的测定。

## （一）氢化物原子荧光光谱法

该方法测定的原理为，试样经酸加热消化后，在 6 mo1/L 盐酸介质中，将试样中的六价硒还原成四价硒，用硼氢化钠或硼氢化钾作还原剂，将四价硒在盐酸介质中还原成硒化氢，由载气（氩气）带入原子化器中进行原子化，在硒空心阴板灯照射下，基态硒原子被激发至高能态，在去活化回到基态时，发射出特征波长的荧光，其荧光强度与硒含量成正比，与标准系列比较定量。

**1. 试剂和材料**

除非另有说明，本方法所用试剂均为分析纯，水为 GB/T 6682，“分析实验室用水规格和试验方法”规定的二级水。硝酸（$HNO_3$）：优级纯；高氯酸（$HClO_4$）：优级纯；盐酸（HCl）：优级纯；氢氧化钠（NaOH）：优级纯；过氧化氢（$H_2O_2$）；硼氢化钠（$NaBH_4$）：优级纯；铁氰化钾[$K_3Fe(CN)_6$]；标准品硒标准溶液：1 000 mg/L，或经国家认证并授予标准物质证书的一定浓度的硒标准溶液。

硝酸－高氯酸混合酸（9+1）：将 900 mL 硝酸与 100 mL 高氯酸混匀；

氢氧化钠溶液（5 g/L）：称取 5 g 氢氧化钠，溶于 1 000 mL 水中，混匀；

硼氢化钠碱溶液（8 g/L）：称取 8 g 硼氢化钠，溶于氢氧化钠溶液（5 g/L）中，混匀，现配现用；

盐酸溶液（6 mol/L）：量取 50 mL 盐酸，缓慢加入 40 mL 水中，冷却后用水定容至 100 mL，混匀；

铁氰化钾溶液（100 g/L）：称取 10 g 铁氰化钾，溶于 100 mL 水中，混匀；

盐酸溶液（5+95）：量取 25 mL 盐酸，缓慢加入 475 mL 水中，混匀；

硒标准中间液（100 mg /L）：准确吸取 1.00 mL 硒标准溶液（1 000 mg/L）于 10 mL 容量瓶中，加盐酸溶液（5+95）定容至刻度，混匀；

硒标准使用液(1.00 mg /L):准确吸取硒标准中间液(100 mg /L)1.00 mL 于 100 mL 容量瓶中,用盐酸溶液(5+95)定容至刻度,混匀;

硒标准系列溶液:分别准确吸取硒标准使用液(1.00 mg /L)0 mL、0.50 mL、1.00 mL、2.00 mL 和 3.00 mL 于 100 mL 容量瓶中,加入铁氰化钾溶液(100 g/L)10 mL,用盐酸溶液(5+95)定容至刻度,混匀待测,此硒标准系列溶液的质量浓度分别为 0 μg/L、5.0 μg/L、10.0 μg/L、20.0 μg/L 和 30.0 μg/L。

**注**:可根据仪器的灵敏度及样品中硒的实际含量确定标准系列溶液中硒元素的质量浓度。

**2. 仪器和设备**

所有玻璃器皿及聚四氟乙烯消解内罐均需硝酸溶液(1+5)浸泡过夜,用自来水反复冲洗,最后用水冲洗干净。原子荧光光谱仪:配硒空心阴极灯;天平:感量为 1 mg;电热板;微波消解系统:配聚四氟乙烯消解内罐。

**3. 样品测定**

在采样和制备过程中,应避免试样污染。茶叶干样样品去除杂物后,粉碎,储于塑料瓶中。茶叶鲜叶样品用水洗净,晾干,制成匀浆,储于塑料瓶中。

(1)试样消解

湿法消解:称取固体试样 0.5～3 g(精确至 0.001 g)或准确移取液体试样 1.00～5.00 mL,置于锥形瓶中,加 10 mL 硝酸一高氯酸混合酸(9+1)及几粒玻璃珠,盖上表面皿冷消化过夜,次日于电热板上加热并及时补加硝酸,当溶液变为清亮无色并伴有白烟产生时,再继续加热至剩余体积为 2 mL 左右,且不可蒸干。冷却,再加 5 mL 盐酸溶液(6 mol/L),继续加热至溶液变为清亮无色并伴有白烟出现。冷却后转移至 10 mL 容量瓶中,加入 2.5 mL 铁氰化钾溶液(100 g/L),用水定容,混匀待测,同时做试剂空白试验。

微波消解:称取固体试样 0.2～0.8 g(精确至 0.001 g)或准确移取液体试样 1.00～3.00 mL,置于消化管中,加 10 mL 硝酸、2 mL 过氧化氢,振摇混合均匀,于微波消解仪中消化,消解条件:6 min 内升温至 120 ℃,恒温 1 min;3 min 内升温至 150 ℃,恒温 5 min,5 min 内升温至 200 ℃,恒温 10 min。消解完成,冷却后将消化液转入锥形烧瓶中,加几粒玻璃珠,在电热板上继续加热至近干,且不可蒸干。再加 5 mL 盐酸溶液(6 mol/L),继续加热至溶液变为清亮无色并伴有白烟出现,冷却,转移至 10 mL 容量瓶中,加入 2.5 mL 铁氰化钾溶液(100 g/L),用水定容,混匀待测,同时做试剂空白试验。

(2)测定

根据各自仪器性能调至最佳状态,参考条件:负高压 340 V;灯电流 100 mA,原子化温度 800 ℃,炉高 8 mm,载气流速 500 mL/min,屏蔽气流速 1 000 mL/min,测量方式为标准曲线法,读数方式为峰面积,延迟时间 1 s,读数时间 15 s,加液时间 8 s,进样体积 2 mL。

标准曲线的制作:以盐酸溶液(5+95)为载流,硼氢化钠碱溶液(8 g/L)为还原剂,连续用标准系列的零管进样,待读数稳定之后,将硒标准系列溶液按质量浓度由低到高的顺序分别导入仪器,测定其荧光强度,以质量浓度为横坐标,荧光强度为纵坐标,制作标准曲线。

试样测定:在与测定标准系列溶液相同的实验条件下,将空白溶液和试样溶液分别导入仪器,测其荧光值强度,与标准系列比较定量。

**4. 结果计算**

试样中硒的含量按式(1)计算。

$$X=\frac{(\rho-\rho_0)\times V}{m\times 1\ 000} \tag{1}$$

式中:$X$——试样中硒的含量,单位为毫克每千克或毫克每升(mg/kg 或 mg/L);

$\rho$——试样溶液中硒的质量浓度,单位为微克每升(μg/L);

$\rho_0$——空白溶液中硒的质量浓度,单位为微克每升(μg/L);

$V$——试样消化液总体积,单位为毫升(mL);

$m$——试样称样量或移取体积,单位为克或毫升(g 或 mL);

1 000——换算系数。

当硒含量≥1.00 mg/kg(或 mg/L)时,计算结果保留三位有效数字;当硒含量<1.00 mg/kg(或 mg/L)时,计算结果保留两位有效数字。在重复性条件下,获得的两次独立测定结果的绝对差值不得超过算术平均值的 20%。当称样量为 1 g(或 1 mL)、定容体积为 10 mL 时,方法的检出限为 0.002 mg/kg(或 0.002 mg/L),定量限为 0.006 mg/kg(或 0.006 mg/L)。

## (二)荧光分光光度法

该方法测定的原理为,将试样用混合酸消化,使硒化合物转化为无机硒 $Se^{4+}$,在酸性条件下 $Se^{4+}$ 与 2,3-二氨基萘(2,3-Diaminonaphthalene,缩写为 DAN)反应生成 4,5-苯并苤硒脑(4,5-Benzo piaselenol),然后用环己烷萃取后上机测定。4,5-苯并苤硒脑在波长为 376 nm的激发光作用下,发射波长为 520 nm 的荧光,测定其荧光强度,与标准系列比较定量。

**1. 试剂和材料**

除另有说明,本方法所用试剂均为分析纯,水为 GB/T 6682,“分析实验室用水规格和试验方法”规定的二级水。盐酸(HCl):优级纯;环己烷($C_6H_{12}$):色谱纯;2,3-二氨基萘(DAN,$C_{10}H_{10}N_2$);乙二胺四乙酸二钠(EDTA-2Na,$C_{10}H_{14}N_2Na_2O_8$);盐酸羟胺($NH_2OH\cdot HCl$);甲酚红($C_{21}H_{18}O_5S$);氨水($NH_3\cdot H_2O$):优级纯;标准品硒标准溶液:1 000 mg/L,或经国家认证并授予标准物质证书的一定浓度的硒标准溶液。

盐酸溶液(1%):量取 5 mL 盐酸,用水稀释至 500 mL,混匀;

DAN 试剂(1 g/L):此试剂在暗室内配制,称取 DAN 0.2 g 于一带盖锥形瓶中,加入盐酸溶液(1%)200 mL,振摇约 15 min 使其全部溶解,加入约 40 mL 环己烷,继续振荡 5 min,将此液倒入塞有玻璃棉(或脱脂棉)的分液漏斗中,待分层后滤去环己烷层,收集 DAN 溶液层,反复用环己烷纯化直至环己烷中荧光降至最低时为止(约纯化 5~6 次),将纯化后的 DAN 溶液储于棕色瓶中,加入约 1 cm 厚的环己烷覆盖表层,于 0~5 ℃保存,必要时在使用前再以环己烷纯化一次;

**注:**此试剂有一定毒性,使用本试剂的人员应注意防护。

硝酸-高氯酸混合酸(9+1):将 900 mL 硝酸与 100 mL 高氯酸混匀;

盐酸溶液(6 mol/L):量取 50 mL 盐酸,缓慢加入 40 mL 水中,冷却后用水定容至 100 mL,混匀;

氨水溶液(1+1):将 5 mL 水与 5 mL 氨水混匀;

EDTA 混合液:(a) EDTA 溶液(0.2 mol/L):称取 EDTA-2Na 37 g,加水并加热至完全溶解,冷却后用水稀释至 500 mL;(b) 盐酸羟胺溶液(100 g/L):称取 10 g 盐酸羟胺溶于水中,稀释至 100 mL,混匀;(c) 甲酚红指示剂(0.2 g/L):称取甲酚红 50 mg 溶于少量水中,加氨水溶液(1+1)1 滴,待完全溶解后加水稀释至 250 mL,混匀;(d) 取 EDTA 溶液(0.2 mol/L)及盐酸羟胺溶液(100 g/L)各 50 mL,加甲酚红指示剂(0.2 g/L)5 mL,用水稀释至 1 L,混匀;

盐酸溶液(1+9):量取 100 mL 盐酸,缓慢加入到 900 mL 水中,混匀;

硒标准中间液(100 mg/L):准确吸取 1.00 mL 硒标准溶液(1 000 mg/L)于 10 mL 容量瓶中,加盐酸溶液(1%)定容至刻度,混匀;

硒标准使用液(50.0 μg/L):准确吸取硒标准中间液(100 mg/L)0.50 mL,用盐酸溶液(1%)定容至 1 000 mL,混匀;

硒标准系列溶液:准确吸取硒标准使用液(50.0 μg/L)0 mL、0.20 mL、1.00 mL、2.00 mL 和 4.00 mL,相当于含有硒的质量为 0 μg、0.010 μg、0.050 μg、0.100 μg 及 0.200 μg,加盐酸溶液(1+9)至 5 mL 后,加入 20 mL EDTA 混合液,用氨水溶液(1+1)及盐酸溶液(1+9)调至淡红橙色(pH1.5~2.0)。以下步骤在暗室操作:加 DAN 试剂(1 g/L)3 mL,混匀后,置沸水浴中加热 5 min,取出冷却后,加环己烷 3 mL,振摇 4 min,将全部溶液移入分液漏斗,待分层后弃去水层,小心将环己烷层由分液漏斗上口倾入带盖试管中,勿使环己烷中混入水滴。环己烷中反应产物为 4,5-苯并苤硒脑,待测。

**2. 仪器和设备**

所有玻璃器皿均需硝酸溶液(1+5)浸泡过夜,用自来水反复冲洗,最后用水冲洗干净。荧光分光光度计;天平:感量 1 mg;粉碎机;电热板;水浴锅。

**3. 样品测定**

在采样和制备过程中,应避免试样污染。茶叶干样样品去除杂物后,粉碎,储于塑料瓶中。茶叶鲜叶样品用水洗净,晾干,制成匀浆,储于塑料瓶中。

(1)试样消解

准确称取 0.5~3 g(精确至 0.001 g)固体试样,或准确吸取液体试样 1.00~5.00 mL,置于锥形瓶中,加 10 mL 硝酸一高氯酸混合酸(9+1)及几粒玻璃珠,盖上表面皿,冷消化过夜。次日于电热板上加热并及时补加硝酸。当溶液变为清亮无色并伴有白烟产生时,再继续加热至剩余体积 2 mL 左右,且不可蒸干,冷却后再加 5 mL 盐酸溶液(6 mol/L),继续加热至溶液变为清亮无色并伴有白烟出现,再继续加热至剩余体积 2 mL 左右,冷却,同时做试剂空白。

(2)测定

根据各自仪器性能调至最佳状态,参考条件:激发光波长 376 nm、发射光波长 520 nm。标准曲线的制作:将硒标准系列溶液按质量由低到高的顺序分别上机测定 4,5-苯并苤硒脑的荧光强度,以质量为横坐标、荧光强度为纵坐标,制作标准曲线。

试样溶液的测定:将消化后的试样溶液以及空白溶液加盐酸溶液(1+9)至 5 mL 后,加入 20 mL EDTA 混合液,用氨水溶液(1+1)及盐酸溶液(1+9)调至淡红橙色(pH 1.5~

2.0)。以下步骤在暗室操作:加 DAN 试剂(1 g/L)3 mL,混匀后,置沸水浴中加热 5 min,取出冷却后,加环己烷 3 mL,振摇 4 min,将全部溶液移入分液漏斗,待分层后弃去水层,小心将环己烷层由分液漏斗上口倾入带盖试管中,勿使环己烷中混入水滴,待测。

**4. 结果计算**

试样中硒的含量按式(2)计算。

$$X=\frac{m_1}{F_1-F_0}\times\frac{F_2-F_0}{m} \tag{2}$$

式中:$X$——试样中硒含量,单位为毫克每千克或毫克每升(mg/kg 或 mg/L);

$m_1$——试样管中硒的质量,单位为微克(μg);

$F_1$——标准管硒荧光读数;

$F_0$——空白管荧光读数;

$F_2$——试样管荧光读数;

$m$——试样称样量或移取体积,单位为克或毫升(g 或 mL)。

当硒含量≥1.00 mg/kg(或 mg/L)时,计算结果保留三位有效数字;当硒含量<1.00 mg/kg(或 mg/L)时,计算结果保留两位有效数字。在重复性条件下,获得的两次独立测定结果的绝对差值不得超过算术平均值的 20%。当称样量为 1 g(或 1 mL)时,方法的检出限为 0.01 mg/kg(或 0.01 mg/L),定量限为 0.03 mg/kg(或 0.03 mg/L)。

## 7.11　茶叶稀土元素含量的测定

本方法规定了用电感耦合等离子体质谱法测定茶叶中稀土元素的方法,适用于茶叶中钪(Sc)、钇(Y)、镧(La)、铈(Ce)、镨(Pr)、钕(Nd)、钐(Sm)、铕(Eu)、钆(Gd)、铽(Tb)、镝(Dy)、钬(Ho)、铒(Er)、铥(Tm)、镱(Yb)、镥(Lu)的测定。该方法测定的原理为,样品经消解处理为样品溶液,样品溶液经雾化由载气送入 ICP 或送入等离子体炬管中,经过蒸发、解离、原子化和离子化等过程,转化为带正电荷的离子,经离子采集系统进入质谱仪,质谱仪根据质荷比进行分离。对于一定的质荷比,质谱的信号强度与进入质谱仪的离子数成正比,即样品浓度与质谱信号强度成正比,通过测量质谱的信号强度来测定试样溶液的元素浓度。

**1. 试剂和材料**

除另有说明,本方法所用试剂均为优级纯,水为 GB/T 6682,"分析实验室用水规格和试验方法"规定的一级水。硝酸($HNO_3$);氩气(Ar):高纯氩气(>99.999%)或液氩;硝酸溶液(5+95):取 50 mL 硝酸,用水稀释至 1 000 mL;标准品,稀土元素贮备液(10 μg /mL)(Sc、Y、La、Ce、Pr、Nd、Sm、Eu、Gd、Tb、Dy、Ho、Er、Tm、Yb、Lu);内标贮备液(10 μg/mL)(Rh、In、Re);仪器调谐贮备液(10 ng/mL)(Li、Co、Ba、Tl)。

标准溶液配制:(a) 稀土元素混合标准使用溶液(100 ng/mL):取适量 Sc、Y、La、Ce、Pr、Nd、Sm、Eu、Gd、Tb、Dy、Ho、Er、Tm、Yb、Lu 的各元素单标标准储备溶液或元素混合标准贮备溶液,用硝酸溶液逐级稀释至浓度为 100.0 μg/L 的元素混合标准使用溶液;(b) 标准曲线工作液：取适量元素混合标准使用溶液，用硝酸溶液配制成浓度为 0 μg/L、0.050 μg/L、0.100 μg/L、0.500 μg/L、1.000 μg/L、2.000 μg/L 的标准系列或浓度为 0 μg/L、1.00 μg/L、2.00 μg/L、5.00 μg/L、10.0 μg/L、20.0 μg/L 的标准系列，亦可依据样品溶液中稀土元素浓度适当调节标准系列浓度范围；(c) 内标使用液(1 μg/mL)：取适量内标贮备液(10 μg/mL)，用硝酸溶液(5+95)稀释 10 倍，浓度为 1 μg/mL；(d) 仪器调谐使用液(1 ng/mL)：取适量仪器调谐贮备液，用硝酸溶液(5+95)稀释 10 倍，浓度为 1 ng/mL。

**2. 仪器和设备**

电感耦合等离子体质谱仪(ICP-MS)；天平：感量分别为 0.1 mg 和 1 mg；高压密闭微波消解系统，配有聚四氟乙烯高压消解罐；密闭高压消解器，配有消解内罐；恒温干燥箱(烘箱)；50～200 ℃控温电热板。

**3. 试样分析**

茶叶干样经高速粉碎机粉碎，混匀，备用。茶叶鲜叶，水洗干净，晾干或纱布揩干，经匀浆器匀浆，备用。

(1)微波消解

称取 0.2～0.5 g(精确到 0.001 g)于高压消解罐中，加入 5 mL $HNO_3$，旋紧罐盖，放置 1 h，按照微波消解仪的标准操作步骤进行消解，具体为，控制温度 120 ℃，升温时间 5 min，恒温 5 min；控制温度 140 ℃，升温时间 5 min，恒温 10 min；控制温度 180 ℃，升温时间 5 min，恒温 10 min。冷却后取出，缓慢打开罐盖排气，将高压消解罐放入控温电热板上，于 140 ℃赶酸，消解罐取出放冷，将消化液转移至 10～25 mL 容量瓶中，用少量水分三次洗涤罐，洗液合并于容量瓶中并定容至刻度，混匀备用，同时做试剂空白。

(2)密闭高压罐消解

称取样品 0.5～1.0 g(精确到 0.001 g)于消解内罐中，加入 5 mL 硝酸浸泡过夜，盖好内盖，旋紧不锈钢外套，放入恒温干燥箱，140～160 ℃保持 4～6 h，在箱内自然冷却至室温，缓慢旋松不锈钢外套，将消解内罐取出，放在控温电热板上，于 140 ℃赶酸，消解内罐放冷后，将消化液转移至 10～25 mL 容量瓶中，用少量水分三次洗涤罐，洗液合并于容量瓶中并定容至刻度，混匀备用，同时做试剂空白。

(3)仪器参考条件

按照仪器标准操作规程进行仪器起始化、质量校准、氩气流量等的调试。选择合适条件，包括雾化器流速、检测器和离子透镜电压、射频入射功率等，使氧化物形成 CeO/Ce＜1%和双电荷化合物形成[70/140 ]＜3%。

测定参考条件：在调谐仪器达到测定要求后，编辑测定方法、干扰校正方程(校正铕(Eu)元素)及选择各待测元素同位素钪($^{45}Sc$)、钇($^{89}Y$)、镧($^{139}La$)、铈($^{140}Ce$)、镨($^{141}Pr$)、钕($^{146}Nd$)、钐($^{147}Sm$)、铕($^{153}Eu$)、钆($^{157}Gd$)、铽($^{159}Tb$)、镝($^{163}Dy$)、钬($^{165}Ho$)、铒($^{166}Er$)、铥($^{169}Tm$)、镱($^{172}Yb$)、镥($^{175}Lu$)，在线引入内标使用溶液，观测内标灵敏度，使仪器产生的信号强度为 400 000～600 000 cps，仪器操作参考条件：射频功率，1 350 W；等离子体气流量，15 L/min；辅助气流量，1.0 L/min；载气流量，1.14 L/min；雾化室温度，2 ℃；雾化器，耐盐型；采集模式，Spectrμm；测定点数，三点；检测方式，自动；重复次数，三次。测定脉冲模拟转换系数，符合要求后，将试剂空白、标准系列、样品溶液依次进行测定，对各被测元素进行回归分析，计算其线性回归方程。

铕(Eu)元素校正方程采用：[$^{151}$Eu]=[151]－[(Ba(135)O)/Ba(135)]×[135]。式中，[(Ba(135)O)/Ba(135)]为氧化物比，[151]、[135]分别为质量数151和135处的质谱的信号强度CPS。

(4)标准曲线的制作

将标准系列工作液分别注入电感耦合等离子质谱仪中，测定相应的信号响应值，以标准工作液的浓度为横坐标，以响应值——离子每秒计数值(CPS)为纵坐标，绘制标准曲线。

(5)试样溶液的测定

将试样溶液注入电感耦合等离子质谱仪中，得到相应的信号响应值，根据标准曲线得到待测液中相应元素的浓度，平行测定次数不少于两次。

**4. 结果计算**

试样中第 $i$ 个稀土元素含量按照式(1)计算。

$$X_i = \frac{(C_i - C_{io}) \times V}{m \times 1\ 000} \tag{1}$$

式中：$X_i$——样品中第 $i$ 个稀土元素含量，单位为毫克每千克(mg/kg)；

$C_i$——样液中第 $i$ 个稀土元素测定值，单位为微克每升(μg/L)；

$C_{io}$——样品空白液中第 $i$ 个稀土元素测定值，单位为微克每升(μg/L)；

$V$——样品消化液定容体积，单位为毫升(mL)；

$m$——样品称样量，单位为克(g)；

1 000——单位转换。

计算结果以重复性条件下获得的两次独立测定结果的算术平均值表示，保留三位有效数字。若分析结果需要以氧化物含量表示，则参见表7-1，将各元素含量乘以换算系数 $F$。

**表 7-1　稀土元素及其常见氧化物，各元素换算为氧化物的换算系数**

| 元素 A | 原子量 $M$ | 氧化物 $A_mO_n$ | 分子量 $M$ | $m$ | 换算系数 $F$ |
|---|---|---|---|---|---|
| Sc | 44.96 | $Sc_2O_3$ | 137.9 | 2 | 1.534 |
| Y | 88.91 | $Y_2O_3$ | 225.8 | 2 | 1.270 |
| La | 138.9 | $La_2O_3$ | 325.8 | 2 | 1.173 |
| Ce | 140.1 | $CeO_2$ | 172.1 | 1 | 1.228 |
| Pr | 140.9 | $Pr_6O_{11}$ | 1 021.4 | 6 | 1.208 |
| Nd | 144.2 | $Nd_2O_3$ | 336.4 | 2 | 1.166 |
| Sm | 150.4 | $Sm_2O_3$ | 348.8 | 2 | 1.160 |
| Eu | 152.0 | $Eu_2O_3$ | 352.0 | 2 | 1.158 |
| Gd | 157.3 | $Gd_2O_3$ | 362.6 | 2 | 1.153 |
| Tb | 158.9 | $Tb_4O_7$ | 747.6 | 4 | 1.176 |
| Dy | 162.5 | $Dy_2O_3$ | 373.0 | 2 | 1.148 |

续表

| 元素 A | 原子量 $M$ | 氧化物 $A_mO_n$ | 分子量 $M$ | $m$ | 换算系数 $F$ |
|---|---|---|---|---|---|
| Ho | 164.9 | $Ho_2O_3$ | 377.8 | 2 | 1.146 |
| Er | 167.3 | $Er_2O_3$ | 382.6 | 2 | 1.143 |
| Tm | 168.9 | $Tm_2O_3$ | 385.8 | 2 | 1.142 |
| Yb | 173.0 | $Yb_2O_3$ | 394.0 | 2 | 1.139 |
| Lu | 175.0 | $Lu_2O_3$ | 398.0 | 2 | 1.137 |

注：各元素换算为氧化物的换算系数 $F$

$$F = M_{[AmOn]}/(m \cdot M_{[A]})$$

式中：$A$ ——稀土元素；

$M_{[A]}$——稀土元素原子量；

$M_{[AmOn]}$——稀土氧化物分子量；

$m$——稀土氧化物分子式中稀土元素的摩尔系数。

**5. 精密度**

样品中的钪、钇、镧、铈、钕等稀土元素含量大于 10 μg/kg 时，在重复性条件下获得的两次独立测定结果的绝对差值不得超过算术平均值的 10%，样品中稀土元素含量小于 10 μg/kg 时，在重复性条件下获得的两次独立测定结果的绝对差值不得超过算术平均值的 20%。

**6. 其他**

本方法的检出限：取样 0.5 g，定容 10 mL，测定各稀土元素的检出限（μg/kg）分别为 Sc 0.6，Y 0.3，La 0.4，Ce 0.3，Pr 0.2，Nd 0.2，Sm 0.2，Eu 0.06，Gd 0.1，Tb 0.06，Dy 0.08，Ho 0.03，Er 0.06，Tm 0.03，Yb 0.06，Lu0.03；定量限（μg/kg）分别为 Sc 2.1，Y 1.1，La 1.4，Ce 0.9，Pr0.7，Nd 0.8，Sm 0.5，Eu 0.2，Gd 0.5，Tb 0.2，Dy 0.3，Ho 0.1，Er 0.2，Tm 0.1，Yb 0.2，Lu 0.1。

# 7.12　茶叶多种金属元素含量的测定(1)

本方法规定了茶叶中铁（Fe）、锰（Mn）、铜（Cu）、锌（Zn）、钙（Ca）、镁（Mg）、钾（K）、钠（Na）、磷（P）、硫（S）的电感耦合等离子原子发射光谱法（ICP－AES）测定的原理、试剂、仪器与设备、试样的制备、测定、结果计算、精密度，本方法适用于茶叶中铁、锰、铜、锌、钙、镁、钾、钠、磷、硫的测定。该方法测定的原理为，样品经处理后，待测液引入电感耦合等离子原子发射光谱仪（ICP－AES），与工作曲线中各元素的特征谱线所对应的信号响应值相对照，得出各元素的含量。本方法规定的各元素检出限见表 7-2。

**表 7-2　电感耦合等离子体原子发射光谱法检出限**　　单位：mg/kg

| 元　素 | Fe | Mn | Cu | Zn | Ca | Mg | P | S | K | Na |
|---|---|---|---|---|---|---|---|---|---|---|
| 微波消解 | 9 | 1 | 6 | 4 | 22 | 2 | 19 | 29 | 25 | 11 |
| 湿法消解 | 11 | 3 | 7 | 6 | 21 | 4 | 22 | 31 | 32 | 15 |

**1. 试剂**

除特别说明外，所用试剂均为优级纯，所用水均为通过超纯水机处理后的超纯水，电阻率不低于 18.2 MΩ·cm。硝酸；30%过氧化氢；2%硝酸溶液；高氯酸；Fe、Mn、Cu、Zn、Ca、Mg、P、S、K、Na 元素单标标准溶液为 1 000 μg·$mL^{-1}$。

**2. 仪器与设备**

实验器皿应尽量避免使用玻璃或陶瓷器皿，以防钠元素污染，所用器皿经 15%～20%硝酸浸泡过夜。天平：感量为 0.1 mg；超纯水制备系统；微波消解系统；电感耦合等离子原子发射光谱仪；可调式电热板。

**3. 试样的制备**

取样按 GB/T 8302，"茶 取样"的规定取样，按 GB/T 8303，"茶 磨碎试样的制备及其干物质含量测定"的规定制备试样，制备过程中应注意防止样品污染。试样的消解采用的方法如下：

(1)微波消解法

准确称取试样 0.25 g(精确至 0.000 1 g)至消解罐中，共两个平行样，加入 6 mL 硝酸，静置 30 min，再加入 2 mL 过氧化氢，静置 2 min，将消解罐盖上内塞，旋紧外盖，依次放入消解转盘，消解罐位置尽量对称分布，消解完成待自然冷却，将试样消化液转移到 25 mL 聚氯乙烯容量瓶中，用超纯水少量多次洗涤消解罐，并定容至刻度，混匀待测，同时做试剂空白，对茶叶中含量较高的钾、磷、硫、钙、镁五种元素，应将待测液按一定比例稀释后再测定。微波消解程序见表 7-3。

**表 7-3 微波消解程序**

| 步　骤 | 功率/W | 升温时间/min | 温度控制/℃ | 保持时间/min |
|---|---|---|---|---|
| 1 | 1 600 | 10 | 120 | 5 |
| 2 | 1 600 | 8 | 170 | 20 |

(2)湿法消解法

准确称取粉碎的茶叶样品 0.25 g(精确至 0.000 1 g)至聚四氟乙烯坩埚中，共两个平行样，加入 10 mL 混酸(硝酸:高氯酸＝10：1)，盖上表面皿，静置过夜；次日置可调式电热板上 160 ℃加热消化，若消化不完全，补加少量混合酸，直至冒白烟，溶液呈无色透明或略带黄色且残留量不超过 1 mL，冷却，用超纯水少量多次洗放入 25 mL 聚氯乙烯容量瓶中并定容至刻度，混匀待测，同时做试剂空白。对茶叶中含量较高的钾、磷、硫、钙、镁 5 种元素，应将待测液按一定比例稀释后再测定。

**4. 测定**

(1)标准曲线的配制

标准系列 1：准确吸取 5.00 mL 铁、锰、铜、锌、钙、镁等单元素标准溶液(1 000 μg/mL)，置于 50 mL 容量瓶中，用 2%硝酸溶液稀释至刻度，摇匀，配制成混合标准使用液，4 ℃保存，备用，此溶液每毫升相当于 0.1 mg 铁、锰、铜、锌、钙、镁，再将该混合标准使用液逐级稀释成不同浓度系列的标准溶液，待测。

标准系列 2：准确吸取 5.00 mL 钾、钠、磷、硫等单元素标准溶液（1 000 μg/mL），置于 50 mL 聚氯乙烯容量瓶中，用超纯水稀释至刻度，摇匀，配制成混合标准使用液，4 ℃保存，备用，此溶液每毫升相当于 0.1 mg 钾、钠、磷、硫，再将该混合标准使用液逐级稀释成不同浓度系列的标准溶液，待测。10 种元素标准溶液浓度见表 7-4。

**表 7-4　10 种元素标准溶液浓度**　　单位：mg/mL

| 元　素 | 浓度 1 | 浓度 2 | 浓度 3 | 浓度 4 | 浓度 5 |
|---|---|---|---|---|---|
| 铁 | 0.0 | 0.01 | 0.1 | 1.0 | 10 |
| 锰 | 0.0 | 0.01 | 0.1 | 1.0 | 10 |
| 铜 | 0.0 | 0.01 | 0.1 | 1.0 | 10 |
| 锌 | 0.0 | 0.01 | 0.05 | 0.5 | 5.0 |
| 钙 | 0.0 | 0.02 | 0.2 | 2.0 | 20 |
| 镁 | 0.0 | 0.02 | 0.2 | 2.0 | 20 |
| 钾 | 0.0 | 0.01 | 0.1 | 1.0 | 10 |
| 钠 | 0.0 | 0.01 | 0.1 | 1.0 | 10 |
| 磷 | 0.0 | 0.01 | 0.1 | 1.0 | 10 |
| 硫 | 0.0 | 0.01 | 0.1 | 1.0 | 10 |

（2）试样测定

待等离子体稳定后方可进行测定，测定时，将标准空白液、标准曲线溶液、试剂空白液、供试液分别导入电感耦合等离子原子发射光谱仪（ICP-AES）中进行测定，以 2%硝酸溶液作为标准空白。标准曲线溶液按照浓度由低到高顺序导入 ICP-AES，测定供试液中待测元素含量。仪器参考条件如下：

各元素的分析谱线：铁—259.940 nm，锰—257.610 nm，铜—324.754 nm，锌—213.856 nm，钙—317.933 nm，镁—280.271 nm，磷—178.287 nm，硫—182.034 nm，钾—766.491 nm，钠—589.592 nm。

Fe、Mn、Cu、Zn、Ca、Mg 测定的参考条件：射频功率：1 150 W；雾化器压力：25 psi（注：psi 为非法定计量单位，1 psi＝6.895 kPa）；辅助气流量：0.5 L/min；紫外区积分时间：20 s；可见区积分时间：10 s；样品冲洗时间：25 s。

P、S 测定的参考条件：氩气吹扫光路 6～8 h 以上（真空光室可适当减少吹扫时间），待等离子体完全稳定后方可进行测试。参数：射频功率：1 150 W；雾化器压力：25 psi（注：psi 为非法定计量单位，1 psi＝6.895 kPa）；辅助气流量：0.5 L/min；紫外区积分时间：20 s；可见区积分时间：10 s；样品冲洗时间：25 s。

K 测定的参考条件：射频功率：1 150 W；雾化器压力：35 psi；辅助气流量：1.5 L/min；积分时间：10 s；样品冲洗时间：25 s。

Na 测定的参考条件：射频功率：950 W；雾化器压力：35 psi；辅助气流量：1.5 L/min；积分时间：10 s；样品冲洗时间：25 s。

**5. 结果计算**

试样中待测元素含量按式（1）进行计算。

$$X_i = \frac{(A_{1i} - A_{0i}) \times f \times V}{m} \tag{1}$$

式中：$X_i$——试样中待测元素 i 的含量，单位为毫克每千克（$mg \cdot kg^{-1}$）；

$A_{1i}$——供试液中待测元素 $i$ 的含量，单位为毫克每升（$mg \cdot L^{-1}$）；

$A_{0i}$——试剂空白液中待测元素 $i$ 的含量，单位为毫克每升（$mg \cdot L^{-1}$）；

$f$——供试液稀释倍数；

$V$——供试液体积，单位为毫升（mL）；

$m$——试样干物质质量，单位为克（g）。

计算结果保留三位有效数字，在重复性条件下获得的两次独立测定结果的绝对差值不得超过算术平均值的 10%。

# 7.13　茶叶多种金属元素含量的测定(2)

本方法规定了茶叶中多元素测定的电感耦合等离子体质谱法（ICP-MS）和电感耦合等离子体发射光谱法（ICP-OE）。其中，第一法适用于食品中硼、钠、镁、铝、钾、钙、钛、钒、铬、锰、铁、钴、镍、铜、锌、砷、硒、锶、钼、镉、锡、锑、钡、汞、铊、铅的测定；第二法适用于食品中铝、硼、钡、钙、铜、铁、钾、镁、锰、钠、镍、磷、锶、钛、钒、锌的测定。

## （一）第一法　电感耦合等离子体质谱法（ICP-MS）

该样品测定的原理为，试样经消解后，由电感耦合等离子体质谱仪测定，以元素特定质量数（质荷比，m/z）定性，采用外标法，以待测元素质谱信号与内标元素质谱信号的强度比与待测元素的浓度成正比进行定量分析。

### 1. 试剂和材料

除另有说明，本方法所用试剂均为优级纯，水为 GB/T 6682，“分析实验室用水规格和试验方法”规定的一级水。硝酸（$HNO_3$）：优级纯或更高纯度；氩气（Ar）：氩气（≥99.995%）或液氩；氦气（He）：氦气（≥99.995%）；金元素（Au）溶液（1 000 mg/L）；标准品元素贮备液（1 000 mg/L或 100 mg/L）：铅、镉、砷、汞、硒、铬、锡、铜、铁、锰、锌、镍、铝、锑、钾、钠、钙、镁、硼、钡、锶、钼、铊、钛、钒和钴，采用经国家认证并授予标准物质证书的单元素或多元素标准贮备液；内标元素贮备液（1 000 mg/L）：钪、锗、铟、铑、铼、铋等，采用经国家认证并授予标准物质证书的单元素或多元素内标标准贮备液。

硝酸溶液（5+95）：取 50 mL 硝酸，缓慢加入 950 mL 水中，混匀；

标准稳定剂：取 2 mL 金元素（Au）溶液，用硝酸溶液（5+95）稀释至 1 000 mL，用于汞标准溶液的配制；

**注**：汞标准稳定剂亦可采用 2 g/L 半胱氨酸盐+硝酸（5+95）混合溶液，或其他等效稳定剂。

混合标准工作溶液：吸取适量单元素标准贮备液或多元素混合标准贮备液，用硝酸溶液（5+95）逐级稀释配成混合标准工作溶液系列；汞标准工作溶液：取适量汞贮备液，用汞标准稳定剂逐级稀释配成标准工作溶液系列；各元素质量浓度见表 7-5。

表 7-5　ICP-MS 方法中元素的标准溶液系列质量浓度

| 序号 | 元素 | 单位 | 标准系列质量浓度 | | | | | |
|---|---|---|---|---|---|---|---|---|
| | | | 系列 1 | 系列 2 | 系列 3 | 系列 4 | 系列 5 | 系列 6 |
| 1 | B | μg/L | 0 | 10.0 | 50.0 | 100 | 300 | 500 |
| 2 | Na | μg/L | 0 | 0.400 | 2.00 | 4.00 | 12.0 | 20.0 |
| 3 | Mg | μg/L | 0 | 0.400 | 2.00 | 4.00 | 12.0 | 20.0 |
| 4 | Al | μg/L | 0 | 0.100 | 0.500 | 1.00 | 3.00 | 5.00 |
| 5 | K | μg/L | 0 | 0.400 | 2.00 | 4.00 | 12.0 | 20.0 |
| 6 | Ca | μg/L | 0 | 0.400 | 2.00 | 4.00 | 12.0 | 20.0 |
| 7 | Ti | μg/L | 0 | 10.0 | 50.0 | 100 | 300 | 500 |
| 8 | V | μg/L | 0 | 1.00 | 5.00 | 10.0 | 30.0 | 50.0 |
| 9 | Cr | μg/L | 0 | 1.00 | 5.00 | 10.0 | 30.0 | 50.0 |
| 10 | Mn | μg/L | 0 | 10.0 | 50.0 | 100 | 300 | 500 |
| 11 | Fe | μg/L | 0 | 0.100 | 0.500 | 1.00 | 3.00 | 5.00 |
| 12 | Co | μg/L | 0 | 1.00 | 5.00 | 10.0 | 30.0 | 50.0 |
| 13 | Ni | μg/L | 0 | 1.00 | 5.00 | 10.0 | 30.0 | 50.0 |
| 14 | Cu | μg/L | 0 | 10.0 | 50.0 | 100 | 300 | 500 |
| 15 | Zn | μg/L | 0 | 10.0 | 50.0 | 100 | 300 | 500 |
| 16 | As | μg/L | 0 | 1.00 | 5.00 | 10.0 | 30.0 | 50.0 |
| 17 | Se | μg/L | 0 | 1.00 | 5.00 | 10.0 | 30.0 | 50.0 |
| 18 | Sr | μg/L | 0 | 20.0 | 100 | 200 | 600 | 1 000 |
| 19 | Mo | μg/L | 0 | 0.100 | 0.500 | 1.00 | 3.00 | 5.00 |
| 20 | Cd | μg/L | 0 | 1.00 | 5.00 | 10.0 | 30.0 | 50.0 |
| 21 | Sn | μg/L | 0 | 0.100 | 0.500 | 1.00 | 3.00 | 5.00 |
| 22 | Sb | μg/L | 0 | 0.100 | 0.500 | 1.00 | 3.00 | 5.00 |
| 23 | Ba | μg/L | 0 | 10.0 | 50.0 | 100 | 300 | 500 |
| 24 | Hg | μg/L | 0 | 0.100 | 0.500 | 1.00 | 3.00 | 5.00 |
| 25 | Tl | μg/L | 0 | 1.00 | 5.00 | 10.0 | 30.0 | 50.0 |
| 26 | Pb | μg/L | 0 | 1.00 | 5.00 | 10.0 | 30.0 | 50.0 |

**注：**依据样品消解溶液中元素质量浓度水平，适当调整标准系列中各元素质量浓度范围。

内标使用液：取适量内标单元素贮备液或内标多元素标准贮备液，用硝酸溶液(5＋95)配制合适浓度的内标使用液；由于不同仪器采用的蠕动泵管内径有所不同，当在线加入内标时，需考虑使内标元素在样液中的浓度，样液混合后的内标元素参考浓度范围为 25～100 μg/L，低质量数元素可以适当提高使用液浓度。

**注：**内标溶液既可在配制混合标准工作溶液和样品消化液中手动定量加入，亦可由仪器在线加入。

**2. 仪器和设备**

电感耦合等离子体质谱仪(ICP-MS);天平:感量分别为 0.1 mg 和 1 mg;微波消解仪:配有聚四氟乙烯消解内罐;压力消解罐:配有聚四氟乙烯消解内罐;恒温干燥箱;控温电热板;超声水浴箱;样品粉碎设备:匀浆机、高速粉碎机。

**3. 样品测定**

样品取样按 GB/T 8302,"茶 取样"的规定取样,样品经高速粉碎机粉碎均匀,摇匀。

(1)试样消解

微波消解法:称取固体样品 0.2~0.5 g(精确至 0.001 g,含水分较多的样品可适当增加取样量至 1 g)或准确移取液体试样 1.00~3.00 mL 于微波消解内罐中,加入 5~10 mL 硝酸,加盖放置 1 h 或过夜,旋紧罐盖,按照微波消解的操作步骤消解试样,消解条件:5 min 内升温至 120 ℃,恒温 5 min;5 min 内升温至 150 ℃,恒温 10 min,5 min 内升温至 190 ℃,恒温 20 min。消解完成,冷却后取出,缓慢打开罐盖排气,用少量水冲洗内盖,将消解罐放在控温电热板上或超声水浴箱中,于 100 ℃加热 30 min 或超声脱气 2~5 min,用水定容至 25 mL或 50 mL,混匀备用,同时做空白试验。

压力罐消解法:称取固体干样 0.2~1 g(精确至 0.001 g,含水分较多的样品可适当增加取样量至 2 g)或准确移取液体试样 1.00~5.00 mL 于消解内罐中,加入 5 mL 硝酸,放置 1 h或过夜,旋紧不锈钢外套,放入恒温干燥箱消解,消解条件:80 ℃消解 2 h,120 ℃消解 2 h,160~170 ℃消解 4 h;消解完成,冷却后,缓慢旋松不锈钢外套,将消解内罐取出,在控温电热板上或超声水浴箱中,于 100 ℃加热 30 min 或超声脱气 2~5 min,用水定容至 25 mL 或 50 mL,混匀备用,同时做空白试验。

(2)测定

根据各自仪器性能调至最佳状态,电感耦合等离子体质谱仪操作参考条件:射频功率 1 500 W;等离子体气流量 15 L/min;载气流量 0.80 L/min;辅助气流量 0.40 L/min;氦气流量 4~5 mL/min;雾化室温度 2 ℃;样品提升速率 0.3 r/s;雾化器,高盐/同心雾化器;采样锥/截取锥,镍/铂锥;采样深度 8~10 mm;采集模式,跳峰(Spectrum);检测方式,自动;每峰测定点数 1~3;重复次数 2~3。

各元素分析模式:硼,普通/碰撞反应池;钠,普通/碰撞反应池;镁,碰撞反应池;铝,普通/碰撞反应池;铬,碰撞反应池;锰,碰撞反应池;铁,碰撞反应池;钴,碰撞反应池;镍,碰撞反应池;铜,碰撞反应池;锌,碰撞反应池;砷,碰撞反应池;硒,碰撞反应池;钾,普通/碰撞反应池;钙,碰撞反应池;钛,碰撞反应池;钒,碰撞反应池;锶,普通/碰撞反应池;钼,碰撞反应池;镉,碰撞反应池;锡,碰撞反应池;锑,碰撞反应池;钡,普通/碰撞反应池;汞,普通/碰撞反应池;铊,普通/碰撞反应池;铅,普通/碰撞反应池。

**注**:对没有合适消除干扰模式的仪器,需采用干扰校正方程对测定结果进行校正,铅、镉、砷、钼、硒、钒等元素干扰,校正方程为,$^{51}V$,$[^{51}V] = [51] + 0.352\,4 \times [52] - 3.108 \times [53]$;$^{75}As$,$[^{75}As] = [75] - 3.127\,8 \times [77] + 1.017\,7 \times [78]$;$^{78}Se$,$[^{78}Se] = [78] - 0.186\,9 \times [76]$;$^{98}Mo$,$[^{98}Mo] = [98] - 0.146 \times [99]$;$^{114}Cd$,$[^{114}Cd] = [114] - 1.628\,5 \times [108] - 0.014\,9 \times [118]$;$^{208}Pb$,$[^{208}Pb] = [206] + [207] + [208]$。

**注 1**:$[X]$为质量数 $X$ 处的质谱信号强度—离子每秒计数值(CPS)。对于同量异位素干扰能够通过仪器的碰撞/反应模式得以消除的情况下，除铅元素外，可不采用干扰校正方程。低含量铬元素的测定需采用碰撞/反应模式。

测定参考条件：在调谐仪器达到测定要求后，编辑测定方法，根据待测元素的性质选择相应的内标元素，待测元素和内标元素的 $m/z$ 见表 7-6。

**表 7-6　待测元素推荐选择的同位素和内标元素**

| 序号 | 元素 | $m/z$ | 内　标 | 序号 | 元素 | $m/z$ | 内　标 |
|---|---|---|---|---|---|---|---|
| 1 | B | 11 | $^{45}Sc/^{72}Ge$ | 14 | Cu | 63/65 | $^{72}Ge/^{103}Rh/^{115}In$ |
| 2 | Na | 23 | $^{45}Sc/^{72}Ge$ | 15 | Zn | 66 | $^{72}Ge/^{103}Rh/^{115}In$ |
| 3 | Mg | 24 | $^{45}Sc/^{72}Ge$ | 16 | As | 75 | $^{72}Ge/^{103}Rh/^{115}In$ |
| 4 | Al | 27 | $^{45}Sc/^{72}Ge$ | 17 | Se | 78 | $^{72}Ge/^{103}Rh/^{115}In$ |
| 5 | K | 39 | $^{45}Sc/^{72}Ge$ | 18 | Sr | 88 | $^{103}Rh/^{115}In$ |
| 6 | Ca | 43 | $^{45}Sc/^{72}Ge$ | 19 | Mo | 95 | $^{103}Rh/^{115}In$ |
| 7 | Ti | 48 | $^{45}Sc/^{72}Ge$ | 20 | Cd | 111 | $^{103}Rh/^{115}In$ |
| 8 | V | 51 | $^{45}Sc/^{72}Ge$ | 21 | Sn | 118 | $^{103}Rh/^{115}In$ |
| 9 | Cr | 52/53 | $^{45}Sc/^{72}Ge$ | 22 | Sb | 123 | $^{103}Rh/^{115}In$ |
| 10 | Mn | 55 | $^{45}Sc/^{72}Ge$ | 23 | Ba | 137 | $^{103}Rh/^{115}In$ |
| 11 | Fe | 56/57 | $^{45}Sc/^{72}Ge$ | 24 | Hg | 200/202 | $^{185}Re/^{209}Bi$ |
| 12 | Co | 59 | $^{72}Ge/^{103}Rh/^{115}In$ | 25 | Tl | 205 | $^{185}Re/^{209}Bi$ |
| 13 | Ni | 60 | $^{72}Ge/^{103}Rh/^{115}In$ | 26 | Pb | 206/207/208 | $^{185}Re/^{209}Bi$ |

标准曲线的制作：将混合标准溶液注入电感耦合等离子体质谱仪中，测定待测元素和内标元素的信号响应值，以待测元素的浓度为横坐标，待测元素与所选内标元素响应信号值的比值为纵坐标，绘制标准曲线。

试样溶液的测定：将空白溶液和试样溶液分别注入电感耦合等离子体质谱仪中，测定待测元素和内标元素的信号响应值，根据标准曲线得到消解液中待测元素的浓度。

**4. 结果计算**

试样中低含量待测元素的含量按式(1)计算。

$$X=(\rho-\rho_0)\times V\times f/(m\times 1\,000) \tag{1}$$

式中：$X$ ——试样中待测元素含量，单位为毫克每千克或毫克每升(mg/kg 或 mg/L)；

$\rho$ ——试样溶液中被测元素质量浓度，单位为微克每升(μg/L)；

$\rho_0$——试样空白液中被测元素质量浓度，单位为微克每升(μg/L)；

$V$ ——试样消化液定容体积，单位为毫升(mL)；

$f$ ——试样稀释倍数；

$m$ ——试样称取质量或移取体积，单位为克或毫升(g 或 mL)；

1 000——换算系数。

计算结果保留三位有效数字。

试样中高含量待测元素的含量按式(2)计算。

$$X=(\rho-\rho_0)\times V\times f/m \tag{2}$$

式中：$X$——试样中待测元素含量，单位为毫克每千克或毫克每升(mg/kg 或 mg/L)；

$\rho$——试样溶液中被测元素质量浓度，单位为毫克每升(mg/L)；

$\rho_0$——试样空白液中被测元素质量浓度，单位为毫克每升(mg/L)；

$V$——试样消化液定容体积，单位为毫升(mL)；

$f$——试样稀释倍数；

$m$——试样称取质量或移取体积，单位为克或毫升(g 或 mL)。

计算结果保留三位有效数字。

样品中各元素含量>1 mg/kg 时，在重复性条件下，获得的两次独立测定结果的绝对差值不得超过算术平均值的 10%；≤1 mg/kg 且>0.1 mg/kg 时，在重复性条件下获得的两次独立测定结果的绝对差值不得超过算术平均值的 15%；≤0.1 mg/kg 时，在重复性条件下获得的两次独立测定结果的绝对差值不得超过算术平均值的 20%。固体样品以 0.5 g 定容体积至 50 mL，液体样品以 2 mL 定容体积至 50 mL 计算，本方法各元素的检出限和定量限见表 7-7。

**表 7-7　电感耦合等离子体质谱法(ICP-MS)检出限及定量限**

| 序号 | 元素名称 | 元素符号 | 检出限 1/mg·kg$^{-1}$ | 检出限 2/mg·L$^{-1}$ | 定量限 1/mg·kg$^{-1}$ | 定量限 2/mg·L$^{-1}$ |
|---|---|---|---|---|---|---|
| 1 | 硼 | B | 0.1 | 0.03 | 0.3 | 0.1 |
| 2 | 钠 | Na | 1 | 0.3 | 3 | 1 |
| 3 | 镁 | Mg | 1 | 0.3 | 3 | 1 |
| 4 | 铝 | Al | 0.5 | 0.2 | 2 | 0.5 |
| 5 | 钾 | K | 1 | 0.3 | 3 | 1 |
| 6 | 钙 | Ca | 1 | 0.3 | 3 | 1 |
| 7 | 钛 | Ti | 0.02 | 0.005 | 0.05 | 0.02 |
| 8 | 钒 | V | 0.002 | 0.000 5 | 0.005 | 0.002 |
| 9 | 铬 | Cr | 0.05 | 0.02 | 0.2 | 0.05 |
| 10 | 锰 | Mn | 0.1 | 0.03 | 0.3 | 0.1 |
| 11 | 铁 | Fe | 1 | 0.3 | 3 | 1 |
| 12 | 钴 | Co | 0.001 | 0.000 3 | 0.003 | 0.001 |
| 13 | 镍 | Ni | 0.2 | 0.05 | 0.5 | 0.2 |
| 14 | 铜 | Cu | 0.05 | 0.02 | 0.2 | 0.05 |
| 15 | 锌 | Zn | 0.5 | 0.2 | 2 | 0.5 |
| 16 | 砷 | As | 0.002 | 0.000 5 | 0.005 | 0.002 |
| 17 | 硒 | Se | 0.01 | 0.003 | 0.03 | 0.01 |
| 18 | 锶 | Sr | 0.2 | 0.05 | 0.5 | 0.2 |
| 19 | 钼 | Mo | 0.01 | 0.003 | 0.03 | 0.01 |
| 20 | 镉 | Cd | 0.002 | 0.000 5 | 0.005 | 0.002 |
| 21 | 锡 | Sn | 0.01 | 0.003 | 0.03 | 0.01 |
| 22 | 锑 | Sb | 0.01 | 0.003 | 0.03 | 0.01 |
| 23 | 钡 | Ba | 0.02 | 0.05 | 0.5 | 0.02 |
| 24 | 汞 | Hg | 0.001 | 0.000 3 | 0.003 | 0.001 |
| 25 | 铊 | Tl | 0.000 1 | 0.000 03 | 0.000 3 | 0.000 1 |
| 26 | 铅 | Pb | 0.02 | 0.005 | 0.05 | 0.02 |

## (二)第二法　电感耦合等离子体发射光谱法(ICP-OES)

该方法测定的原理为，样品消解后由电感耦合等离子体发射光谱仪测定，以元素的特征谱线波长定性，待测元素谱线信号强度与元素浓度成正比进行定量分析。

**1. 试剂和材料**

除另有说明，本方法所用试剂均为优级纯，水为 GB/T 6682，“分析实验室用水规格和试验方法”规定的一级水。硝酸($HNO_3$)：优级纯或更高纯度；高氯酸($HClO_4$)：优级纯或更高纯度；氩气(Ar)：氩气(≥99.995%)或液氩；标准品元素贮备液(1 000 mg/L 或 10 000 mg/L)：钾、钠、钙、镁、铁、锰、镍、铜、锌、磷、硼、钡、铝、锶、钒和钛，或采用经国家认证并授予标准物质证书的单元素或多元素标准贮备液。

硝酸溶液(5＋95)：取 50 mL 硝酸，缓慢加入 950 mL 水中，混匀；

硝酸－高氯酸(10＋1)：取 10 mL 高氯酸，缓慢加入 100 mL 硝酸中，混匀；

标准溶液配制：精确吸取适量单元素标准贮备液或多元素混合标准贮备液，用硝酸溶液(5＋95)逐级稀释配成混合标准溶液系列，各元素质量浓度见表 7-8。

**表 7-8　ICP-OES 方法中元素的标准溶液系列质量浓度**

| 序　号 | 元　素 | 单　位 | 标准系列质量浓度 | | | | | |
|---|---|---|---|---|---|---|---|---|
| | | | 系列 1 | 系列 2 | 系列 3 | 系列 4 | 系列 5 | 系列 6 |
| 1 | Al | mg/L | 0 | 0.500 | 2.00 | 5.00 | 8.00 | 10.00 |
| 2 | B | mg/L | 0 | 0.050 0 | 0.200 | 0.500 | 0.800 | 1.00 |
| 3 | Ba | mg/L | 0 | 0.050 0 | 0.200 | 0.500 | 0.800 | 1.00 |
| 4 | Ca | mg/L | 0 | 5.00 | 20.0 | 50.0 | 80.0 | 100 |
| 5 | Cu | mg/L | 0 | 0.025 0 | 0.100 | 0.250 | 0.400 | 0.500 |
| 6 | Fe | mg/L | 0 | 0.250 | 1.00 | 2.50 | 4.00 | 5.00 |
| 7 | K | mg/L | 0 | 5.00 | 20.0 | 50.0 | 80.0 | 100 |
| 8 | Mg | mg/L | 0 | 5.00 | 20.0 | 50.0 | 80.0 | 100 |
| 9 | Mn | mg/L | 0 | 0.025 0 | 0.100 | 0.250 | 0.400 | 0.500 |
| 10 | Na | mg/L | 0 | 5.00 | 20.0 | 50.0 | 80.0 | 100 |
| 11 | Ni | mg/L | 0 | 0.250 | 1.00 | 2.50 | 4.00 | 5.00 |
| 12 | P | mg/L | 0 | 5.00 | 20.0 | 50.0 | 80.0 | 100 |
| 13 | Sr | mg/L | 0 | 0.050 0 | 0.200 | 0.500 | 0.800 | 1.00 |
| 14 | Ti | mg/L | 0 | 0.050 0 | 0.200 | 0.500 | 0.800 | 1.00 |
| 15 | V | mg/L | 0 | 0.025 0 | 0.100 | 0.250 | 0.400 | 0.500 |
| 16 | Zn | mg/L | 0 | 0.250 | 1.00 | 2.50 | 4.00 | 5.00 |

注：依据样品溶液中元素质量浓度水平，可适当调整标准系列各元素质量浓度范围。

**2. 仪器和设备**

电感耦合等离子体发射光谱仪；天平：感量分别为 0.1 mg 和 1 mg；微波消解仪：配有聚四氟乙烯消解内罐；压力消解器：配有聚四氟乙烯消解内罐；恒温干燥箱；可调式控温电热

板;马弗炉;可调式控温电热炉;样品粉碎设备:匀浆机、高速粉碎机。

**3. 样品测定**

样品取样按 GB/T 8302,“茶 取样”的规定取样,样品经高速粉碎机粉碎均匀,摇匀。

(1)试样消解

微波消解法:称取固体样品 0.2~0.5 g(精确至 0.001 g,含水分较多的样品可适当增加取样量至 1 g)或准确移取液体试样 1.00~3.00 mL 于微波消解内罐中,加入 5~10 mL 硝酸,加盖放置 1 h 或过夜,旋紧罐盖,按照微波消解的操作步骤消解试样,消解条件:5 min 内升温至 120 ℃,恒温 5 min;5 min 内升温至 150 ℃,恒温 10 min,5 min 内升温至 190 ℃,恒温 20 min。消解完成,冷却后取出,缓慢打开罐盖排气,用少量水冲洗内盖,将消解罐放在控温电热板上或超声水浴箱中,于 100 ℃加热 30 min 或超声脱气 2~5 min,用水定容至 25 mL或 50 mL,混匀备用,同时做空白试验。

压力罐消解法:称取固体干样 0.2~1 g(精确至 0.001 g,含水分较多的样品可适当增加取样量至 2 g)或准确移取液体试样 1.00~5.00 mL 于消解内罐中,加入 5 mL 硝酸,放置 1 h 或过夜,旋紧不锈钢外套,放入恒温干燥箱消解,消解条件:80 ℃消解 2 h,120 ℃消解 2 h,160~170 ℃消解 4 h;消解完成,冷却后,缓慢旋松不锈钢外套,将消解内罐取出,在控温电热板上或超声水浴箱中,于 100 ℃加热 30 min 或超声脱气 2~5 min,用水定容至 25 mL或 50 mL,混匀备用,同时做空白试验。

湿式消解法:准确称取 0.5~5 g(精确至 0.001 g)或准确移取 2.00~10.0 mL 试样于玻璃或聚四氟乙烯消解器皿中,含乙醇或二氧化碳的样品先在电热板上低温加热除去乙醇或二氧化碳,加 10 mL 硝酸-高氯酸(10+1)混合溶液,于电热板上或石墨消解装置上消解,消解过程中消解液若变棕黑色,可适当补加少量混合酸,直至冒白烟,消化液呈无色透明或略带黄色,冷却,用水定容至 25 mL 或 50 mL,混匀备用,同时做空白试验。

干式消解法:准确称取 1~5 g(精确至 0.01 g)或准确移取 10.0~15.0 mL 试样于坩埚中,置于 500~550 ℃的马弗炉中灰化 5~8 h,冷却。若灰化不彻底有黑色炭粒,则冷却后滴加少许硝酸湿润,在电热板上干燥后,移入马弗炉中继续灰化成白色灰烬,冷却取出,加入 10 mL 硝酸溶液溶解,并用水定容至 25 mL 或 50 mL,混匀备用,同时做空白试验。

(2)测定

优化仪器操作条件:使待测元素的灵敏度等指标达到分析要求,编辑测定方法、选择各待测元素合适分析谱线,仪器操作参考条件为,观测方式:垂直观测,若仪器具有双向观测方式,高浓度元素,如钾、钠、钙、镁等元素采用垂直观测方式,其余元素采用水平观测方式;功率:1 150 W;等离子气流量:15 L/min;辅助气流量:0.5 L/min;雾化气气体流量:0.65 L/min;分析泵速:50 r/min。

待测元素推荐分析谱线:铝,396.15 nm;硼,249.6/249.7 nm;钡,455.4 nm;钙,315.8/317.9 nm;铜,324.75 nm;铁,239.5/259.9 nm;钾,766.49 nm;镁,279.079 nm;锰,257.6/259.3 nm;钠,589.59 nm;镍,231.6 nm;磷,213.6 nm;锶,407.7/421.5 nm;钛,323.4 nm;钒,292.4 nm;锌,206.2/213.8 nm。

标准曲线的制作:将标准系列工作溶液注入电感耦合等离子体发射光谱仪中,测定待测元素分析谱线的强度信号响应值,以待测元素的浓度为横坐标,其分析谱线强度响应值为纵坐标,绘制标准曲线。

试样溶液的测定：将空白溶液和试样溶液分别注入电感耦合等离子体发射光谱仪中，测定待测元素分析谱线强度的信号响应值，根据标准曲线得到消解液中待测元素的浓度。

**4. 结果计算**

试样中待测元素的含量按式(3)计算。

$$X=(\rho-\rho_0)\times V\times f/m \tag{3}$$

式中：$X$ ——试样中待测元素含量，单位为毫克每千克或毫克每升(mg/kg 或 mg/L)；

$\rho$ ——试样溶液中被测元素质量浓度，单位为毫克每升(mg/L)；

$\rho_0$ ——试样空白液中被测元素质量浓度，单位为毫克每升(mg/L)；

$V$ ——试样消化液定容体积，单位为毫升(mL)；

$f$ ——试样稀释倍数；

$m$ ——试样称取质量或移取体积，单位为克或毫升(g 或 mL)。

计算结果保留三位有效数字，样品中各元素含量>1 mg/kg 时，在重复性条件下，获得的两次独立测定结果的绝对差值不得超过算术平均值的 10%；≤1 mg/kg 且>0.1 mg/kg时，在重复性条件下获得的两次独立测定结果的绝对差值不得超过算术平均值的 15%；≤0.1 mg/kg时，在重复性条件下获得的两次独立测定结果的绝对差值不得超过算术平均值的 20%。固体样品以 0.5 g 定容体积至 50 mL，液体样品以 2 mL 定容体积至 50 mL 计算，本方法各元素的检出限和定量限见表 7-9。

**表 7-9　电感耦合等离子体发射光谱法(ICP-OES)检出限及定量限**

| 序号 | 元素名称 | 元素符号 | 检出限 1/mg·kg$^{-1}$ | 检出限 2/mg·L$^{-1}$ | 定量限 1/mg·kg$^{-1}$ | 定量限 2/mg·L$^{-1}$ |
|---|---|---|---|---|---|---|
| 1 | 铝 | Al | 0.5 | 0.2 | 2 | 0.5 |
| 2 | 硼 | B | 0.2 | 0.05 | 0.5 | 0.2 |
| 3 | 钡 | Ba | 0.1 | 0.03 | 0.3 | 0.1 |
| 4 | 钙 | Ca | 5 | 2 | 20 | 5 |
| 5 | 铜 | Cu | 0.2 | 0.05 | 0.5 | 0.2 |
| 6 | 铁 | Fe | 1 | 0.3 | 3 | 1 |
| 7 | 钾 | K | 7 | 3 | 30 | 7 |
| 8 | 镁 | Mg | 5 | 2 | 20 | 5 |
| 9 | 锰 | Mn | 0.1 | 0.03 | 0.3 | 0.1 |
| 10 | 钠 | Na | 3 | 1 | 10 | 3 |
| 11 | 镍 | Ni | 0.5 | 0.2 | 2 | 0.5 |
| 12 | 磷 | P | 1 | 0.3 | 3 | 1 |
| 13 | 锶 | Sr | 0.2 | 0.05 | 0.5 | 0.2 |
| 14 | 钛 | Ti | 0.2 | 0.05 | 0.5 | 0.2 |
| 15 | 钒 | V | 0.2 | 0.05 | 0.5 | 0.2 |
| 16 | 锌 | Zn | 0.5 | 0.2 | 2 | 0.5 |

注：样品前处理方法为微波消解法及压力罐消解法。

# 参考文献


1　HAIBIN WANG, XIAOTING CHEN, JIANGHUA YE, et al. Analysis of the absorption and accumulation characteristics of rare earth elements in Chinese tea[J]. Journal of the Science of Food and Agriculture, 2020, 100: 3360-3369.

2　HAIBIN WANG, JIANGHUA YE, XIAOTING CHEN, et al. Analysis of soil physiological property and microbial function diversity in soil with tea continuing cropping years[C]. The Third International Conference of Asian Allelopathy Society. Fuzhou, China. 2015. 10.30-11.02.

3　HAIBIN WANG, XIAOTING CHEN, YUHUA WANG, et al. Effects of tea garden soil on aroma components and related gene expression in tea leaves[J]. Journal of Applied Botany and Food Quality, 2020, 93:105-111.

4　JIANGHUA YE, HAIBIN WANG, XIANGHAI KONG, et al. Soil sickness problem in tea plantations in Anxi county, Fujian province, China[J]. Allelopathy Journal, 2016, 39(1):19-28.

5　JIANGHUA YE, HAIBIN WANG, XIAOYAN YANG, et al. Autotoxicity of the soil of consecutively cultured tea plantations on tea (*Camellia sinensis*) seedlings[J]. Acta Physiologiae Plantarum, 2016, 38:195-206.

6　XIAOLI JIA, JIANGHUA YE, HAIBIN WANG, et al. Characteristic amino acids in tea leaves as quality indicator for the evaluation of Wuyi Rock Tea in different culturing regions[J]. Journal of Applied Botany and Food Quality, 2018, 91: 187-193

7　XIAOLI JIA, HAIBIN WANG, JIANGHUA YE, et al. Identification of Allelochemicals responsible for soil degradation in continuously cropped Tea plantations[J]. Allelopathy Journal, 2018, 45(1):1-12.

8　XIAOLI JIA, JIANGHUA YE, BO ZHANG, et al. Bacterial community diversity in rhizosphere of tea plants using16S rDNA amplicon sequencing technique[J]. Allelopathy Journal, 2019, 48(2):155-166.

9　王海斌,叶江华,陈晓婷,等.连作茶树根际土壤酸度对土壤微生物的影响[J].应用与环境生物学报,2016,22(3): 480-485.

10　王海斌,叶江华,孔祥海,等.2种茶树对铜胁迫的响应及其组织铜化学形态变化的比较研究[J].生态毒理学报, 2016,(4): 216-225.

11　王海斌,陈晓婷,丁力,等.不同年限黄金桂茶树土壤的自毒潜力分析[J].中国茶叶,2016,(1): 12-13.

12　王海斌,陈晓婷,丁力,等.不同速溶茶茶叶原料与茶渣主要成分及金属离子含量分析[J].中国农学通报,2016,32(29): 53-57.

13 王海斌,叶江华,陈晓婷,等.不同品种乌龙茶种植后土壤肥力和茶叶品质的变化[J].中国土壤与肥料，2016,(6)：51-55.

14 王海斌，叶江华，陈晓婷，等. 铁观音品种不同树龄与感官审评品质因子相关性的初步研究[J].中国茶叶加工，2016,(2)：42-45.

15 叶江华,王海斌,贾小丽,等.不同树龄茶树叶片氨基酸含量变化分析[J].湖北农业科学，2016,55(20)：5355-5358.

16 王海斌，张清旭,陈晓婷,等.动物源有机肥对茶树根际土壤酸度及微生物的影响[J].中国农业科技导报,2016,19(5)：15-122.

17 叶江华，贾小丽，陈晓婷，等. 铅胁迫下不同茶树的生理响应及其亚细胞水平铅分布特性分析[J].中国农业科技导报,2017,19(11)：92-99.

18 叶江华，吴承祯，贾小丽，等. 茶树对铅胁迫的响应及其组织铅化学形态变化研究[J].热带作物学报,2017,38(9)：1607-1613.

19 叶江华，罗盛财，张奇，等. 武夷山不同茶园茶树茶青品质的差异[J].福建农林大学学报（自然科学版），2017,46(5)：495-501.

20 王海斌，陈晓婷，孔祥海，等. 速溶红茶茶多酚提取工艺优化及因子效应分析[J].食品研究与开发,2017,38(13)：40-43.

21 王海斌，陈晓婷，丁力，等. 福建省安溪县茶园土壤酸化对茶树产量及品质的影响[J].应用与环境生物学报,2018,6：1398-1403.

22 王海斌，陈晓婷，丁力，等. 连作茶树根际土壤自毒潜力，酶活性及微生物群落功能多样性分析[J].热带作物学报，2018,(5)：852-857.

23 王海斌，陈晓婷，丁力，等. 不同树龄茶树根际土壤细菌多样性的 T-RFLP 分析[J].应用与环境生物学报,2018,24(4)：775-782.

24 王海斌，陈晓婷，王裕华，等. 不同树龄茶树根际土壤物质对其生长和品质的影响[J].热带作物学报,2019,40(11)：2149-2159.

25 王海斌，陈晓婷，赵虎，等. 茶树根际土壤物质的自毒潜力及其对土壤微生物多样性的影响[J].热带作物学报，2019,40(9)：1847-1857.

26 王海斌，贾小丽，郑明锡. 第三代中国茶——速溶茶[M]. 福州:福建科学技术出版社，2017.

27 王海斌，叶江华，贾小丽. 中华封茶[M]. 福州:福建科学技术出版社,2018.

28 中华人民共和国国家卫生和计划生育委员会，国家食品药品监督管理总局. 食品安全国家标准 食品中铅的测定(GB 5009.12-2017)[S]. 北京:中国标准出版社,2017.

29 中华人民共和国国家卫生和计划生育委员会，国家食品药品监督管理总局. 食品安全国家标准 食品中铜的测定(GB 5009.13-2017)[S]. 北京:中国标准出版社,2017.

30 中华人民共和国国家卫生和计划生育委员会，国家食品药品监督管理总局. 食品安全国家标准 食品中锌的测定(GB 5009.14-2017)[S]. 北京:中国标准出版社,2017.

31 中华人民共和国国家卫生和计划生育委员会. 食品中镉的测定(GB 5009.15-2014)[S]. 北京:中国标准出版社,2015.

32 中华人民共和国国家卫生和计划生育委员会，国家食品药品监督管理总局. 食品安全国家标准 食品中铁的测定(GB 5009.90-2016)[S]. 北京:中国标准出版社,2016.

33 中华人民共和国国家卫生和计划生育委员会，国家食品药品监督管理总局. 食品安全国家标准 食品中硒的测定(GB 5009.93-2017)[S]. 北京:中国标准出版社,2017.
34 中华人民共和国卫生部. 食品安全国家标准 植物性食品中稀土元素的测定(GB 5009.94-2012)[S]. 北京:中国标准出版社,2013.
35 中华人民共和国国家卫生和计划生育委员会. 食品安全国家标准 食品中铬的测定(GB 5009.123-2014)[S]. 北京:中国标准出版社,2015.
36 中华人民共和国国家卫生和计划生育委员会，国家食品药品监督管理总局. 食品安全国家标准 食品中铝的测定(GB 5009.182-2017)[S]. 北京:中国标准出版社,2017.
37 中华人民共和国国家卫生和计划生育委员会，国家食品药品监督管理总局. 食品安全国家标准 食品中多元素的测定(GB 5009.268-2016)[S]. 北京:中国标准出版社,2016.
38 中华人民共和国国家质量监督检验检疫总局，中国国家标准化管理委员会. 茶树种苗(GB 11767-2003)[S]. 北京:中国标准出版社,2003.
39 中华人民共和国国家卫生和计划生育委员会，中华人民共和国农业部，国家食品药品监督管理总局. 食品安全国家标准 茶叶中448种农药及相关化学品残留量的测定 液相色谱质谱法(GB 23200.13-2016)[S]. 北京:中国标准出版社,2016.
40 中华人民共和国国家卫生和计划生育委员会，中华人民共和国农业部，国家食品药品监督管理总局. 食品安全国家标准 茶叶中9种有机杂环类农药残留量的检测方法(GB 23200.26-2016)[S]. 北京:中国标准出版社,2016.
41 中华人民共和国国家质量监督检验检疫总局，中国国家标准化管理委员会. 茶取样(GBT 8302-2013)[S]. 北京:中国标准出版社,2013.
42 中华人民共和国国家质量监督检验检疫总局，中国国家标准化管理委员会. 茶 磨碎试样的制备及其干物质含量测定(GBT 8303-2013)[S]. 北京:中国标准出版社,2013.
43 中华人民共和国国家质量监督检验检疫总局，中国国家标准化管理委员会. 茶 水分测定(GBT 8304-2013)[S]. 北京:中国标准出版社,2013.
44 中华人民共和国国家质量监督检验检疫总局，中国国家标准化管理委员会. 茶 水浸出物测定(GBT 8305-2013)[S]. 北京:中国标准出版社,2013.
45 中华人民共和国国家质量监督检验检疫总局，中国国家标准化管理委员会. 茶 总灰分测定(GBT 8306-2013)[S]. 北京:中国标准出版社,2013.
46 中华人民共和国国家质量监督检验检疫总局，中国国家标准化管理委员会. 茶 水溶性灰分和水不溶性灰分测定(GBT 8307-2013)[S]. 北京:中国标准出版社,2013.
47 中华人民共和国国家质量监督检验检疫总局，中国国家标准化管理委员会. 茶 水溶性灰分碱度测定(GB T8309-2013)[S]. 北京:中国标准出版社,2013.
48 中华人民共和国国家质量监督检验检疫总局，中国国家标准化管理委员会. 茶 粗纤维测定(GBT 8310-2013)[S]. 北京:中国标准出版社,2013.
49 中华人民共和国国家质量监督检验检疫总局，中国国家标准化管理委员会. 茶 粉末和碎茶含量测定(GBT 8311-2013)[S]. 北京:中国标准出版社,2013.
50 中华人民共和国国家质量监督检验检疫总局，中国国家标准化管理委员会. 茶 咖啡碱测定(GBT 8312-2013)[S]. 北京:中国标准出版社,2013.

51 国家市场监督管理总局，中国国家标准化管理委员会. 茶叶中茶多酚和儿茶素类含量的检测方法(GBT 8313-2018)[S]. 北京:中国标准出版社,2018.

52 中华人民共和国国家质量监督检验检疫总局，中国国家标准化管理委员会. 茶 游离氨基酸总量的测定(GBT 8314-2013)[S]. 北京:中国标准出版社,2013.

53 中华人民共和国国家质量监督检验检疫总局，中国国家标准化管理委员会. 茶叶感官审评术语(GBT 14487-2017)[S]. 北京:中国标准出版社,2017.

54 中华人民共和国国家质量监督检验检疫总局，中国国家标准化管理委员会. 茶叶标准样品制备技术条件(GBT 18795-2012)[S]. 北京:中国标准出版社,2012.

55 中华人民共和国国家质量监督检验检疫总局，中国国家标准化管理委员会. 茶叶中茶氨酸的测定 高效液相色谱法(GBT 23193-2017)[S]. 北京:中国标准出版社,2017.

56 中华人民共和国国家质量监督检验检疫总局，中国国家标准化管理委员会. 茶叶中519种农药及相关化学品残留量的测定 气相色谱质-谱法(GBT 23204-2008)[S]. 北京:中国标准出版社,2008.

57 中华人民共和国国家质量监督检验检疫总局，中国国家标准化管理委员会. 茶叶贮存(GBT 30375-2013)[S]. 北京:中国标准出版社,2013.

58 中华人民共和国国家质量监督检验检疫总局，中国国家标准化管理委员会. 茶叶中铁、锰、铜、锌、钙、镁、钾、钠、磷、硫 电感耦合等离子体原子发射光谱法(GBT 30376-2013)[S]. 北京:中国标准出版社,2013.

59 中华人民共和国国家质量监督检验检疫总局，中国国家标准化管理委员会. 茶叶中茶黄素的测定-高效液相色谱法(GBT 30483-2013)[S]. 北京:中国标准出版社,2013.

60 中华人民共和国国家质量监督检验检疫总局，中国国家标准化管理委员会. 茶叶分类(GBT 30766-2014)[S]. 北京:中国标准出版社,2014.

61 中华人民共和国国家质量监督检验检疫总局，中国国家标准化管理委员会. 茶鲜叶处理要求(GBT 31748-2015)[S]. 北京:中国标准出版社,2015.

62 中华人民共和国国家质量监督检验检疫总局，中国国家标准化管理委员会. 茶叶加工良好规范(GBT 32744-2016)[S]. 北京:中国标准出版社,2016.

63 中华人民共和国国家质量监督检验检疫总局，中国国家标准化管理委员会. 农产品追溯要求 茶叶(GBT 33915-2017)[S]. 北京:中国标准出版社,2017.

64 中华人民共和国国家质量监督检验检疫总局，中国国家标准化管理委员会. 茶叶化学分类方法(GBT 35825-2018)[S]. 北京:中国标准出版社,2018.

65 中华全国供销合作总社. 茶叶包装通则(GHT 1070-2011)[S]. 北京:中国标准出版社,2011.

66 中华全国供销合作总社. 茶叶生产技术规程(GHT 1076-2011)[S]. 北京:中国标准出版社,2011.

67 中华全国供销合作总社. 茶叶加工技术规程(GHT 1077-2011)[S]. 北京:中国标准出版社,2011.

68 中华全国供销合作总社. 茶叶加工术语(GHT 1124-2016)[S]. 北京:中国标准出版社,2016.

69 中华人民共和国农业部. 茶叶中氟含量测定方法 氟离子选择电极法(NYT 838-2004)

[S]. 北京:中国标准出版社,2004.

70 中华人民共和国农业部. 茶叶中炔螨特残留量的测定 气相色谱法(NYT 1721-2009)[S]. 北京:中国标准出版社,2009.

71 中华人民共和国农业部. 茶叶中吡虫啉残留量的测定 高效液相色谱法(NYT 1724-2009)[S]. 北京:中国标准出版社,2009.

72 中华人民共和国农业部. 茶叶中磁性金属物的测定(NYT 1960-2010)[S]. 北京:中国标准出版社,2010.

73 中华人民共和国农业部. 茶叶抽样技术规范(NYT 2102-2011)[S]. 北京:中国标准出版社,2011.

74 中华人民共和国农业部. 茶叶中9,10-蒽醌含量测定(NYT 3173-2017)[S]. 北京:中国标准出版社,2017.

75 中华人民共和国农业部. 有机茶生产技术规程(NYT 5197-2002)[S]. 北京:中国标准出版社,2002.

76 中华人民共和国农业部. 有机茶加工技术规程(NYT 5198-2002)[S]. 北京:中国标准出版社,2002.

77 中华人民共和国国家进出口商品检验局. 出口茶叶中多种有机氯农药残留量检验方法(SN 0497-1995)[S]. 北京:中国标准出版社,1995.

78 中华人民共和国国家质量监督检验检疫总局. 茶叶中六六六、滴滴涕残留量的检测方法(SNT 0147-2016)[S]. 北京:中国标准出版社,2016.

79 中华人民共和国国家质量监督检验检疫总局. 进出口茶叶中三氯杀螨醇残留量检测方法(SNT0348.1-2010)[S]. 北京:中国标准出版社,2010.

80 中华人民共和国国家质量监督检验检疫总局. 茶叶中二硫代氨基甲酸酯(盐)类农药残留量的检测方法 液相色谱—质谱/质谱法(SNT 0711-2011)[S]. 北京:中国标准出版社,2011.

81 中华人民共和国国家质量监督检验检疫总局. 茶叶中八氯二丙醚残留量检测方法 气相色谱法(SNT 1774-2006)[S]. 北京:中国标准出版社,2006.

82 中华人民共和国国家质量监督检验检疫总局. 进出口茶叶中多种有机磷农药残留量的检测方法 气相色谱法(SNT 1950-2007)[S]. 北京:中国标准出版社,2007.

83 中华人民共和国国家质量监督检验检疫总局. 出口茶叶中10种吡唑、吡咯类农药残留量的测定方法 气相色谱—质谱/质谱法(SNT 4582-2016)[S]. 北京:中国标准出版社,2016.

84 中华人民共和国国家质量监督检验检疫总局,中国国家标准化管理委员会. 茶叶感官审评方法(GBT 23776-2018)[S]. 北京:中国标准出版社,2018.

85 中华人民共和国国家质量监督检验检疫总局,中国国家标准化管理委员会. 茶叶感官审评室基本条件(GBT 18797-2012)[S]. 北京:中国标准出版社,2012.